大学物理学

（下册）

主　编　程荣龙

副主编　宫　昊　汤庆国

DAXUE WULIXUE

中国教育出版传媒集团

高等教育出版社·北京

内容简介

本书是依据教育部高等学校物理学与天文学教学指导委员会编制的《理工科类大学物理课程教学基本要求》(2010 年版),结合应用型本科、职业本科的教学实际编写而成的。本书分为上、下两册,此为下册,包括电磁学、光学、近代物理基础三篇,共六章。

本书注重物理模型的建立和守恒定律等的讲解,注意阐明物理现象及规律的本质。在内容的呈现上,本书除了在正文部分讲授基本内容外,还增加了部分重难点解析、现代物理与技术前沿成就等内容,这些内容以二维码的形式呈现。

本书可作为高等学校理工科非物理学类专业的大学物理课程教材,也可供广大物理学爱好者自学使用。

图书在版编目(CIP)数据

大学物理学. 下册 / 程荣龙主编 ; 宫昊, 汤庆国副主编. -- 北京 : 高等教育出版社, 2023.2
ISBN 978-7-04-059574-1

Ⅰ. ①大… Ⅱ. ①程… ②宫… ③汤… Ⅲ. ①物理学-高等学校-教材 Ⅳ. ①O4

中国版本图书馆 CIP 数据核字(2022)第 244154 号

DAXUE WULIXUE

策划编辑 张琦玮　责任编辑 张琦玮　封面设计 王凌波 王 洋　版式设计 杜微言
责任绘图 黄云燕　责任校对 王 雨　责任印制 刘思涵

出版发行	高等教育出版社	网　　址	http://www.hep.edu.cn
社　　址	北京市西城区德外大街 4 号		http://www.hep.com.cn
邮政编码	100120	网上订购	http://www.hepmall.com.cn
印　　刷	唐山市润丰印务有限公司		http://www.hepmall.com
开　　本	787 mm×1092 mm 1/16		http://www.hepmall.cn
印　　张	14.25		
字　　数	330 千字	版　　次	2023 年 2 月第 1 版
购书热线	010-58581118	印　　次	2023 年 2 月第 1 次印刷
咨询电话	400-810-0598	定　　价	36.50 元

物 料 号 59574-00

目录

第四篇 电 磁 学

第五篇 光 学

第六篇 近代物理基础

第四篇 电 磁 学

电磁场是物质世界的重要组成部分，电磁学是以研究电荷、电场和磁场的基本性质、基本规律及其相互联系为主的学科。

关于电磁现象定量的理论研究，始于库仑定律。库仑定律的建立，标志着人们对电的认识真正地从经验走向科学、从定性观察阶段进入定量研究阶段。

在 1820 年以前，人们对电现象和磁现象是分别进行研究的，直到 1820 年，奥斯特发现了电流的磁效应，说明了磁现象的本质是“动电生磁”。电流的磁效应的发现，开创了电磁联系的电磁学的新局面，将人类对于电学、磁学之间联系的认知推到了一个新的阶段。

奥斯特的发现，给英国物理学家法拉第以很大的启示：既然“动电能够生磁”，那么“动磁就应该能生电”！经过多年的努力，终于他在 1831 年发现了电磁感应现象，并且提出场和磁感线的概念。从应用的角度看，电磁感应现象的发现使电工技术得到了长足的发展，为人类生活的电气化和工业革命打下了基础。从理论的角度看，电磁感应现象的发现更全面地揭示了电与磁的联系，至此，电和磁作为矛盾统一的整体开始被人们所认识。

19 世纪 60 年代，英国物理学家麦克斯韦提出了涡旋电场和位移电流假说，建立了描述宏观电磁场的完美理论——麦克斯韦方程组，并预言了电磁波的存在。涡旋电场假说的问世，提升了法拉第的物理思想，揭示了变化的磁场和电场之间的联系；位移电流假说的问世，揭示了变化的电场和磁场之间的依存关系，反映了自然规律的对称性；麦克斯韦方程组预言了电磁波的存在，并预言光是一种电磁波，从而使光学成为电磁场理论的一部分。

1888 年，德国物理学家赫兹巧妙地设计了一个实验，验证了电磁波的存在，并且证明了它具有光波那样的反射、折射和偏振的性质。赫兹实验一方面验证了麦克斯韦的预言，同时也宣布了无线电电子时代的开始。赫兹实验改变了历史的进程，意义重大，影响深远。

经典电磁理论并不是电磁现象的最终理论，随着人们认识的发展，在微观、高速领域它又获得了新的进展，例如量子电动力学、相对论电磁学等都是在经典电磁理论的基础上发展起来的新理论。

电磁理论是许多工程技术和科学研究的基础。在应用方面，电能是应用最广泛的能源之一，电磁波的传播使无线通信成为可能，研究新材料的电磁性质促进了新技术的诞生等。在理论研究方面，人们通过更深入地研究电磁相互作用，使电磁理论成为更普遍的理论。1967 年温伯格和萨拉姆在格拉肖的基础上，先后提出了电磁相互作用和弱相互作用的统一，并用实验验证。物理学家正试图探索出一个“超统一理论”，即能解释一切物理现象的基本规律。

本篇介绍电磁学的基本理论，主要介绍宏观电磁场的基本规律及物质的电磁性质。书中先介绍静电场的描述及其基本规律，接着介绍静电场中的导体和电介质，再介绍恒定磁场（静磁场）的描述及其基本规律，然后介绍磁场中的磁介质，最后介绍电场和磁场相互联系的规律。

第九章 静 电 场

任何电荷的周围都存在着电场这种特殊的物质。电场的基本特征是任何电荷置于其中都会受到作用力。静电场是指相对于观察者静止的电荷在其周围空间产生的电场。本章主要研究静电场的基本性质与基本规律，包括库仑定律、高斯定理、环路定理，描述静电场的基本物理量——电场强度和电势等。

9.1 电荷和库仑定律

9.1.1 电荷

从微观上看，在每个原子里，电子环绕由中子和质子组成的原子核运动。通常情况下，任一物体内各原子中的电子数目与质子数目相等，总电荷量为零。若整个物体任一部分的电荷量也为零，我们就说物体不带电。在力学和热学中所讨论的物体基本都是这一类不带电的物体。

通过某些方法（如摩擦）可以使物体中的一些原子失去（或获得）一些电子，从而使该物体中电子的总数和质子的总数不相等，我们就说该物体带了一定量的电荷。雷电就是人类最早观察到的自然界中的电现象。自然界中只有两种不同性质的电荷：正电荷和负电荷。电荷量是物体所带电荷的量度，常用符号 q 或 Q 表示，其单位为库仑（符号为 C）。

实验表明，电荷有如下基本性质。

1. 电荷的量子性

迄今为止，科学界普遍认为电子是自然界中具有最小电荷量（绝对值）的粒子，任何带电体的电荷量都是电子电荷量（绝对值）或一个质子电荷量的整数倍，即 $q=\pm ne$，电荷的这种性质称为电荷的量子性（quantization of electric charge），整数 n 称为电荷数或量子数，n 可以取 0，1，2 等整数。$e=1.602\times10^{-19}$ C，被称为元电荷，它是一个电子或一个质子所带电荷量的绝对值。近代物理从理论上预言，“基本粒子”由若干种电荷量为 $\pm\frac{1}{3}e$，$\pm\frac{2}{3}e$ 的夸克或反夸克组成。

然而，对于宏观的带电体，e 很小，电荷的量子性并不明显。因此，谈及某个宏观物体所带的电荷量时，基本上我们只说其电荷量是多少库仑，而不说其电荷数 n 是多少，而且常把带电体当作电荷连续分布的情况来处理，并认为电荷的变化是连续的。

2. 电荷守恒定律

在正常状态下，物体内部的正、负电荷量值相等，物体处于电中性状态。但电子可以转移，物体获得或失去电子可使物体带负电或正电。在孤立系统内，无论发生怎样的物理过程，该系统的电荷的代数和保持不变。这一结论称为电荷守恒定律（the law of conservation of charge）。电荷守恒定律适用于一切宏观和微观过程，它是物理学中的基本定律之一。

3. 电荷的相对论不变性

实验表面电荷的电荷量与其运动状态无关。例如，粒子加速器将电子或质子等加速时，电荷量不会随着粒子速度的变化而变化。处在不同运动状态下的同一带电粒子，电荷量保持不变。电荷的这一特性称为电荷的相对论不变性（relativistic invariance of electric charge）。

9.1.2 库仑定律

两个静止带电体之间的作用力即静电力，这个力不仅与它们所带的电荷量以及它们之间的距离有关，还与带电体的大小、形状及电荷分布情况有关。当一个带电体的线度比问题研究中所涉及的距离小得多时，该带电体就可被视为一个带电的点，称为点电荷。带电体一旦被看成点电荷，就可用一个几何点来表示它的位置。

物理学家简介：库仑

1785 至 1789 年间法国物理学家库仑首先提出了真空中的库仑定律。库仑用扭秤实验测定了两个带电球体之间的相互作用力，再在实验的基础上提出了两个点电荷之间的相互作用规律，即库仑定律。

阅读材料：库仑定律的建立

1. 真空中的库仑定律

实验表明，点电荷之间存在着电相互作用力，称为库仑力，且遵循如下实验规律：在真空中，两个静止的点电荷 q_1 和 q_2 之间的相互作用力的方向沿着这两个点电荷的连线，同种电荷相互排斥，异种电荷相互吸引，作用力的大小与电荷量 q_1 和 q_2 之积的绝对值成正比，与这两个点电荷之间的距离 r_{12}（或 r_{21}）的平方成反比。这个规律称为真空中的库仑定律，示意图如图 9-1 所示。

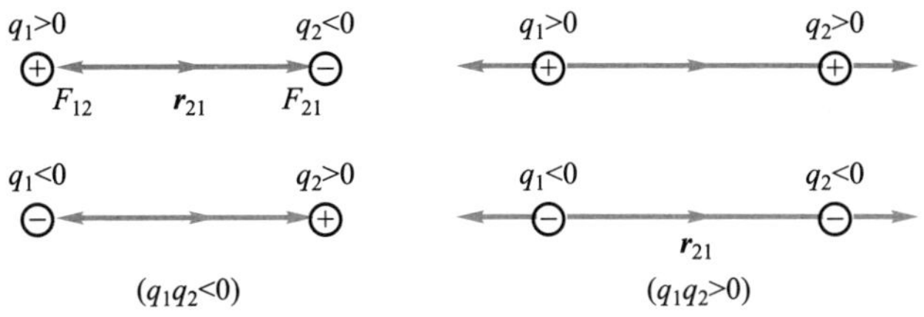

图 9-1 库仑定律示意图

用 $\boldsymbol{r}_{21}$ 表示从 q_1 指向 q_2 的相对位置矢量，$\boldsymbol{F}_{21}$ 表示 q_2 所受 q_1 的作用力，库仑定律（包括力的大小和方向）可用下式表示：

$$\boldsymbol{F}_{21}=-\boldsymbol{F}_{12}=\frac{kq_1q_2}{r_{21}^2}\left(\frac{\boldsymbol{r}_{21}}{r_{21}}\right)=\frac{kq_1q_2\boldsymbol{r}_{21}}{r_{21}^3} \tag{9-1}$$

式(9-1)中 k 是比例系数，k 的取值及单位与式中各量的单位有关。在国际单位制中，由实验测定的 k 值为 $8.988\ 0\times10^9\ \text{N}\cdot\text{m}^2/\text{C}^2\approx9\times10^9\ \text{N}\cdot\text{m}^2/\text{C}^2$。

通常令 $\varepsilon_0=1/4\pi k=8.85\times10^{-12}\ \text{C}^2/(\text{N}\cdot\text{m}^2)$，$\varepsilon_0$ 称为真空中的介电常量。于是真空中的库仑定律又可以表示为

$$\boldsymbol{F}_{21}=-\boldsymbol{F}_{12}=\frac{1}{4\pi\varepsilon_0}\frac{q_1q_2}{r_{21}^3}\boldsymbol{r}_{21} \tag{9-2}$$

从表面上看，引入 4π 因子使库仑定律形式变得复杂了。然而，很多电磁学公式会因此变得简单些，这种做法称为单位制的有理化。

2. 库仑力的叠加原理

在真空中，当几个点电荷同时存在时，作用于某一个点电荷上的库仑力等于各个点电荷单独存在时作用于该点电荷的库仑力的矢量和。如图 9-2 所示，点电荷 q_0 受到的库仑力为

$$\boldsymbol{F}=\boldsymbol{F}_1+\boldsymbol{F}_2=\frac{1}{4\pi\varepsilon_0}\left(\frac{q_0q_1\boldsymbol{r}_1}{r_1^3}+\frac{q_0q_2\boldsymbol{r}_2}{r_2^3}\right)=\frac{q_0}{4\pi\varepsilon_0}\left(\frac{q_1\boldsymbol{r}_1}{r_1^3}+\frac{q_2\boldsymbol{r}_2}{r_2^3}\right) \tag{9-3}$$

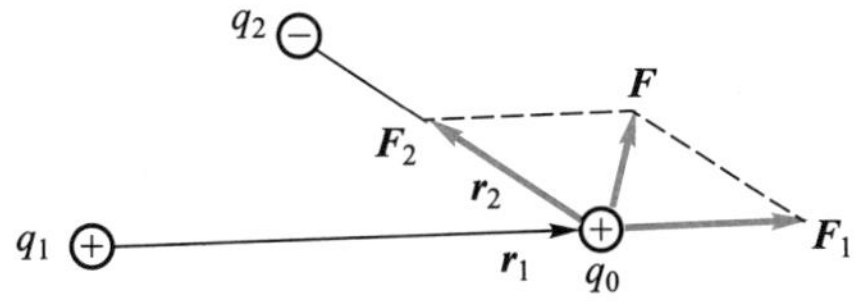

图 9-2 库仑力的叠加原理

9.2 电场 电场强度

9.2.1 电场

根据库仑定律，对于处在真空中的静止点电荷 q 和 q_0，点电荷 q_0 必然受到点电荷 q 所施加的库仑力。那么，电荷与电荷之间的库仑力是如何传递的呢？近代物理学已证明：任何电荷在其周围都将激发电场，电荷间的相互作用是通过电场与电场的相互作用来实现的。

电场是电荷周围存在的一种特殊的物质。电场的基本性质是：对任何处在其中的其他电荷都施加作用力，作用力的大小由库仑定律及库仑力的叠加原理决定，这种力称为**电场力**。电荷对电荷的作用可用下式表示：

$$\text{电荷} \rightleftharpoons \text{电场} \rightleftharpoons \text{电荷}$$

电场是看不见、摸不着的，但可用仪器测定它。近代物理学已证明：电场具有能量、动量等属性，即电场具有物质的某些属性，我们通常认为电场是物质的一种特殊形式，是客观存在的。

相对于观察者静止的电荷所产生的电场称为**静电场**(electrostatic field)，本章我们只讨论静电场。

9.2.2 电场强度的定义

当被看作点电荷的带电体所带电荷量的绝对值非常小、且其自身的线度也非常小时，该带电体就常被用作**试验电荷**(test charge)。为了描述电场对处于其中的电荷施以作用力的性质，我们把一个试验电荷放到电场中不同位置，观察电场对试验电荷的作用力情况。

下面我们来介绍电场强度的定义。

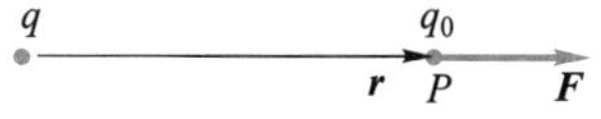

图 9-3 试验电荷所受到的作用力

如图 9-3 所示，设 q_0 为一正的试验电荷，当它处于点电荷(场源)q 所产生的电场中的 P 点时，电场对试验电荷 q_0 的作用力(即库仑力)为

$$\boldsymbol{F}=\frac{q_0 q\boldsymbol{r}}{4\pi\varepsilon_0 r^3}=\frac{q_0 q}{4\pi\varepsilon_0 r^2}\boldsymbol{e}_r \tag{9-4}$$

式(9-4)中 $\boldsymbol{r}$ 是 P 点相对于场源电荷所在位置的位置矢量,$\boldsymbol{e}_r$ 是 $\boldsymbol{r}$ 方向上的单位矢量。

由式(9-4)可知,在电场中同一场点处,电场力 $\boldsymbol{F}$ 的大小与试验电荷的电荷量 q_0 成正比,但 $\boldsymbol{F}/q_0$ 的值与试验电荷所带电荷量无关;而在不同场点处,比值 $\boldsymbol{F}/q_0$ 随场点的位置不同而变化。因此,比值 $\boldsymbol{F}/q_0$ 是由场源电荷的电场分布和场点位置所决定的物理量,客观地描述了电场中各点的强弱和方向。则电场强度的定义为试验电荷在电场中所受到的电场力 $\boldsymbol{F}$ 与试验电荷电荷量 q_0 的比值,用符号 $\boldsymbol{E}$ 来表示,即

$$\boldsymbol{E}=\frac{\boldsymbol{F}}{q_0} \tag{9-5}$$

式(9-5)中若令 $q_0=+1\ \mathrm{C}$,则有 $\boldsymbol{F}$ 在数值上等于 $\boldsymbol{E}$,即 $\boldsymbol{E}$ 等于单位正电荷在电场中所受的电场力,这也是电场强度的物理意义。电场强度 $\boldsymbol{E}$ 与 q_0 无关,是空间位置的函数。在国际单位制中,$\boldsymbol{E}$ 的单位为 $\mathrm{N\cdot C^{-1}}$(牛每库仑)。在很多地方,$\boldsymbol{E}$ 的单位还可以写为 $\mathrm{V\cdot m^{-1}}$(伏每米)。

9.2.3 电场强度的叠加原理 电场强度的计算

1. 点电荷的电场强度

如图 9-3 所示,当场源电荷 q 为点电荷时,由式(9-4)可得点电荷的任意一点 P 处的电场强度为

$$\boldsymbol{E}=\frac{q\boldsymbol{r}}{4\pi\varepsilon_0 r^3}=\frac{1}{4\pi\varepsilon_0}\frac{q}{r^2}\boldsymbol{e}_r \tag{9-6}$$

式(9-6)中 $\boldsymbol{e}_r$ 是单位矢量,其方向由场源电荷 q 指向场点 P。式(9-6)说明点电荷的电场强度与点电荷的电荷量成正比,与场点 P 到点电荷所在位置的距离的平方成反比。当点电荷为正电荷时,电场强度 $\boldsymbol{E}$ 与 $\boldsymbol{e}_r$ 方向一致;当点电荷为负电荷时,电场强度 $\boldsymbol{E}$ 与 $\boldsymbol{e}_r$ 方向相反。如图 9-4 所示,点电荷电场呈球对称分布。

2. 电场强度的叠加原理 点电荷系的电场强度

由 n 个点电荷组成点电荷系,在点电荷系的电场中任意一点 P 处的电场强度如图 9-5 所示。同理,我们把试验电荷 q_0 放置于电场中的 P 处,各点电荷 $q_1,q_2,\cdots,q_i,\cdots,q_n$ 到试验电荷的位

置矢量分别为 $\boldsymbol{r}_1,\boldsymbol{r}_2,\cdots,\boldsymbol{r}_i,\cdots,\boldsymbol{r}_n$,所受到各点电荷的作用力分别为 $\boldsymbol{F}_1,\boldsymbol{F}_2,\cdots,\boldsymbol{F}_i,\cdots,\boldsymbol{F}_n$;其中,点电荷系中第 i 个点电荷对试验电荷的作用力为

$$\boldsymbol{F}_i=\frac{q_0q_i}{4\pi\varepsilon_0r_i^3}\boldsymbol{r}_i$$

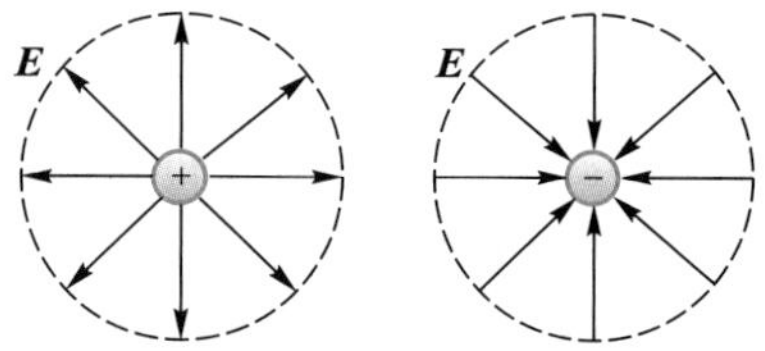

(a) 正电荷的电场分布 (b) 负电荷的电场分布

图 9-4 点电荷的电场分布

试验电荷 q_0 受到的点电荷系的电场力,可根据电场力的叠加原理得出:

$$\boldsymbol{F}=\boldsymbol{F}_1+\boldsymbol{F}_2+\cdots+\boldsymbol{F}_i+\cdots+\boldsymbol{F}_n=\sum_{i=1}^{n}\boldsymbol{F}_i=\sum_{i=1}^{n}\frac{q_0q_i}{4\pi\varepsilon_0r_i^3}\boldsymbol{r}_i$$

根据电场强度的定义得到点电荷系的电场中任意一点 P 的电场强度为

$$\boldsymbol{E}=\frac{\boldsymbol{F}}{q_0}=\frac{\sum\limits_{i=1}^{n}\boldsymbol{F}_i}{q_0}=\sum_{i=1}^{n}\frac{\boldsymbol{F}_i}{q_0}=\sum_{i=1}^{n}\boldsymbol{E}_i \tag{9-7}$$

式(9-7)表示,在点电荷系产生的电场中,任意一点 P 处的电场强度等于点电荷系各点电荷单独存在时在该点 P 所产生的电场强度的矢量和。这就是电场强度的叠加原理。

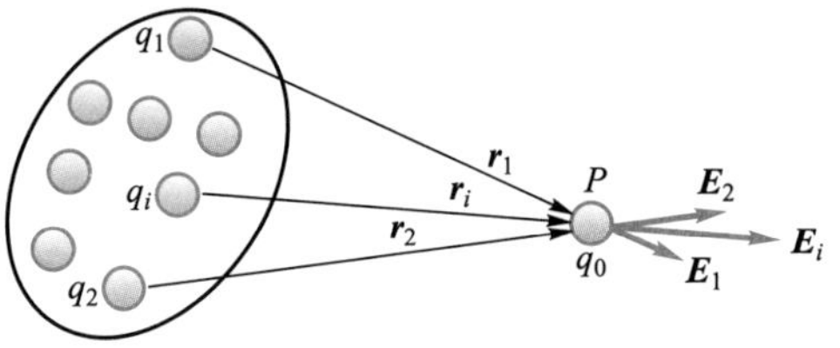

图 9-5 电场强度的叠加原理

根据点电荷的电场强度公式(9-6),在点电荷系的电场中的任意某一点 P 处,电场强度的计算公式(9-7)可以改写为

$$\boldsymbol{E}=\sum_{i=1}^{n}\boldsymbol{E}_i=\sum_{i=1}^{n}\frac{q_i\boldsymbol{r}_i}{4\pi\varepsilon_0r_i^3}=\sum_{i=1}^{n}\frac{q_i}{4\pi\varepsilon_0r_i^2}\boldsymbol{e}_{ri} \tag{9-8}$$

式(9-8)中 $\boldsymbol{e}_{ri}$是由 q_i 指向场点 P 的单位矢量。

3. 电荷连续分布的带电体的电场强度

利用点电荷的电场强度计算公式和电场强度的叠加原理我

们可以计算任意带电体所激发的电场,我们可以把带电体看成由许多无限小的电荷元组成的集合,每一个电荷元均可以当作点电荷处理。如图 9-6 所示,在电荷连续分布的带电体中,任意一个电荷元在电场中某一点 P 的电场强度为

$$\mathrm{d}\boldsymbol{E}=\frac{\boldsymbol{r}\mathrm{d}q}{4\pi\varepsilon_0 r^3}=\frac{1}{4\pi\varepsilon_0}\frac{\mathrm{d}q}{r^2}\boldsymbol{e}_r \tag{9-9}$$

式(9-9)中 $\boldsymbol{e}_r$ 是由电荷元 $\mathrm{d}q$ 指向场点 P 的单位矢量,r 是由电荷元 $\mathrm{d}q$ 到场点 P 的距离。由电场强度的叠加原理,可以得到整个带电体在 P 点的电场强度为

$$\boldsymbol{E}=\int\mathrm{d}\boldsymbol{E}=\int\frac{1}{4\pi\varepsilon_0}\frac{\mathrm{d}q}{r^2}\boldsymbol{e}_r \tag{9-10}$$

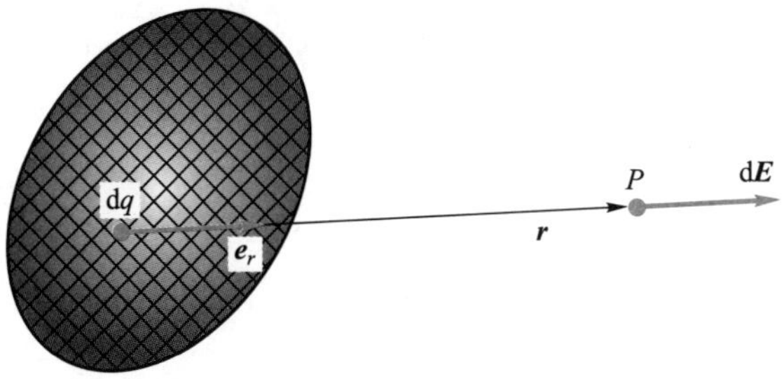

图 9-6 连续分布电荷电场强度的叠加原理

式(9-10)中,当电荷连续分布在一定的体积内时,称为体分布电荷,电荷体密度用 ρ 表示,电荷元 $\mathrm{d}q=\rho\mathrm{d}V$;当电荷连续分布在一曲面或平面上时,称为面分布电荷,电荷面密度用 σ 表示,电荷元 $\mathrm{d}q=\sigma\mathrm{d}S$;当电荷连续分布在一曲线或直线上时,称为线分布电荷,电荷线密度用 λ 表示,电荷元 $\mathrm{d}q=\lambda\mathrm{d}l$。这里电荷体密度 ρ、电荷面密度 σ 和电荷线密度 λ 的定义分别是在某点附近,单位体积、单位面积和单位长度内的电荷量,单位分别是 $\mathrm{C/m^3}$、$\mathrm{C/m^2}$ 和 C/m。

根据带电体上电荷的分布情况,按体分布电荷、面分布电荷和线分布电荷,其电场强度的表达式(9-10)可以变化为

$$E=\int_V\frac{1}{4\pi\varepsilon_0}\frac{\rho\mathrm{d}V}{r^2}\boldsymbol{e}_r\quad(\rho\text{ 为电荷体密度}) \tag{9-11}$$

$$E=\int_S\frac{1}{4\pi\varepsilon_0}\frac{\sigma\mathrm{d}S}{r^2}\boldsymbol{e}_r\quad(\sigma\text{ 为电荷面密度}) \tag{9-12}$$

$$E=\int_l\frac{1}{4\pi\varepsilon_0}\frac{\lambda\mathrm{d}l}{r^2}\boldsymbol{e}_r\quad(\lambda\text{ 为电荷线密度}) \tag{9-13}$$

至于在具体计算中,式(9-11)、式(9-12)、式(9-13)中体积元 $\mathrm{d}l$、面积元 $\mathrm{d}S$ 和线元 $\mathrm{d}V$ 如何选取,要视具体问题而定。

例 9.1

计算电偶极子(electric dipole)轴线的延长线上和中垂线上任意一点的电场强度。

分析 相隔一定距离的等量异号点电荷$+q$和$-q$组成一电荷系统,当它们之间的距离l比所研究的问题中涉及的距离小得多时,此电荷系统就称为电偶极子,如图 9-7 所示。

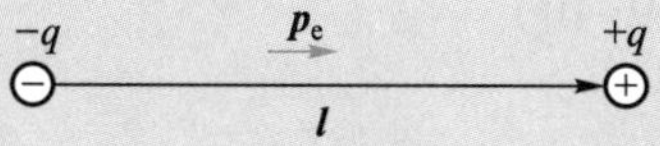

图 9-7 电偶极子

若用$\boldsymbol{l}$表示从负电荷到正电荷的相对位置矢量,则$\boldsymbol{l}$称为电偶极子的轴。描述电偶极子自身特征的物理量是电偶极矩(electric dipole moment),用$\boldsymbol{p}_e$表示,其定义是

$$\boldsymbol{p}_e = q\boldsymbol{l}$$

解 (1) 计算电偶极子轴线延长线上的某点$A(x,0)$处的电场强度($x \gg l$)。

如图 9-8(a)所示,选取电偶极子的极轴中点为坐标原点,沿着极轴的延长线方向为x轴的正方向,设在电偶极子轴线延长线上的某点$A(x,0)$($x \gg l$)处的电场强度为$\boldsymbol{E}_A$。

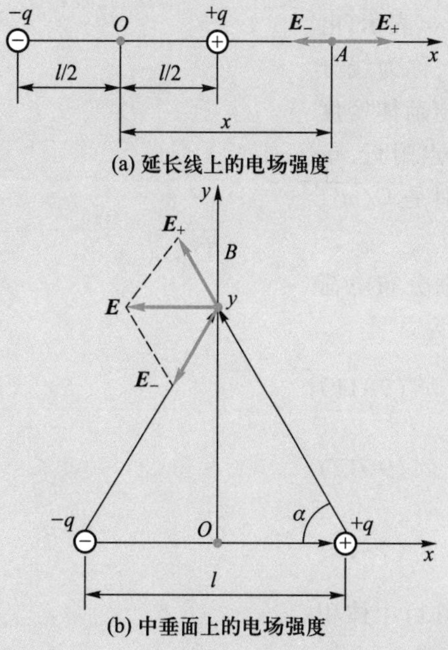

图 9-8 电偶极子的电场

由点电荷的计算公式(9-6)可以分别计算出电偶极子的正、负电荷$+q$和$-q$在场点A处的电场强度,为

$$\boldsymbol{E}_+ = \frac{1}{4\pi\varepsilon_0}\frac{q}{(x-l/2)^2}\boldsymbol{i},\quad \boldsymbol{E}_- = \frac{1}{4\pi\varepsilon_0}\frac{-q}{(x+l/2)^2}\boldsymbol{i}$$

电荷$+q$和$-q$在场点A处的总电场强度为

$$\boldsymbol{E}_A = \boldsymbol{E}_+ + \boldsymbol{E}_- = \frac{q}{4\pi\varepsilon_0}\left[\frac{1}{(x-l/2)^2} - \frac{1}{(x+l/2)^2}\right]\boldsymbol{i}$$

$$\approx \frac{1}{4\pi\varepsilon_0}\frac{2ql}{x^3}\boldsymbol{i} = \frac{1}{4\pi\varepsilon_0}\frac{2\boldsymbol{p}_e}{x^3}$$

即电偶极子轴线延长线上任意一点的电场强度是

$$\boldsymbol{E} = \frac{1}{4\pi\varepsilon_0}\frac{2\boldsymbol{p}_e}{x^3}$$

可以看出,电偶极子轴线延长线上某点A处的场强$\boldsymbol{E}_A$的方向与电偶极矩$\boldsymbol{p}_e$的方向相同,$\boldsymbol{E}_A$的大小与电偶极矩$\boldsymbol{p}_e$的大小成正比,与场点A与电偶极子中心距离的三次方成反比,比点电荷的场衰减得快。

(2) 求电偶极子中垂线上某点$B(0,y)$处的电场强度($y \gg l$)。

如图 9-8(b)所示,选取电偶极子的极轴中点为坐标原点,沿着极轴方向作x轴,过原点作x轴的垂线为y轴。

方法一:电偶极子的正、负电荷$+q$和$-q$在场点B处的电场强度方向如图 9-8(b)所示,其大小相等,为

$$E_+ = E_- = \frac{q}{4\pi\varepsilon_0 r_+^2}$$

将 E_+ 和 E_- 分别在 x 轴和 y 轴上分解，由于对称性得 $E_y=0$，则 $E_B=E_x$，沿 x 轴负方向。

$$E_B=E_x=-2E_+\cos\alpha=-2\frac{q}{4\pi\varepsilon_0 r_+^2}\cdot\frac{l/2}{r_+}$$

$$=-\frac{ql}{4\pi\varepsilon_0\left(y^2+\dfrac{l^2}{4}\right)^{\frac{3}{2}}}$$

由于 $y\gg l$，$y^2+\dfrac{l^2}{4}\approx y^2$，则 B 点的电场强度大小为

$$E_B=E_x=-\frac{ql}{4\pi\varepsilon_0 y^3}$$

$$\boldsymbol{E}_B=E_x\boldsymbol{i}=-\frac{ql}{4\pi\varepsilon_0 y^3}\boldsymbol{i}=-\frac{\boldsymbol{p}_e}{4\pi\varepsilon_0 y^3}$$

方法二：电偶极子的正、负电荷 $+q$ 和 $-q$ 在场点 B 处的电场强度分别为

$$\boldsymbol{E}_+=\frac{q}{4\pi\varepsilon_0 r_+^3}\boldsymbol{r}_+,\ \boldsymbol{E}_-=\frac{-q}{4\pi\varepsilon_0 r_-^3}\boldsymbol{r}_-$$

$$\boldsymbol{E}_B=\boldsymbol{E}_++\boldsymbol{E}_-=\frac{q}{4\pi\varepsilon_0 r_+^3}\boldsymbol{r}_++\frac{-q}{4\pi\varepsilon_0 r_-^3}\boldsymbol{r}_-$$

$$\approx\frac{q(\boldsymbol{r}_+-\boldsymbol{r}_-)}{4\pi\varepsilon_0\left(y^2+\dfrac{1}{4}l^2\right)^{3/2}}$$

$$=\frac{q(-\boldsymbol{l})}{4\pi\varepsilon_0\left(y^2+\dfrac{1}{4}l^2\right)^{3/2}}\approx\frac{q(-\boldsymbol{l})}{4\pi\varepsilon_0 y^3}=\frac{-\boldsymbol{p}_e}{4\pi\varepsilon_0 y^3}$$

即电偶极子中垂面上任意一点的电场强度是

$$\boldsymbol{E}_B=\frac{-\boldsymbol{p}_e}{4\pi\varepsilon_0 y^3}$$

$\boldsymbol{E}_B$ 的方向与电偶极矩 $\boldsymbol{p}_e$ 的方向相反，$\boldsymbol{E}_B$ 的大小反比于 y^3（y 取正值），较点电荷的场衰减得快。

例 9.2

如图 9-9 所示，一均匀带电细圆环，半径为 R，所带总电荷量为 q（假设 $q>0$），求圆环轴线上与圆心相距为 x 的 P 点处的电场强度。

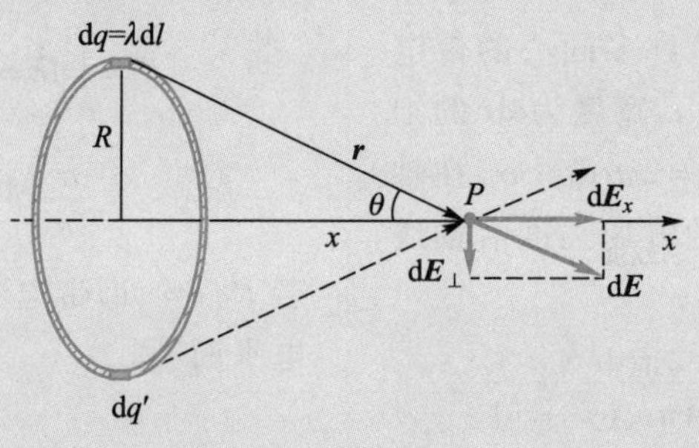

图 9-9 例 9.2 图

解 如图 9-9 所示，在圆环上取线元 $\mathrm{d}l$，其所带电荷量为 $\mathrm{d}q=\lambda\mathrm{d}l$，$\lambda=q/2\pi R$。$\mathrm{d}q$ 在 P 点激发的电场强度 $\mathrm{d}\boldsymbol{E}$ 为

$$\mathrm{d}\boldsymbol{E}=\frac{1}{4\pi\varepsilon_0}\frac{\mathrm{d}q}{r^3}\boldsymbol{r}$$

由于圆环上各点处的电荷元在 P 点处产生的电场强度的大小相等，但方向各不相同，我们将 $\mathrm{d}\boldsymbol{E}$ 沿垂直于 x 轴和平行于 x 轴两个方向进行分解，相应的分量分别为 $\mathrm{d}E_\perp$ 和 $\mathrm{d}E_x$。

根据对称性分析，圆环上各电荷元在 P 点产生的电场强度的垂直分量 $\mathrm{d}E_\perp$ 相互抵消，所以电场强度垂直分量的叠加为零。因而，P 点的电场强度只有沿 x 轴的分量。先看 $\mathrm{d}\boldsymbol{E}$ 沿 x 轴方向的分量，即：

$$dE_x = dE\cos\theta = \frac{\lambda dl}{4\pi\varepsilon_0 r^2}\cos\theta$$

$$E_x = \oint_l dE_x = \oint_l dE\cos\theta = \oint_l \frac{\lambda\cos\theta}{4\pi\varepsilon_0 r^2}dl$$

$$= \frac{q\cos\theta}{4\pi\varepsilon_0 r^2} = \frac{qx}{4\pi\varepsilon_0(x^2+R^2)^{3/2}}$$

$$\boldsymbol{E} = E_x\boldsymbol{i} = \frac{qx}{4\pi\varepsilon_0(x^2+R^2)^{3/2}}\boldsymbol{i}$$

当 $q>0$ 时，轴线上的电场强度在圆环两侧均从环心指向外；当 $q<0$ 时，轴线上的电场强度在圆环两侧均指向环心。在 $x>>R$ 处，$(x^2+R^2)^{3/2}\approx x^3$，$\boldsymbol{E}$ 的大小为 $E=q/4\pi\varepsilon_0 x^2$，此式说明均匀带电圆环在轴线上远区的电场相当于一个点电荷 q 产生的电场。由此可加深我们对点电荷概念的理解。

例 9.3

如图 9-10 所示，试计算均匀带电薄圆盘轴线上与盘心相距为 x 的任意一点 P 处的电场强度，设薄圆盘的半径为 R，电荷面密度为 σ。

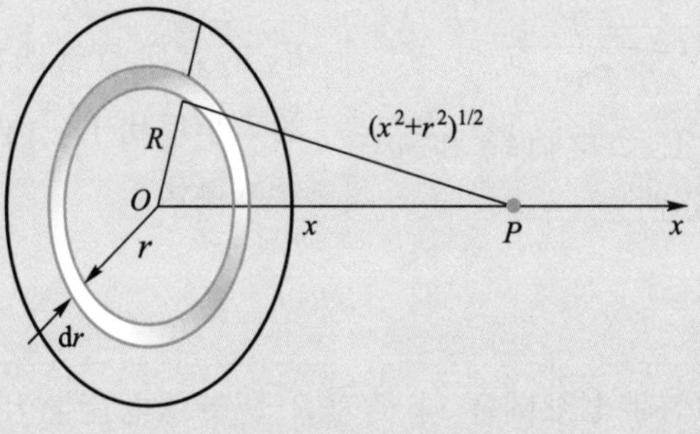

图 9-10 例 9.3 图

解 带电薄圆盘可看作由许多同心的带电细圆环组成。对于半径为 r、宽度为 dr 的细圆环，其所带电荷量为 $dq=2\pi r dr\cdot\sigma$，在轴线上任意一点 P 处产生的电场强度沿轴线方向，大小为

$$dE = \frac{dq\cdot x}{4\pi\varepsilon_0(x^2+r^2)^{3/2}} = \frac{2\pi r dr\cdot\sigma\cdot x}{4\pi\varepsilon_0(x^2+r^2)^{3/2}}$$

$$= \frac{x\sigma}{2\varepsilon_0}\cdot\frac{r dr}{(x^2+r^2)^{3/2}}$$

由于组成带电薄圆盘的各带电细圆环在 P 点产生的电场的方向相同，所以 P 点总电场强度为

$$E = \int dE = \frac{\sigma x}{2\varepsilon_0}\int_0^R \frac{r dr}{(x^2+r^2)^{3/2}}$$

$$= \frac{\sigma}{2\varepsilon_0}\left(1-\frac{x}{\sqrt{R^2+x^2}}\right)$$

若 $R\to\infty$，即带电薄圆盘是一个无限大的带电平面，则

$$E = \frac{\sigma}{2\varepsilon_0}$$

因此，无限大均匀带电平面产生的电场是一个均匀场（与 x 无关）。无限大均匀带电平面是一个理想模型。对于比较大的均匀带电平面，在该平面附近的电场可以看成均匀电场。

例 9.4

如图 9-11 所示，真空中一长为 L 的均匀带电细直杆，总电荷量为 q，试求在直杆延长线上与杆的一端距离为 d 的 P 点的电场强度。

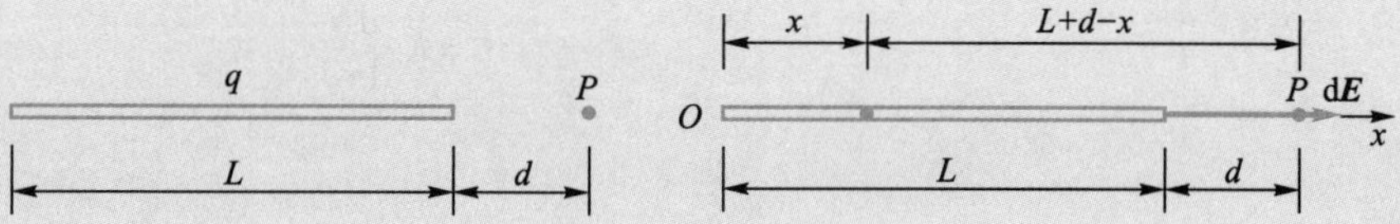

图 9-11 例 9.3 图

解 设杆的左端为坐标原点 O,x 轴沿直杆方向。带电直杆的电荷线密度为 $\lambda=q/L$,在 x 处取一电荷元 $dq=\lambda dx=qdx/L$,它在 P 点的电场强度为

$$dE=\frac{dq}{4\pi\varepsilon_0(L+d-x)^2}=\frac{qdx}{4\pi\varepsilon_0 L(L+d-x)^2}$$

总电场强度为

$$E=\frac{q}{4\pi\varepsilon_0 L}\int_0^L\frac{dx}{(L+d-x)^2}=\frac{q}{4\pi\varepsilon_0 d(L+d)}$$

当带电细直杆所带电荷为正电荷时($q>0$),电场方向沿 x 轴正方向,即杆的延长线方向;当带电细直杆所带电荷为负电荷时($q<0$),电场方向沿 x 轴负方向。

9.3 静电场的高斯定理

9.3.1 电场线

1. 电场线

描述电场最精确的方法是给出电场强度 $\boldsymbol{E}$ 的分布函数。这种描述方法虽然精确但不够直观。为了形象、直观地描述电场在空间的分布,我们可以在电场中画出电场线。这种思想源于伟大的物理学家法拉第。

如图 9-12(a)所示,在电场中画出一系列假想的曲线,使曲线上每一点的切线方向与该点电场强度 $\boldsymbol{E}$ 的方向相同,电场线的疏密反映了 $\boldsymbol{E}$ 的大小,这些假想的曲线称为电场线。

为了使电场线也能直观地描述电场强度的大小,我们引入电场线密度的概念。电场中某点的电场线密度定义为:穿过该点附近与电场线垂直的单位面积元的电场线的条数与该点处的电场强度大小成正比。

如图 9-12(b)所示,在电场中某点附近取一与电场线垂直的面积元 $dS_\perp$,设穿过它的电场线数为 dN,则电场线密度为 $dN/$

$dS_{\perp}$。按上述定义,该点电场强度的大小可表示为

$$E = K\frac{dN}{dS_{\perp}} \tag{9-14}$$

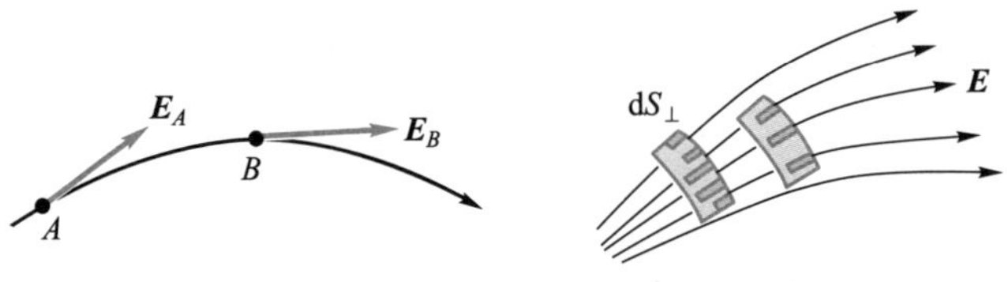

(a) 电场线上某点切线方向表示该点电场强度方向

(b) 某点电场线的疏密程度表示该点电场强度大小

图 9-12 电场线

式(9-14)中 K 为大于零的比例常量(单位:m · V/条),为了研究问题的方便,我们常把 K 取为 1。标准的电场线图均是按此规定绘制的。如图 9-13 所示是几种常见带电系统的电场线示意图。

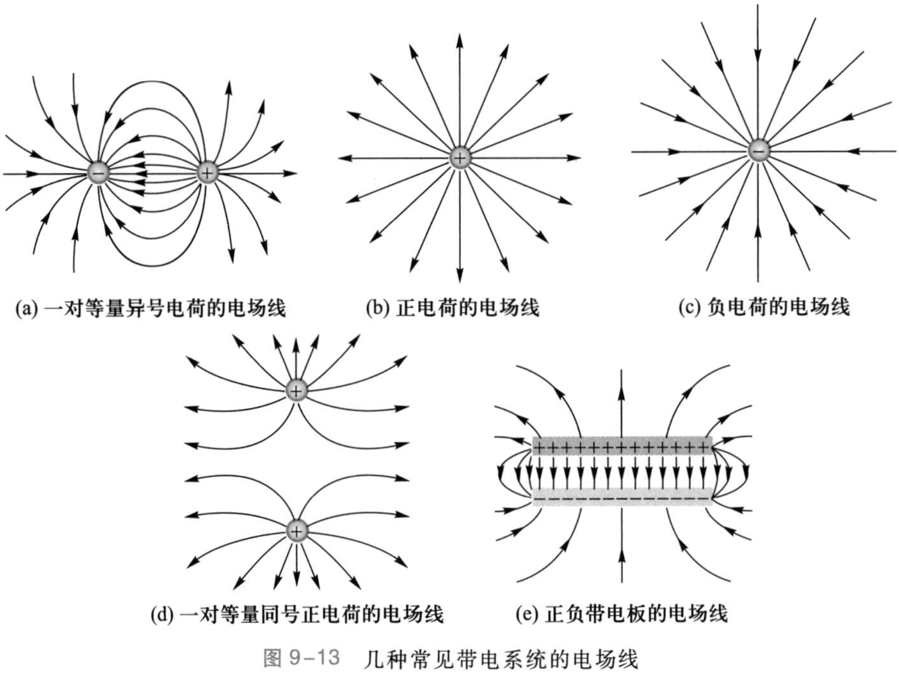

(a) 一对等量异号电荷的电场线 (b) 正电荷的电场线 (c) 负电荷的电场线

(d) 一对等量同号正电荷的电场线 (e) 正负带电板的电场线

图 9-13 几种常见带电系统的电场线

2. 静电场电场线的性质

静电场的电场线具有如下基本性质。

性质 1:静电场的电场线始于正电荷(或无限远),终止于负电荷(或无限远),在没有电荷的地方不中断(电场强度为零的奇异点——导体内除外)。

性质2：电场线不构成闭合曲线。

性质3：任何两条电场线不会相交。如果两条电场线相交，那么在相交点就会出现两个切线方向，这与静电场中任何一点的电场强度 $\boldsymbol{E}$ 只有一个方向矛盾。

9.3.2 电场强度通量

在静电场空间中取一微小面积元 $\mathrm{d}S$，用 $\boldsymbol{e}_n$ 表示 $\mathrm{d}S$ 法线方向上的单位矢量，则 $\mathrm{d}\boldsymbol{S}=\mathrm{d}S\boldsymbol{e}_n$ 称为有向面积元。设 $\mathrm{d}S$ 上的电场强度为 $\boldsymbol{E}$，我们把

$$\mathrm{d}\Phi_e=\boldsymbol{E}\cdot\mathrm{d}\boldsymbol{S}=E\mathrm{d}S\cos\theta \quad (\theta \text{ 是 } \boldsymbol{e}_n \text{ 与 } \boldsymbol{E} \text{ 之间的夹角}) \tag{9-15}$$

称为通过有向面积元 $\mathrm{d}\boldsymbol{S}$ 的电场强度通量（或称 $\boldsymbol{E}$ 通量）。按式(9-15)，通过电场中某点附近与电场线垂直的面积元 $\mathrm{d}S_{\perp}$ 的电场线数为 $\mathrm{d}N=E\mathrm{d}S_{\perp}$，而 $\mathrm{d}S\cos\theta=\pm\mathrm{d}S_{\perp}$，如图9-14所示，因此电通量 $\mathrm{d}\Phi_e$ 在量值上等于通过电场中有向面积元 $\mathrm{d}\boldsymbol{S}$ 的电场线的条数乘以+1（电场线顺着 $\mathrm{d}\boldsymbol{S}$ 方向通过 $\mathrm{d}S$，$0\leqslant\theta<\pi/2$）或-1（电场线逆着 $\mathrm{d}\boldsymbol{S}$ 方向通过 $\mathrm{d}S$，$\pi/2<\theta\leqslant\pi$）。也就是说，若电场强度 $\boldsymbol{E}$ 与面积元的法线方向之间的夹角小于90°，通过该面积元的电场强度通量为正值，若夹角大于90°，则该面积元电场强度通量为负值。

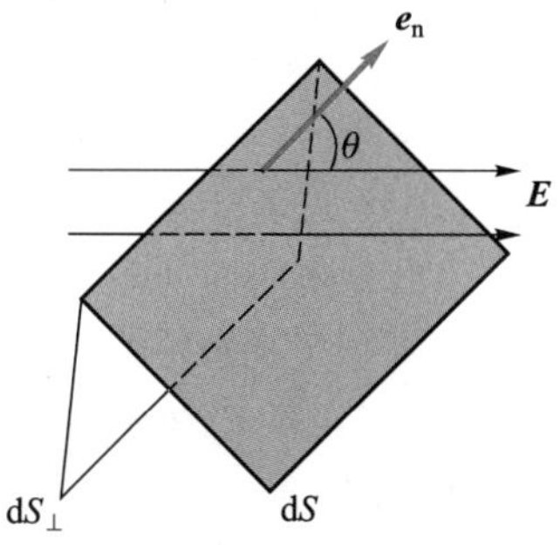

(a) $\theta<\pi/2$时的电场强度通量

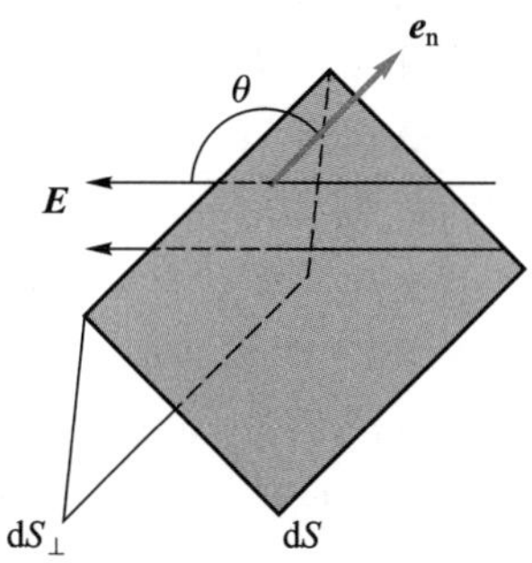

(b) $\theta>\pi/2$时的电场强度通量

图9-14 面积元 $\mathrm{d}S$ 的电场强度通量

如图9-15所示，在电场中，通过任意曲面 $\boldsymbol{S}$ 的电场强度通量的定义为通过该曲面上各有向面积元 $\mathrm{d}\boldsymbol{S}$ 的电场强度通量的代数和，即

$$\Phi_e=\int_S \mathrm{d}\Phi_e=\int_S \boldsymbol{E}\cdot\mathrm{d}\boldsymbol{S} \tag{9-16}$$

这样的积分在数学上称为面积分，积分号下标 S 表示积分遍及整

个曲面。如果这个曲面是闭合的，如图 9-16 所示，则通过一个封闭曲面 S 的电场强度通量表示为

$$\Phi_e = \oint_S \boldsymbol{E} \cdot \mathrm{d}\boldsymbol{S} \tag{9-17}$$

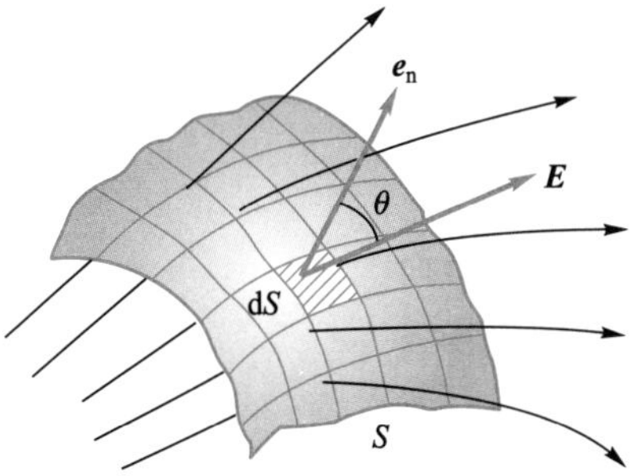

图 9-15 任意曲面 S 的电场强度通量

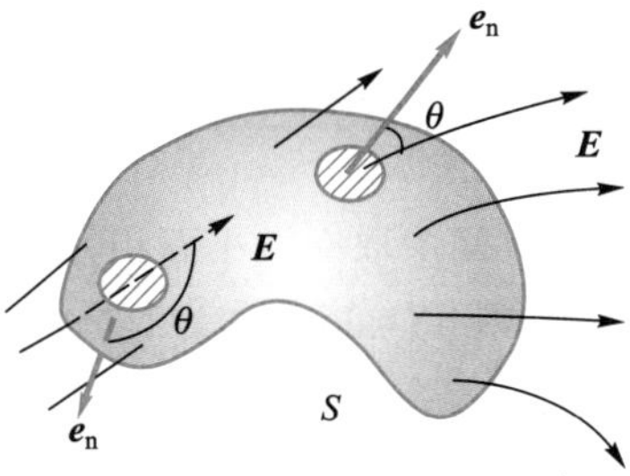

图 9-16 通过闭合曲面 S 的电场强度通量

符号“$\oint_S$”表示对整个封闭曲面进行积分。电场强度通量 Φ_e 是标量，其单位是 $\mathrm{N \cdot m^2/C}$。

需要说明的是：对于非闭合曲面，面上各处的法向单位矢量 $\boldsymbol{e}_n$ 的正方向可以任意取这一侧或那一侧，视方便而定。对于闭合曲面，由于它把整个空间划分为内、外两部分，所以一般规定：自内向外的方向为各处面积元的法向正方向。因此，当电场线从内部穿出时，$\boldsymbol{E}$ 与面积元 $\mathrm{d}\boldsymbol{S}$ 之间的夹角 θ 满足 $0 \leqslant \theta < \pi/2$，该面积元上的电场强度通量 $\mathrm{d}\Phi_e = \boldsymbol{E} \cdot \mathrm{d}\boldsymbol{S}$ 为正；当电场线从外面穿入时，$\boldsymbol{E}$ 与面积元 $\mathrm{d}\boldsymbol{S}$ 之间的夹角 θ 满足 $\pi/2 < \theta \leqslant \pi$，$\mathrm{d}\Phi_e = \boldsymbol{E} \cdot \mathrm{d}\boldsymbol{S}$ 为负。简单概括为“穿进为负，穿出为正”。式(9-17)表示通过封闭曲面的电场强度通量 Φ_e 可形象地理解为穿出与穿入闭合曲面 S 的电场线的条数之差，也就是净穿出封闭曲面的电场线的总条数。

作为式(9-16)的特例，我们很容易写出在均匀电场中通过一个平面的电场强度通量的简化计算式，即

$$\Phi_e = \boldsymbol{E} \cdot \boldsymbol{S} = ES\cos\theta \tag{9-18}$$

例 9.5

在点电荷 q 的电场中，以点电荷所在点 O 为球心作一半径为 r 的球面，求通过此球面的电场强度通量。

解 设点电荷 q 为正电荷，由球心沿半径指向外的方向为球面各点的法向，则球面上各点电场强度 $\boldsymbol{E}$ 与面积元法向的夹角为 0。因此通过球面的电场强度通量为

$$\Phi_e=\oint_S \boldsymbol{E}\cdot d\boldsymbol{S}=\oint_S E\cos\theta dS=\oint_S E\cos 0 dS=\frac{q}{4\pi\varepsilon_0 r^2}\oint_S dS=\frac{q}{4\pi\varepsilon_0 r^2}\cdot 4\pi r^2=\frac{q}{\varepsilon_0}$$

9.3.3 静电场的高斯定理

高斯定理是静电场的一条基本原理,它给出了闭合曲面上的电场强度通量和场源电荷之间的关系。由于任何带电体系都可看成点电荷的集合,所以,我们先从点电荷的电场出发推导这种关系。

由例 9.5 可知,在真空中以点电荷 q 所在点 O 为中心的任意球面 S,通过它们的电场强度通量相同,都是 q/ε_0。该结论与球面半径 r 无关,只与它所包围的电荷的电荷量有关。根据电场强度通量的定义,该结论表示穿过 S 的电场线的条数为 $|q|/\varepsilon_0$。当 $q>0$ 时,电场线穿出;否则,电场线穿入。那么对于如图 9-17 所示的包围点电荷 q 的任意闭合曲面 S,通过它的电场强度通量 Φ_e 为多少呢?我们可围绕该点电荷作一同心球面 S_0,根据例 9.5 的结论,穿过 S_0 的电场线的条数应为 $|q|/\varepsilon_0$。由于静电场的电场线在无电荷的地方不中断,因此穿过 S 的电场线的条数与穿过 S_0 的电场线的条数相等,即对于包围点电荷 q 的任意闭合曲面 S,通过它的电场强度通量都是 $\Phi_e=q/\varepsilon_0$。

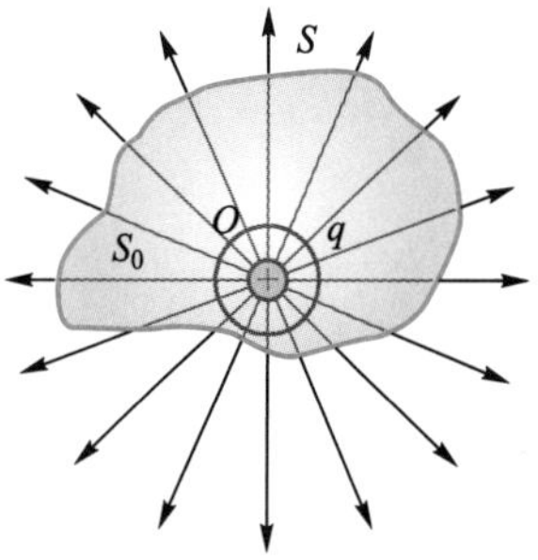

图 9-17 通过任意包围 q 的闭合曲面的电场强度通量

如图 9-18 所示,当任意闭合曲面 S 不包围点电荷 q 时,从 q 发出(或终止在 q 上)的电场线如果穿过 S 的话,一定是穿过两次,一进一出,即净穿过 S 的电场线条数为零。故当闭合曲面 S 不包围点电荷 q 时,通过它的电场强度通量为 $\Phi_e=0$。

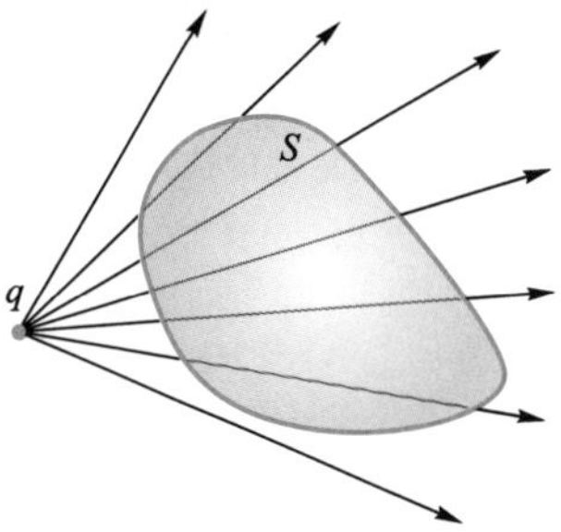

图 9-18 q 在闭合曲面外时的电场强度通量

如图 9-19 所示为一个由点电荷 $q_1,q_2,\cdots,q_n$ 组成的点电荷系。用 Φ_{ei} 表示第 i 个点电荷单独存在时通过闭合曲面 S 的电场强度通量。由上述关于单个点电荷闭合面内、外的电场强度通量的结论可知,当第 i 个点电荷在闭合曲面 S 内时,$\Phi_{ei}=q_i/\varepsilon_0$;当第 i 个点电荷在闭合曲面 S 外时,$\Phi_{ei}=0$。所以在由点电荷 $q_1,q_2,\cdots,q_n$ 组成的点电荷系的电场中,通过任意一闭合曲面 S 的电场强度通量 $\Phi_e=\sum\Phi_{ei}=\dfrac{\sum\limits_{in} q_i}{\varepsilon_0}$,其中 $\sum\limits_{in} q_i$ 表示对闭合曲面 S 内的电荷量求和。对于宏观带电体,$\sum\limits_{in} q_i$ 可以写成 $\int_{S内} dq$,这里

$\int_{S内} \mathrm{d}q$ 表示对闭合曲面 S 内的电荷量求和。

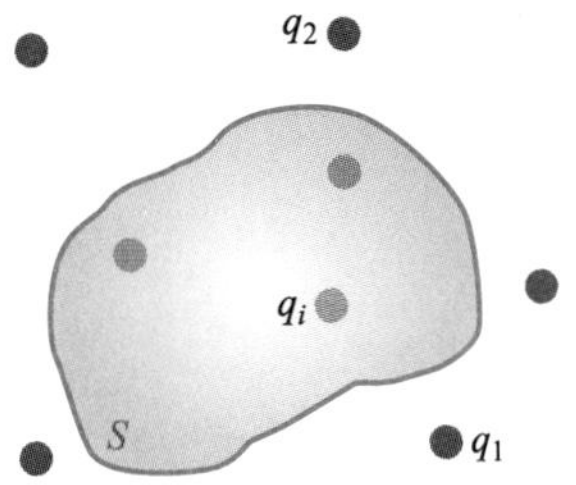

图 9-19　点电荷系的电场强度通量

综上所述,在真空中,对于任意静电场,通过任意封闭曲面 S 的电场强度通量等于该封闭曲面内所包围的总电荷量的 $1/\varepsilon_0$。这个结论称为真空中静电场的高斯定理,可表示成如下数学形式:

$$\oint_S \boldsymbol{E} \cdot \mathrm{d}\boldsymbol{S} = \frac{q_{\mathrm{in}}}{\varepsilon_0} \tag{9-19}$$

其中 $q_{\mathrm{in}} = \sum_{\mathrm{in}} q_i$ 或 $q_{\mathrm{in}} = \int_{S内} \mathrm{d}q$ 表示闭合曲面内所有电荷的电荷量的代数和。

对于真空中静电场的高斯定理,我们在理解时应注意以下几点:(1) 任意闭合曲面 S 称为高斯面;(2) 高斯定理表达式(9-19)中,等号左边的 $\boldsymbol{E}$ 是高斯面上面积元 $\mathrm{d}\boldsymbol{S}$ 处的电场强度,它是由全部电荷(包括面内外的电荷)共同产生的总电场强度,并非只由封闭曲面内的电荷产生的电场强度;(3) 通过高斯面的电场强度通量有正负之分,其正负只取决于封闭曲面所包围的电荷量的代数和;(4) 静电场的高斯定理说明静电场为有源场。

9.3.4 高斯定理的应用

微课视频:
高斯定理的应用

一般情况下,高斯定理不能把电场中各点的电场强度确定下来。但是,当静止的电荷分布具有某种高度对称性(电场分布具有球对称性、轴对称性或面对称性等)时,可以应用高斯定理求电场强度的分布,且比用点电荷电场强度公式和电场强度叠加原理计算简便得多。这种方法一般包含以下几个步骤:

(1) 根据电荷分布的对称性,利用电场强度叠加原理分析电场强度的方向和电场强度分布的对称性;

(2) 作一个合适的高斯面,求出高斯面内的总电荷 q_{in};

(3) 应用高斯定理 $\oint_S \boldsymbol{E} \cdot \mathrm{d}\boldsymbol{S} = q_{\mathrm{in}}/\varepsilon_0$ 计算电场强度的大小,继而给出矢量表达式。

这一方法的关键是作一个合适的闭合曲面(即高斯面),使上述积分公式左边的 $\boldsymbol{E}$ 能以标量的形式从积分号内提出来。

不具有特定对称性的电荷分布,其电场不能直接利用高斯定理求出。当然这绝不是说高斯定理对这些电荷分布不成立。另外,对某些带电体系来说,如果其中每个带电体上的电荷分布都具有对称性,那么可以利用高斯定理求出每个带电体的电场,然后再应用电场强度叠加原理求出整个带电体系，如平板导体组带电体的总电场分布。

例 9.6

球对称性情形。已知在真空中，球面半径为 R，所带电荷量为 Q，求均匀带电球面的电场分布。

解 (1) 球外任一点 $P(r>R)$ 的电场强度。

过球外任意一点 P，作直径 OP，将带电球面分成与 OP 垂直的一个个带电圆盘，由电场强度叠加原理和细圆环轴线上任意一点的电场强度公式可以计算 P 点的电场强度。

本例题主要应用高斯定理求解，过 P 作半径为 $r(r>R)$ 的同心球面 S 为高斯面，如图 9-20(a) 所示。由于电荷均匀分布在球面上，具有球对称性，$\boldsymbol{E}$ 的分布具有如下特性：在高斯面 S 上任一点处 $\boldsymbol{E}$ 的方向沿 S 在该点的法线方向；S 面上不同点处 $\boldsymbol{E}$ 的大小相等。这种对称性称为球对称性。

根据高斯定理表达式(9-19)得

$$\oint_S \boldsymbol{E}\cdot \mathrm{d}\boldsymbol{S}=\oint_S E\mathrm{d}S=E\oint_S \mathrm{d}S=E\cdot 4\pi r^2=\frac{Q}{\varepsilon_0}$$

则 P 点的电场强度为

$$E=\frac{Q}{4\pi\varepsilon_0 r^2}$$

当 $q>0$ 时，电场强度 $\boldsymbol{E}$ 沿半径呈辐射状向外；当 $q<0$ 时，电场强度 $\boldsymbol{E}$ 沿半径呈辐射状，向里指向球心。

(2) 球内 $(r<R)$ 任意一点 P' 的电场强度。

过球内任意一点 P'，作半径为 $r(r<R)$ 的同心球面 S 为高斯面，如图 9-20(b) 所示，运用高斯定理得

$$\oint_S \boldsymbol{E}\cdot \mathrm{d}\boldsymbol{S}=0$$

$$E\cdot 4\pi r^2=0, E=0$$

考虑到空间各点电场强度的大小和方向，有

$$\boldsymbol{E}=\boldsymbol{E}(r)=\begin{cases}\boldsymbol{0} & (r<R)\\ \dfrac{Q\boldsymbol{r}}{4\pi\varepsilon_0 r^3} & (r>R)\end{cases} \tag{9-20}$$

这表明，均匀带电球面的电场强度大小在球面(即 $r=R$)上是不连续的。均匀带电球面的 $E-r$ 分布曲线如图 9-20(c) 所示。

利用同样的方法，我们可以计算均匀带电球体内外的电场强度分布，在球体表面上(即 $r=R$ 处)，电场强度数值则是连续的。

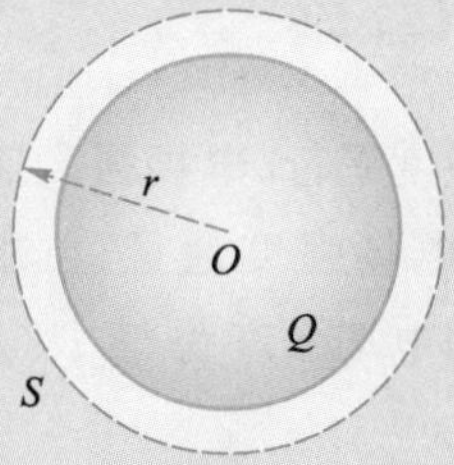

(a) 球面外

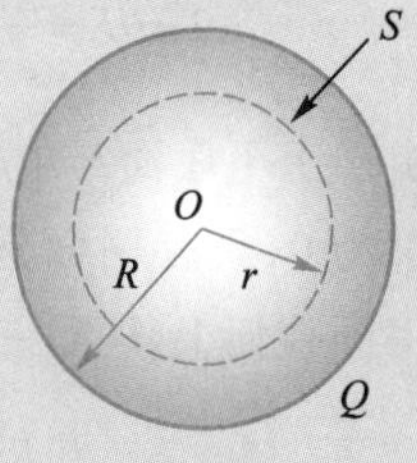

(b) 球面内

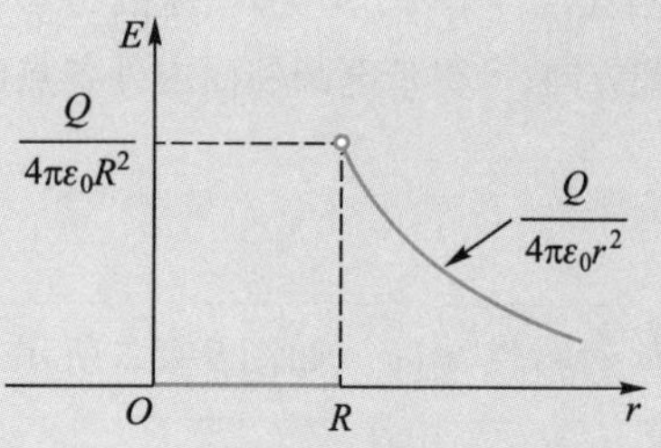

(c) $E-r$ 分布曲线

图 9-20 均匀带电球面的电场分布

例 9.7

柱对称性情形。如图 9-21(a) 所示为一半径为 R、电荷线密度为 λ 的无限长均匀带电圆

柱面。求此带电圆柱面的电场分布。

解 中垂面上的电场线分布如图 9-21(b)所示。把圆柱面看成直线的集合,则由叠加原理可知中垂面上任一点 $\boldsymbol{E}$ 的方向沿着径向,且同一圆周上各点 $\boldsymbol{E}$ 的大小相等。又由于圆柱面是无限长的,因而任一个横截面均为中垂面。由此可知,$\boldsymbol{E}$ 的分布具有如下特性:空间各点处 $\boldsymbol{E}$ 的方向与轴线垂直;同一圆柱面上(与带电圆柱面同轴的圆柱面)上各点处 $\boldsymbol{E}$ 的大小相等。

取与带电圆柱面同轴的圆柱面 S 为高斯面,(取球面是否可行?)高斯面的底面半径为 r,高为 l。

当 $r>R$ 时,根据高斯定理有

$$\oint_S \boldsymbol{E}\cdot \mathrm{d}\boldsymbol{S}=\int_{侧面}\boldsymbol{E}\cdot \mathrm{d}\boldsymbol{S}+\int_{上底}\boldsymbol{E}\cdot \mathrm{d}\boldsymbol{S}+\int_{下底}\boldsymbol{E}\cdot \mathrm{d}\boldsymbol{S}$$

$$=2\pi rlE=\frac{\lambda l}{\varepsilon_0}$$

由于上下底面与电场强度平行,电场强度通量为 0,只有侧面具有电场强度通量,可求得圆柱面上任意一点的电场强度为

$$E=\frac{\lambda}{2\pi\varepsilon_0 r}$$

同理,当 $r<R$ 时,$E=0$。综合考虑电场的大小和方向,可得带电圆柱面内外各点的 $\boldsymbol{E}$ 为

$$\boldsymbol{E}=\boldsymbol{E}(r)=\begin{cases}\boldsymbol{0} & (r<R)\\ \dfrac{\lambda \boldsymbol{r}}{2\pi\varepsilon_0 r^2} & (r>R)\end{cases} \quad (9-21)$$

空间的 $E-r$ 分布曲线如图 9-21(c)所示。从曲线中可以看出,带电圆柱面内外电场强度不连续。

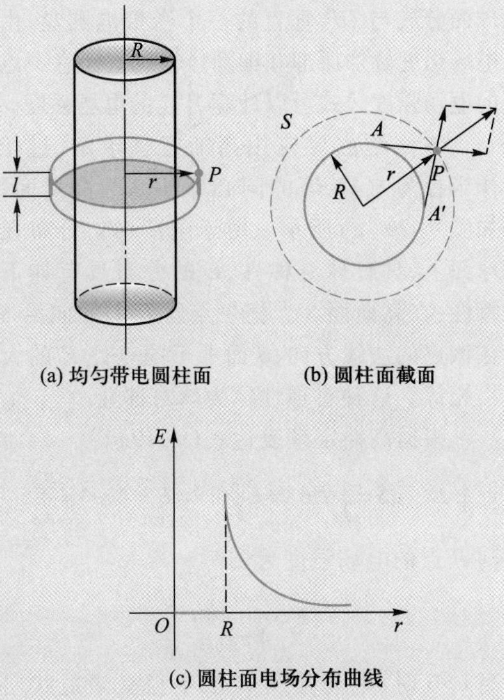

(a) 均匀带电圆柱面 (b) 圆柱面截面

(c) 圆柱面电场分布曲线

图 9-21 圆柱面电荷的电场

例 9.8

面对称性情形。如图 9-22 所示,求电荷面密度为 σ 的无限大均匀带电平面的电场。

解 对称性分析。过场点 P 作平面的垂线,以垂足为圆心,在无限大带电平面上可作无限多个同心带电圆环。可以认为 P 点处的电场强度是这无限多个带电圆环在该点产生的电场的叠加。根据圆环在轴线上产生电场的规律可知,任意点 P 的电场强度垂直于带电平面,且可以知道在带电平面两侧等距离的点上 $\boldsymbol{E}$ 的大小相等、方向相反。电场的这种对称性称为面对称性。

选取一个其轴垂直于带电平面的圆筒式闭合面 S 作为高斯面,带电平面平分此圆筒,场点 P 位于 S 的一个底上,如图 9-22

所示。由于圆筒的侧面上各点的 $\boldsymbol{E}$ 与侧面平行(即与侧面上的任何一个矢量面积元垂直),所以通过侧面的电场强度通量为 0,即运用高斯定理得

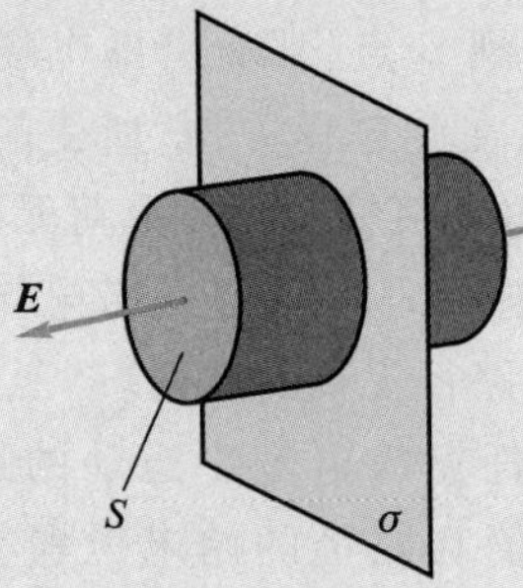

图 9-22 面对称分布电荷的高斯面

$$\oint_S \boldsymbol{E}\cdot \mathrm{d}\boldsymbol{S}=2ES=\frac{\sum q_i}{\varepsilon_0}=\frac{\sigma S}{\varepsilon_0}$$

$$2ES=\frac{\sigma S}{\varepsilon_0}$$

$$E\frac{\sigma}{2\varepsilon_0},\boldsymbol{E}=\frac{\sigma}{2\varepsilon_0}\boldsymbol{e}_{\mathrm{n}} \qquad (9-22)$$

无限大均匀带电平面两侧的电场各自是均匀分布的,$\boldsymbol{e}_{\mathrm{n}}$ 表示背离带电平面方向的单位矢量。

9.4 静电场的环路定理 电势

电场对电荷有力的作用,当电荷在电场中移动时,电场力就要做功。研究静电力做功的规律,对了解静电场的性质有着重要的意义。在力学中有以下结论:万有引力和弹性力等保守力做的功只与起始位置有关,而与路径无关。人们由此引入相应的势能概念,从而能方便解决很多物理问题。那么静电场力的做功情况会是怎样呢?

9.4.1 静电场力做功的特点

1. 点电荷 Q 产生的电场中的静电场力做功的特点

如图 9-23 所示,试探电荷 q_0 从静电场中的 A 点沿任意路径移动到 B 点的过程中,静电力做的功为

$$A_{AB}=\int_A^B \boldsymbol{F}\cdot \mathrm{d}\boldsymbol{l}=q_0\int_A^B \boldsymbol{E}\cdot \mathrm{d}\boldsymbol{l}=q_0\int_A^B \frac{Q}{4\pi\varepsilon_0 r^3}\boldsymbol{r}\cdot \mathrm{d}\boldsymbol{l}$$

$$=\frac{q_0 Q}{4\pi\varepsilon_0}\int_A^B \frac{1}{r^2}\mathrm{d}l\cos\theta=\frac{q_0 Q}{4\pi\varepsilon_0}\int_{r_A}^{r_B}\frac{1}{r^2}\mathrm{d}r=\frac{q_0 Q}{4\pi\varepsilon_0}\left(\frac{1}{r_A}-\frac{1}{r_B}\right)$$

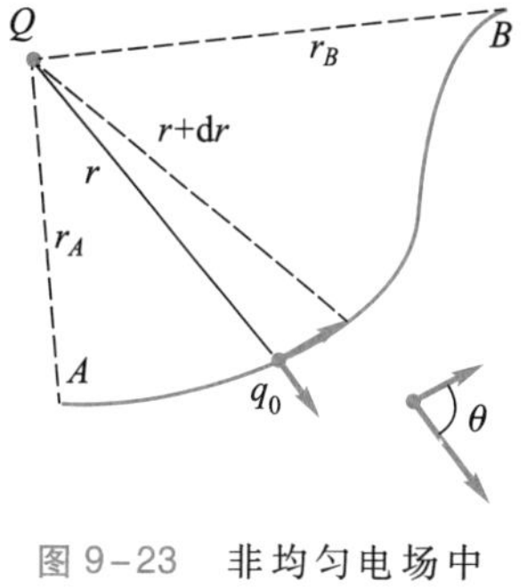

图 9-23 非均匀电场中电场力所做的功

可见,试探电荷 q_0 在点电荷 Q 的静电场中运动的过程中,静电力

对其做的功只取决于被移动电荷的电荷量及其起点和终点的位置,而与其移动的路径无关。这个结论可简单表述成:静电力做功与路径无关。

2. 点电荷系的电场中静电力做功的特点

如果是在点电荷系 $Q_1, Q_2, \cdots, Q_i, \cdots, Q_n$ 的静电场中将试探电荷 q_0 从 A 点沿任意路径移动到 B 点,那么借助电场力叠加原理(或电场强度叠加原理)可得:在此过程中,q_0 所受的总的静电力做的功与路径无关。连续带电体可视为无数电荷元的集合,每一个电荷元都可等效成一个点电荷,因而在连续带电体产生的电场中,同样会得出静电力做功与路径无关的结论。

综上所述,试探电荷 q_0 在任意静电场中运动的过程中,电场力对 q_0 做的功只与 q_0 的量值和路径的始末位置有关,而与其运动路径无关。这是静电场的一个重要性质,称为静电场的保守性(conservative property of electrostatic field)或静电场的有势性。

9.4.2 静电场的环路定理

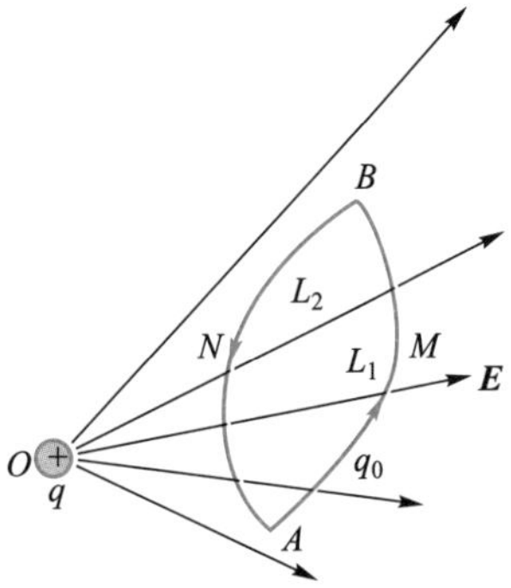

图 9-24 静电场的环路定理

静电场力做功与路径无关的性质还可用另一种形式表述,即静电场强度沿任意闭合曲线的积分等于零。如图 9-24 所示,在任意静电场中,作一任意闭合路径 L,考察沿该闭合路径移动单位正电荷的过程中静电力所做的功,有

$$A = \oint_L \boldsymbol{F} \cdot \mathrm{d}\boldsymbol{l} = \oint_L \boldsymbol{E} \cdot \mathrm{d}\boldsymbol{l} = \int_{A(沿L_1)}^{B} \boldsymbol{E} \cdot \mathrm{d}\boldsymbol{l} + \int_{B(沿L_2)}^{A} \boldsymbol{E} \cdot \mathrm{d}\boldsymbol{l}$$

$$= \int_{A(沿L_1)}^{B} \boldsymbol{E} \cdot \mathrm{d}\boldsymbol{l} - \int_{A(沿L_2)}^{B} \boldsymbol{E} \cdot \mathrm{d}\boldsymbol{l} = 0$$

即

$$\oint_L \boldsymbol{E} \cdot \mathrm{d}\boldsymbol{l} = 0 \qquad (9-23)$$

在物理学中,积分 $\oint_L \boldsymbol{E} \cdot \mathrm{d}\boldsymbol{l}$ 通常称为静电场的环流。式(9-23)表明:在静电场中,电场强度沿任意闭合回路的积分恒等于零,即静电场强度的环流等于零,这个结论称为静电场的环路定理。

由静电场的环路定理 $\oint_L \boldsymbol{E} \cdot \mathrm{d}\boldsymbol{l} = 0$ 可知静电场是保守力场,是无旋场,静电力是保守力。由于前面静电场的高斯定理已经说明了静电场是有源场,因此静电场的高斯定理和环路定理说明,静电场是有源无旋场。

9.4.3 电势能 电势

1. 电势能

静电场是保守力场，对静电场可以引进电势能（静电势能）的概念。根据功能原理，在试探电荷 q_0 从静电场中的 P 点沿任意路径移到 P'点的过程中，电场力对 q_0 所做的功应等于 q_0 的电势能（electric potential energy）W 的增量的负值，即

$$\int_P^{P'}\boldsymbol{F}\cdot \mathrm{d}\boldsymbol{l}=q_0\int_P^{P'}\boldsymbol{E}\cdot \mathrm{d}\boldsymbol{l}=-\Delta W=-(W_{P'}-W_P)=W_P-W_{P'}$$

如果选 P'点为零电势能的参考点，即 $W_{P'}=0$，则 q_0 在静电场中的某点 P 的静电势能 W_P 为

$$W_P=q_0\int_P^{P'}\boldsymbol{E}\cdot \mathrm{d}\boldsymbol{l}=q_0\int_P^{参考点}\boldsymbol{E}\cdot \mathrm{d}\boldsymbol{l} \tag{9-24}$$

点电荷在电场中某点所具有的电势能，在数值上等于将点电荷由该点移到电势能参考点时静电力所做的功。且 W_P 与原静电场及 q_0 都有关系，即同重力势能一样，静电势能属于静电场与电荷共有。

2. 电势

进一步考察式（9-24），我们发现 W_P/q_0 与 q_0 无关。为此，我们可引入一个新的物理量来描述静电场的能量性质，即电势（或电位），用 V 表示。静电场中，某点 P 处的电势 V_P 定义为

$$V_P=\frac{W_P}{q_0}=\int_P^{参考点}\boldsymbol{E}\cdot \mathrm{d}\boldsymbol{l} \tag{9-25}$$

即静电场中某点的电势在数值上等于单位正电荷在该点的静电势能，也等于把单位正电荷从该点沿任意路径移到电势参考点（与静电势能的参考点等同）时静电力所做的功。

静电场中任意两点 A，B 之间的电势之差通常称为这两点间的电势差（或电压），电压一般用 U 表示。根据式（9-25），A，B 两点间的电压 U_{AB} 为

$$U_{AB}=V_A-V_B=\int_A^B\boldsymbol{E}\cdot \mathrm{d}\boldsymbol{l} \tag{9-26}$$

式（9-26）表明：两点之间的电压 U_{AB} 等于把单位正电荷从 A 点沿任意路径移到 B 点时，静电力所做的功。另外，沿着电场线的方向电势不断降低。

电势是标量，静电场中的电势 V 是空间位置的标量函数，因此电势场是标量场。在国际单位制中，电势和电势差的单位均为 V（伏特）。

利用式（9-26）可以得到电势差与静电力所做的功的关系式。设在静电场中点电荷 q 从 A 点沿任意路径移到 B 点，则静电力所做的功为

$$A=q\int_{A}^{B}\boldsymbol{E}\cdot \mathrm{d}\boldsymbol{l}=q(V_{A}-V_{B}) \tag{9-27}$$

式（9-27）说明，当电场中电势分布情况已知时，利用该式可以很方便地算出在电场中移动点电荷 q 时静电力做的功。

对于电势和电势差我们在理解时还应注意：

（1）电势差和电势虽然有相同的单位，但它们是两个不同的概念，电势差不构成标量场。应养成“对一点谈电势，对两点谈电势差（或电压）”的习惯。

（2）对于两点间的电势差，我们不但要关注它的绝对值，还要关注这两点的电势谁高谁低。一般以 U_{AB} 代表 V_A-V_B，从 U_{AB} 的正负便可判断 A，B 两点的电势谁高谁低。

（3）由于电势参考点的选取有任意性，所以电势是一个相对量。因此，说某点的电势时一定要指明参考点的位置，否则就无任何意义。但是两点之间的电势差的大小是一个绝对量，它与参考点的选取无关。

电势参考点的选取视方便而定，但在同一问题中只有选定同一个参考点，各点的电势才具有可比性。一般当电荷分布在有限区域时，电势零点通常选在无限远（在实际问题中，常选地球表面的电势为零），此时电场中某点 A 的电势为

$$V_{A}=\int_{A}^{\infty}\boldsymbol{E}\cdot \mathrm{d}\boldsymbol{l} \tag{9-28}$$

即：若规定无限远处为电势零点，则电场中某点 A 的电势在数值上等于把单位正电荷从该点沿任意路径移到无限远处时静电力所做的功。

例 9.9

求点电荷 q 的电场中的电势分布。

解　设在点电荷的电场中，与点电荷 q 的距离为 r 的任意点 A 处的电场强度为

$$\boldsymbol{E}=\frac{1}{4\pi\varepsilon_0}\frac{q}{r^2}\boldsymbol{e}_r$$

若选取无限远处为电势零点，自 A 点出发选择径向到达无限远处作为积分路径。根据电势的定义式（9-25），则

$$V=\int_A^{\infty}\boldsymbol{E}\cdot\mathrm{d}\boldsymbol{l}=\int_A^{\infty}\frac{1}{4\pi\varepsilon_0}\frac{q}{r^2}\boldsymbol{e}_r\cdot\mathrm{d}\boldsymbol{r}$$

$$=\int_A^{\infty}\frac{1}{4\pi\varepsilon_0}\frac{q}{r^2}\mathrm{d}r=\frac{1}{4\pi\varepsilon_0}\frac{q}{r}$$

因此,点电荷 q 的电场中任意一点的电势为

$$V=\int_A^{\infty}\boldsymbol{E}\cdot\mathrm{d}\boldsymbol{l}=\frac{1}{4\pi\varepsilon_0}\frac{q}{r}\qquad(9-29)$$

式(9-29)说明,当 $q>0$ 时,电场中各点的电势均为正值,并随 r 的增加而减小;当 $q<0$ 时,电场中各点的电势均为负值。

9.4.4 电势的计算

1. 利用电势叠加原理计算

电势叠加原理:在 n 个点电荷组成的点电荷系的电场中,任意一点的电势等于每一个点电荷单独存在时在该点所产生的电势的代数和。利用电场强度的叠加原理和电荷分布计算电势。

(1) 电荷离散分布时,电势叠加原理表示为 $V_P=\sum\limits_{i=1}^{n}V_{Pi}$,其中 $V_{Pi}=q_i/4\pi\varepsilon_0 r_i^2$。

(2) 电荷连续分布时,电势叠加原理表示为 $V_P=\int \mathrm{d}V_P$,其中 $\mathrm{d}V_P=\mathrm{d}q/4\pi\varepsilon_0 r$。

2. 利用电势定义式计算

利用这种方法时,首先要明确电势零点(无特殊声明时,对于有限带电体,默认电势零点被选在无限远);然后选一条合适的积分路径,求出积分路径上电场的分布函数;最后代入电势定义式进行运算。这种方法可以简述为依据电场分布计算电势,考虑到电场强度应容易计算,所以一般适用于电场分布具有球对称性、轴对称性或面对称性等情况。

例 9.10

如图 9-25 所示,求均匀带电圆环轴线上任意一点的电势。

解 设圆环的半径为 R,均匀带有电荷量 Q。在圆环上任意取长度为 $\mathrm{d}l$ 的电荷元 $\mathrm{d}q$,则电荷元在轴线上任意一点 P 的电势为

$$\mathrm{d}V=\frac{1}{4\pi\varepsilon_0}\frac{\mathrm{d}q}{r}$$

应用电势的叠加原理求得

$$V_P=\int_Q\frac{\mathrm{d}q}{4\pi\varepsilon_0\cdot r}=\frac{1}{4\pi\varepsilon_0\cdot r}\int_Q\mathrm{d}q$$

$$=\frac{Q}{4\pi\varepsilon_0\cdot r}=\frac{Q}{4\pi\varepsilon_0\sqrt{R^2+x^2}}$$

本题还有第二种计算方法,可以利用例 9.2 的计算结果,应用电势的定义求电势。

$$E(x)=\frac{Qx}{4\pi\varepsilon_0(x^2+R^2)^{3/2}}$$

$$V_P=\int_P^{\infty}\boldsymbol{E}\cdot \mathrm{d}\boldsymbol{l}=\int_x^{\infty}E(x)\,\mathrm{d}x$$

$$=\frac{Q}{4\pi\varepsilon_0}\int_x^{\infty}\frac{x\mathrm{d}x}{(R^2+x^2)^{3/2}}=\frac{Q}{4\pi\varepsilon_0\sqrt{R^2+x^2}}$$

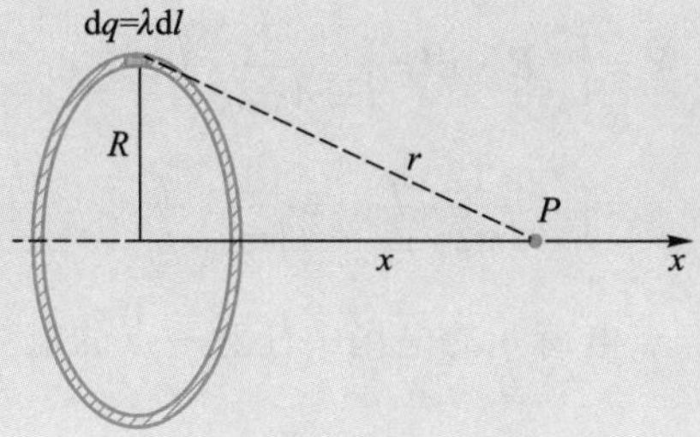

图 9-25 例 9.10 图

例 9.11

均匀带电球面的半径为 R,总电荷量为 q,求电场中任意一点 P 的电势,P 点与球心的距离为 r。

解 均匀带电球面的电场分布具有球对称性,由高斯定理可求得电场强度为

$$\boldsymbol{E}=\boldsymbol{E}(r)=\begin{cases}\boldsymbol{0} & (r<R)\\ \dfrac{q\boldsymbol{r}}{4\pi\varepsilon_0 r^3} & (r>R)\end{cases}$$

当 P 点在球面外($r>R$)时,用电势定义式计算有

$$V=\int_P^{\infty}\boldsymbol{E}\cdot \mathrm{d}\boldsymbol{r}=\int_P^{\infty}E\mathrm{d}r$$

$$=\int_r^{\infty}\frac{q}{4\pi\varepsilon_0 r^2}\mathrm{d}r=\frac{q}{4\pi\varepsilon_0 r}$$

当 P 点在球面内($r<R$)时,用电势定义式计算有

$$V=\int_P^{\infty}\boldsymbol{E}\cdot \mathrm{d}\boldsymbol{r}=\int_r^{R}\boldsymbol{E}\cdot \mathrm{d}\boldsymbol{r}+\int_R^{\infty}\boldsymbol{E}\cdot \mathrm{d}\boldsymbol{r}$$

$$=0+\int_R^{\infty}\frac{q}{4\pi\varepsilon_0 r^2}\mathrm{d}r=\frac{q}{4\pi\varepsilon_0 R}$$

则球面内外的电势分布为

$$V_P=\int_P^{\infty}\boldsymbol{E}\cdot \mathrm{d}\boldsymbol{r}=\begin{cases}\dfrac{q}{4\pi\varepsilon_0 r} & (r>R)\\ \dfrac{q}{4\pi\varepsilon_0 R} & (r<R)\end{cases}$$

因此,均匀带电球面外的电势相当于把电荷集中在球心,且视为一个点电荷时在球外区域所产生的电势;球内及球面上的电势为一定值 $q/4\pi\varepsilon_0 R$,即球内为一等势区。电势在球内外是连续的。均匀带电面的两边空间电势无突变,这个结论对任何带电面模型都成立。

例 9.12

试计算电荷线密度为 λ 的无限长均匀带电直线的电势分布。

解 虽然无限长带电直线的电荷分布到无限远,但是我们不能选无限远处为电势零点,只能选有限远处的某一点为电势零点。我们取距离带电直线 r_0 处的 P_0 点作为电势零点,如图 9-26 所示。则带电直线的电场中任意一点 P 的电势就等于电场强度沿任意某一路径自 P_0 点积分到 P。

由于电荷分布具有对称性,所以其电场的分布也具有对称性,即与带电直线距离相等的各点电场强度大小相等,方向垂直于带电直线。由高斯定理得积分路径上任意一点的电场强度为

$$E=\frac{\lambda}{2\pi\varepsilon_0 r}$$

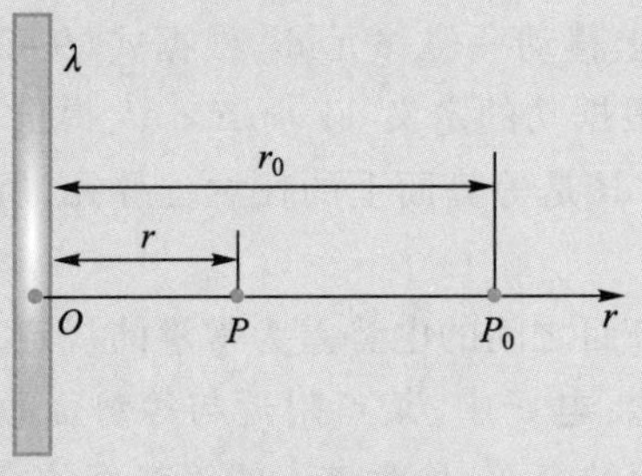

图 9-26 例 9.12 图

则带电直线外 P 点的电势为

$$V_P=\int_{P_0}^{P}\boldsymbol{E}\cdot \mathrm{d}\boldsymbol{l}=\int_{r_0}^{r}\frac{\lambda \mathrm{d}r}{2\pi\varepsilon_0 r}=\frac{\lambda}{2\pi\varepsilon_0}\ln\frac{r_0}{r}$$

关于无限大的带电体电势零点的选择，你可能有以下疑问：在无限长带电直线、无限长带电圆柱面、无限大带电平面等电场中，为什么不能选择无限远处为电势零点？

我们仍然以无限长带电直线为例，假设选择无限远处为电势零点，下面我们计算带电直线外任意点 P 的电势。已知带电直线外 P 点处的电场强度为 $E=\lambda/2\pi\varepsilon_0 r$。若积分路径沿着平行于带电直线的方向到无限远处，由于积分路径上各点电场强度大小相等，其方向垂直于积分路径，$V_P=0$，所以得到的结论是带电直线外电场中各点的电势为零。若积分路径沿着垂直于带电直线的方向到无限远处，积分路径上各点电场强度方向与积分路径一致，$V_P=\int_{P_0}^{P}\boldsymbol{E}\cdot \mathrm{d}\boldsymbol{l}=\frac{\lambda}{2\pi\varepsilon_0}\ln\frac{\infty}{r}=\infty$，由此又得出带电直线外电场中各点的电势均为无限大。这两个结论是矛盾的，也是无意义的，原因是对于无限大带电体不能选择无限远处为电势零点。

9.5 电场强度与电势梯度的关系

9.5.1 等势面

电势是标量场，一般来说静电场中各点的电势是逐点变化的，但是总存在某些电势相等的点。静电场中电势相等的点连成的面称为等势面，例如在点电荷电场中，等势面是球面。在实际应用中当电子束连续通过一系列等势面时，会产生静电场聚焦现象，在电子显微镜中就利用了电场聚焦电子束的原理。

为了使等势面能直观反映电场的性质（反映电场强度的大小），我们规定：任意两相邻等势面间的电势差为常量（这个常量可事先指定，越小则等势面越密）。等势面有如下性质。

1. 在静电场中，电荷沿等势面移动的过程中，电场力做功为零

证明：在等势面上任意两点 a,b 间移动电荷 q_0，则

$$A_{ab}=\int_a^b q_0\boldsymbol{E}\cdot \mathrm{d}\boldsymbol{l}=q_0(V_a-V_b)=0$$

2. 在静电场中,电场线与等势面处处正交

使电荷 q_0 在等势面上移动一位移元 $\mathrm{d}\boldsymbol{l}$,根据式(9-26)可得静电力做的功 $\mathrm{d}A=0$,又根据功的定义 $\mathrm{d}A=q_0\boldsymbol{E}\cdot\mathrm{d}\boldsymbol{l}$,得出 $\boldsymbol{E}\cdot\mathrm{d}\boldsymbol{l}=0$,即 $\mathrm{d}\boldsymbol{l}$ 与 $\boldsymbol{E}$ 垂直。因为 $\mathrm{d}\boldsymbol{l}$ 是等势面上的任意位移元,所以电场线与等势面处处正交。

按照任意两相邻等势面之间的电势差为常量的规定,我们可以引入等势面密度的概念:电场中,某点附近与等势面垂直的方向上单位长度上的等势面的个数,称为该点的等势面的密度。为此,在同一个静电场中,等势面密度大处电场强度大;等势面密度小处电场强度小。如图 9-27 所示为两种简单电荷电场的电场线和等势面。

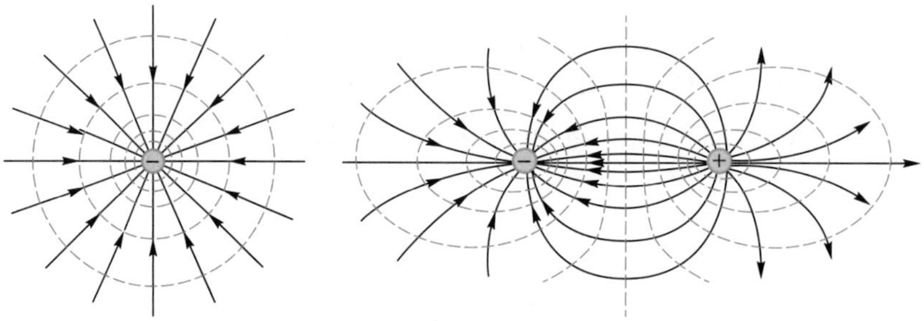

(a) 负点电荷的电场线与等势面 (b) 一对等值异号电荷的电场线与等势面

图 9-27 电场线(实线)与等势面(虚线)

9.5.2 电场强度与电势梯度的关系

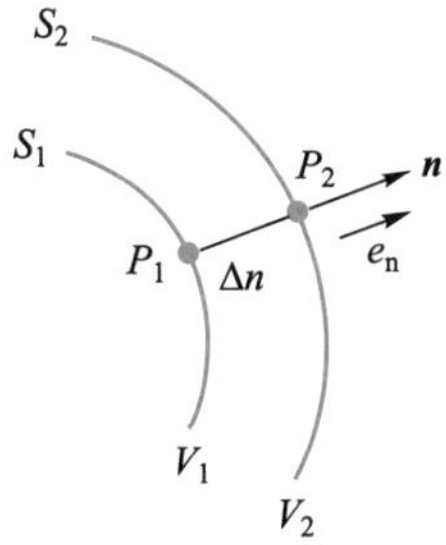

图 9-28 电场强度与电势梯度

利用电势差与电场强度的路径积分关系式(9-26),可以导出它们的微分关系。如图 9-28 所示,P_1 是某静电场中的任一点,S_1 是过 P_1 点的等势面,V_1 是这个等势面的电势。过 P_1 点作等势面 S_1 的法线 $\boldsymbol{n}$,规定该法线的法向单位矢量 $\boldsymbol{e}_\mathrm{n}$ 的方向从 P_1 指向 P_2,P_2 是在法线 $\boldsymbol{n}$ 上与 P_1 靠得极近的一点。用 Δn 代表 P_1,P_2 间的长度($\Delta n>0$)。

过 P_2 点作等势面 S_2,其电势为 V_2。由于电场强度 $\boldsymbol{E}$ 始终与等势面垂直,所以 P_1 点的 $\boldsymbol{E}$ 只能与 $\boldsymbol{e}_\mathrm{n}$ 同向或反向。设 E_n(E_n 可正可负)为 $\boldsymbol{E}$ 在 $\boldsymbol{e}_\mathrm{n}$ 上的投影,则 $\boldsymbol{E}=E_\mathrm{n}\boldsymbol{e}_\mathrm{n}$。根据电势差的计算公

式(9-26),有

$$V_1-V_2=\int_{P_1}^{P_2}\boldsymbol{E}\cdot\mathrm{d}\boldsymbol{l}=\int_{P_1}^{P_2}E_{\mathrm{n}}\boldsymbol{e}_{\mathrm{n}}\cdot\mathrm{d}\boldsymbol{n}$$

由于 P_1,P_2 靠得极近,我们可以认为在积分路径上各点的电场强度的数值相同,均为 E_{n}。令 $\Delta V=V_2-V_1$ 为电势的增量,则上式变为 $-\Delta V=E_{\mathrm{n}}\Delta n$。由此有

微课视频:
电场强度与电势梯度

$$\boldsymbol{E}=E_{\mathrm{n}}\boldsymbol{e}_{\mathrm{n}}=-\frac{\Delta V}{\Delta n}\boldsymbol{e}_{\mathrm{n}}$$

严格来讲,上式只有在 $\Delta n\to 0$ 时才能严格成立,因此,电场中某点的电场强度 $\boldsymbol{E}$ 与该点附近电势的变化关系为

$$\boldsymbol{E}=\lim_{\Delta n\to 0}\left(-\frac{\Delta V}{\Delta n}\boldsymbol{e}_{\mathrm{n}}\right)=-\frac{\partial V}{\partial n}\boldsymbol{e}_{\mathrm{n}}$$

式中,$(\partial V/\partial n)\boldsymbol{e}_{\mathrm{n}}$ 称为电势在场中某点的梯度,用 grad V 或 ∇V 表示,故上式常写成

$$\boldsymbol{E}=-\mathrm{grad}\ V \text{ 或 } \boldsymbol{E}=-\nabla V \tag{9-30}$$

某点的电势梯度 grad V 是一个矢量,它的方向是该点附近电势升高最快的方向,在数值上等于电势沿该方向的空间变化率。式(9-30)说明,静电场中某点的电场强度 $\boldsymbol{E}$ 等于该点的电势梯度的负值,即电场中某点的电场强度 $\boldsymbol{E}$ 取决于电势在该点的空间变化率,与电势在该点的值本身没有关系。

∇ 称为梯度算符,是一个矢量微分算符,具有矢量和微分双重性质。在不同的坐标系中,∇ 具有不同的表达形式。在直角坐标系中,梯度算符 ∇ 可表示为 $\nabla=(\partial/\partial x)\boldsymbol{i}+(\partial/\partial y)\boldsymbol{j}+(\partial/\partial z)\boldsymbol{k}$。根据式(9-30),在直角坐标系中 $\boldsymbol{E}$ 的各分量为

$$E_x=-\frac{\partial V}{\partial x},E_y=-\frac{\partial V}{\partial y},E_z=-\frac{\partial V}{\partial z} \tag{9-31}$$

例 9.13

有一半径为 R 的细圆环,均匀带有电荷量 q,利用公式 $\boldsymbol{E}=-\nabla V$ 求轴线上的电场强度分布。

解 设 x 轴沿圆环的轴向,原点在环心。轴线上,与环心距离为 x 的 P 的电势为

$$V=\frac{q}{4\pi\varepsilon_0\sqrt{x^2+R^2}}$$

根据式(9-31)得

$$E_x=-\frac{\partial V}{\partial x}=\frac{qx}{4\pi\varepsilon_0(x^2+R^2)^{3/2}},$$

$$E_y=-\frac{\partial V}{\partial y}=0,E_z=-\frac{\partial V}{\partial z}=0$$

即轴线上各点的电场强度在垂直于轴线方向的分量为零,只有沿轴线方向的分量不为零,因而轴线上任意一点的电场强度方向沿 x 轴方向,即

$$\boldsymbol{E}=E_x\boldsymbol{i}+E_y\boldsymbol{j}+E_z\boldsymbol{k}=\frac{qx}{4\pi\varepsilon_0(x^2+R^2)^{3/2}}\boldsymbol{i}$$

习题

9.1 一带电体可作为点电荷处理的条件是( )。

A. 电荷必须呈球形分布

B. 带电体的线度很小

C. 带电体的线度与其他有关长度相比可忽略不计

D. 电荷量很小

9.2 下面几种说法中正确的是( )。

A. 电场中某点电场强度的方向,就是将点电荷放在该点所受电场力的方向

B. 在以点电荷为中心的球面上,由该点电荷所产生的电场强度大小处处相等

C. 电场强度方向可由 $\boldsymbol{E}=\boldsymbol{F}/q$ 确定,其中 q 为试探电荷的电荷量,q 可正可负,$\boldsymbol{F}$ 为试探电荷所受的电场力

D. 均匀电场中各点电场强度的大小一定相等,电场强度方向不一定相同

9.3 在电场强度为 $\boldsymbol{E}$ 的均匀电场中,有一半径为 R 的半球面,若电场强度 $\boldsymbol{E}$ 的方向与半球面的对称轴平行,则通过这个半球的电场强度通量的大小为( )。

A. $\pi R^2 E$　　B. $2\pi R^2 E$

C. $\sqrt{2}R^2 E$　　D. $\frac{1}{\sqrt{2}}R^2 E$

9.4 一均匀带电球面,电荷面密度为 σ,球面内电场强度处处为零,则球面上所带电荷量为 $\mathrm{d}q$ 的面积元在球面内产生的电场强度( )。

A. 处处为零　　B. 不一定处处为零

C. 一定处处不为零　　D. 无法判断

9.5 电场中高斯面上各点的电场强度是由( )。

A. 分布在高斯面内的电荷决定的

B. 分布在高斯面外的电荷决定的

C. 空间所有电荷决定的

D. 高斯面内电荷的代数和决定的

9.6 以下关于高斯定理的叙述错误的是( )。

A. 通过闭合曲面的电场强度通量仅由面内的电荷决定

B. 闭合曲面上各点的电场强度由面内外的电荷共同激发

C. 闭合曲面内的电荷代数和为零,闭合面任一点的电场强度一定为零

D. 高斯定理不能解决所有电荷对称分布体系的电场强度问题

9.7 已知某电场的电场线分布情况如图 9-29 所示。现观察到一负电荷从 M 点移到 N 点。有人根据此图给出下列几点结论,其中正确的是( )。

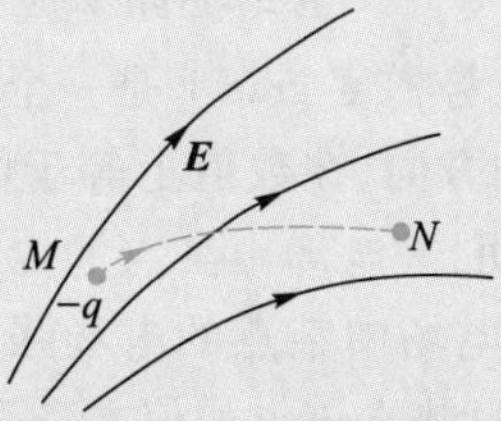

图 9-29 习题 9.7 图

A. 电场强度 $E_M<E_N$

B. 电势 $V_M<V_N$

C. 电势能 $W_M<W_N$

D. 电场力的功 $A>0$

9.8 在静电场中,下列说法中正确的是( )。

A. 带正电荷的导体,其电势一定是正值

B. 等势面上各点的电场强度一定相等

C. 电场强度为零处,电势也一定为零

D. 电场强度相等处,电势梯度矢量一定相等

9.9 根据点电荷电场强度公式 $E=\frac{q}{4\pi\varepsilon_0 r^2}$,当被考察的场点距离场源点电荷很近($r\to 0$)时,则电场强度 $E\to\infty$,这是没有物理意义的,对此应如何理解?

9.10 在真空中有两平行板 A,B,相对距离为 d,板面积为 S,其所带电荷量分别为 $+q$ 和 $-q$。则这两板

之间有相互作用力 F，有人说 $F=\frac{q^2}{4\pi\varepsilon_0 d^2}$，又有人说，因为 $F=qE$，$E=\frac{q}{\varepsilon_0 S}$，所以 $F=\frac{q^2}{\varepsilon_0 S}$。试问这两种说法对吗？为什么？$F$ 到底应等于多少？

9.11 精密实验表明，电子与质子电荷量的最大差值不会超过 $\pm 10^{-21}e$，而中子电荷量与零电荷量的最大差值也不会超过 $\pm 10^{-21}e$。考虑最极端的情况，一个由 8 个电子、8 个质子和 8 个中子构成的氧原子可能携带的最大净电荷是多少？若将原子视为质点，试比较两个氧原子间的库仑力和万有引力的大小。

9.12 三个点电荷的位置如图 9-30 所示，其中 $q_1=q_2>0$，相距为 $2a$，$q_0<0$，位于 x 轴上，求 q_0 所受的库仑力。

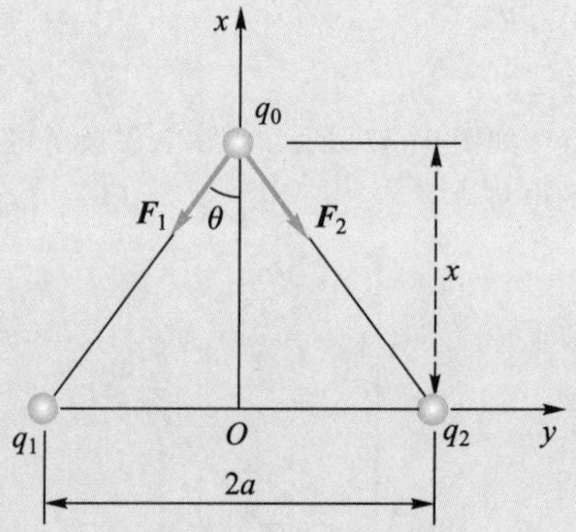

图 9-30 习题 9.12 图

9.13 如图 9-31 所示，在长为 l、所带电荷量为 q 的均匀细杆的一端与端点距离为 d 处放置一电荷 q_0，求 q_0 所受的库仑力。

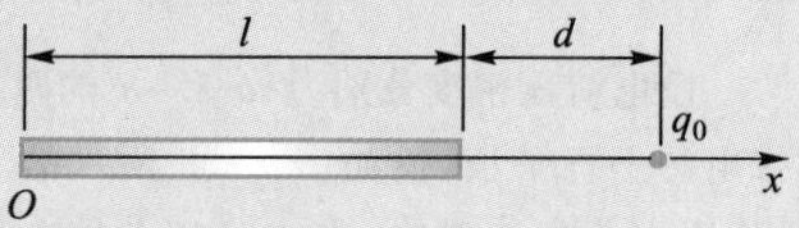

图 9-31 习题 9.13 图

9.14 如图 9-32 所示，在直角三角形 ABC 的 A 点处有电荷 $q_1=1.8\times10^{-9}$ C，B 点处有电荷 $q_2=-4.8\times10^{-9}$ C，试求 C 点的电场强度（设 $|BC|=0.04$ m，$|AC|=0.03$ m）。

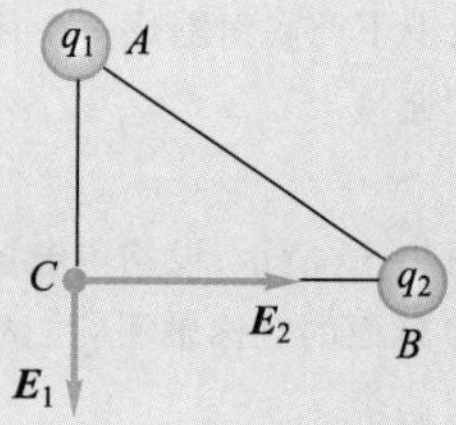

图 9-32 习题 9.14 图

9.15 将电荷量分别为 $+q$ 和 $-2q$ 的两个点电荷分别置于 $x=1$ m 和 $x=-1$ m 处。问将一试验电荷置于 x 轴上何处时，它受到的合力等于零？

9.16 如图 9-33 所示，一个半径为 R 的均匀带电半圆环，电荷线密度为 λ，求环心处 O 点的电场强度。

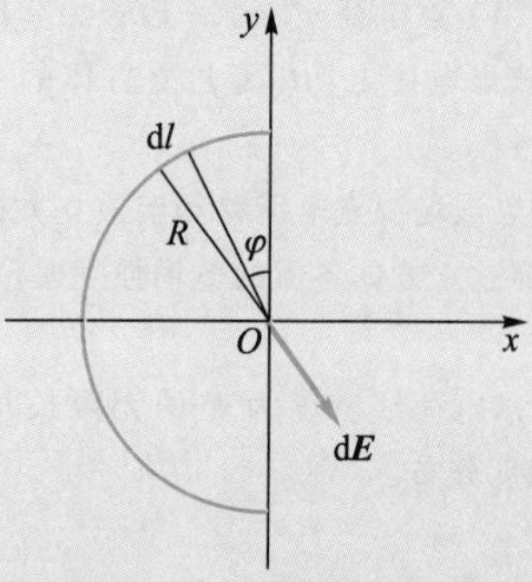

图 9-33 习题 9.16 图

9.17 将一无限长带电细线弯成如图 9-34 所示的形状，设电荷均匀分布，电荷线密度为 λ，四分之一圆弧 $\overset{\frown}{AB}$ 的半径为 R，试求圆心 O 点的电场强度。

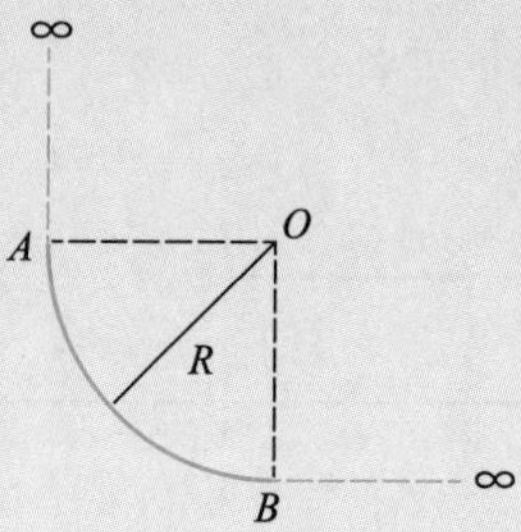

图 9-34 习题 9.17 图

9.18 在电荷线密度为 λ 的长直线的电场中，以长直线为轴线，作一半径为 r、高度为 a 的圆柱面。该圆柱面的侧面及上下两底面围成一个闭合面 S。求通过 S 的电场强度通量。

9.19 如图 9-35 所示，设均匀电场的电场强度 $\boldsymbol{E}$ 与半径为 R 的半球面的对称轴平行，试计算通过此半球面的电场强度通量。

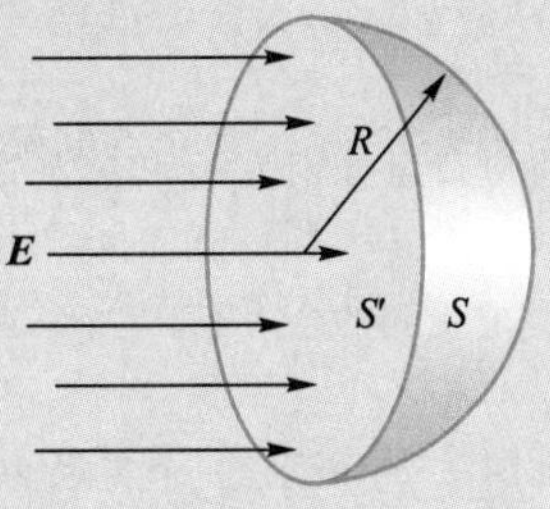

图 9-35 习题 9.19 图

9.20 (1) 点电荷 q 位于一边长为 a 的立方体中心，试求在该点电荷电场中穿过立方体的一个面的电场强度通量；

(2) 如果该场源点电荷移动到该立方体的一个顶点上，这时穿过立方体各面的电场强度通量是多少？

9.21 求电荷线密度为 λ 的无限长均匀带电直线的电场强度分布。

9.22 真空中两条平行的无限长均匀带电直线间距离为 a，其电荷线密度分别为 $-\lambda$ 和 $+\lambda$。试求：

(1) 在两直线构成的平面上，两线间任一点的电场强度（选定 Ox 轴如图 9-36 所示，两线的中点为原点）；

(2) 一带电直线单位长度上受到的静电力的大小。

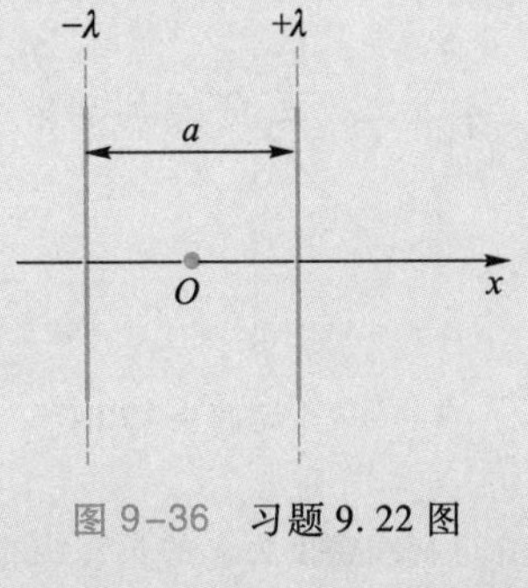

图 9-36 习题 9.22 图

9.23 地球周围的大气犹如一部大电机，由于雷雨云和大气气流的作用，在晴天区域，大气电离层总是带有大量的正电荷，云层下地球表面必然带有负电荷。晴天大气电场平均电场强度约为 120 V/m，方向指向地面．试求地球表面单位面积所带的电荷（以每平方厘米的电子数表示）。

9.24 有一半径为 R、均匀带电荷 Q 的球体，试求：

(1) 球内外各点的电场强度；

(2) 球内外各点的电势。

9.25 两个带有等量异号电荷的无限长同轴圆柱面，半径分别为 R_1 和 R_2（$R_2>R_1$），电荷线密度为 λ。求与轴线距离为 r 处的电场强度。

(1) $r<R_1$；

(2) $R_1<r<R_2$；

(3) $r>R_2$。

9.26 如图 9-37 所示，计算电偶极子电场中任意一点的电势。

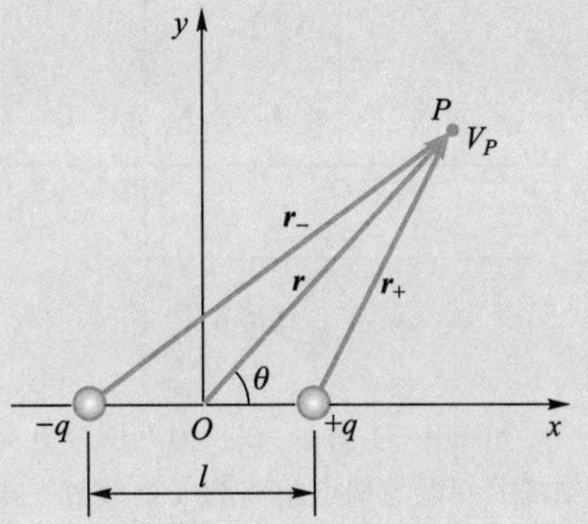

图 9-37 习题 9.26 图

9.27 设电荷面密度分别为 $+\sigma$ 和 $-\sigma$ 的两块无限大均匀带电的平行平板，按如图 9-38 所示的方式放置，取坐标原点为电势零点，求空间各点的电势分布并画出电势随位置坐标 x 变化的关系曲线。

9.28 一电子绕一电荷均匀分布的长直导线以 2×10^4 m/s 的匀速率作圆周运动。求带电直线上的电荷线密度。（电子质量 $m_0=9.1\times10^{-31}$ kg，电子电荷量的绝对值 $e=1.60\times10^{-19}$ C。）

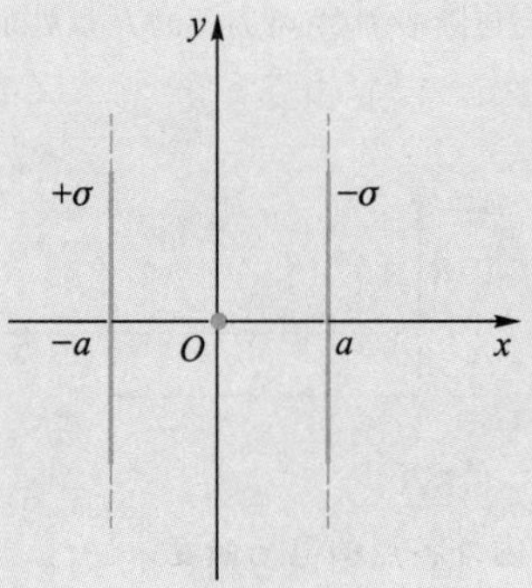

图 9-38　习题 9.27 图

9.29　一均匀带电半圆环，半径为 R，电荷量为 Q，环心处的电势为多少？

9.30　如图 9-39 所示，A，O 两点分别有点电荷 $+Q$ 和 $-Q$，且 $|AB|=|BO|=|OD|=R$，把一检验电荷 $+q$ 从 B 点沿 BCD 移动到 D 点的过程中，电场力做的功为多少？

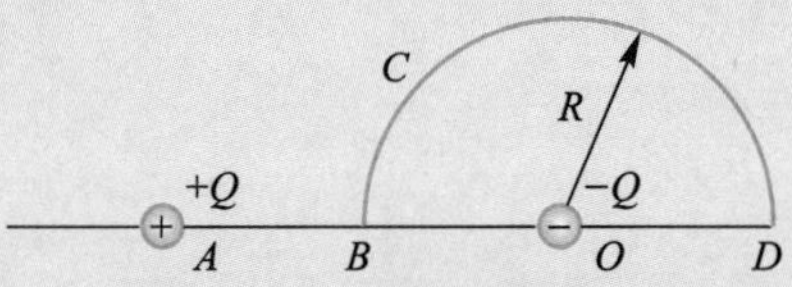

图 9-39　习题 9.30 图

9.31　两点电荷 $q_1=1.5\times10^{-8}$ C，$q_2=3.0\times10^{-8}$ C，相距 42 cm，要把它们之间的距离变为 25 cm 需做多少功？

9.32　如图 9-40 所示，一均匀带电半圆环半径为 R，电荷量为 Q，求环心处的电场强度和电势。

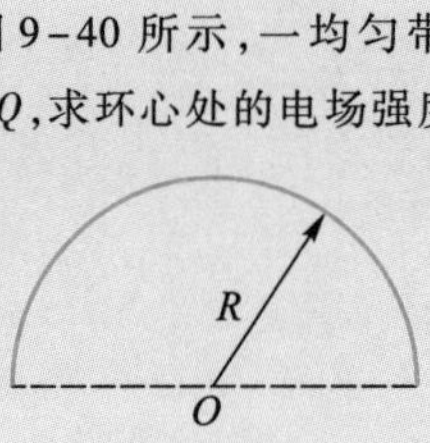

图 9-40　习题 9.32 图

9.33　两个带等量异号电荷的均匀带电同心球面，半径分别为 $R_1=0.03$ m 和 $R_2=0.10$ m。已知两者的电势差为 450 V，求内球面上所带的电荷。

9.34　如图 9-41 所示，电荷 q 均匀分布在长为 $2l$ 的细杆上，求在杆外延长线上与杆端距离为 a 的 P 点的电势（设无限远处为电势零点）。

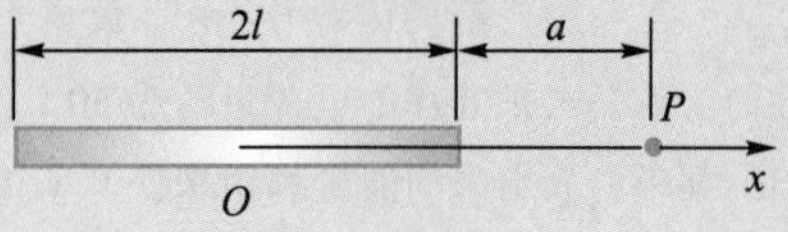

图 9-41　习题 9.34 图

9.35　如图 9-42 所示，两个点电荷 $+q$ 和 $-3q$，相距为 d。试问：

（1）在它们的连线上，电场强度 $\boldsymbol{E}=\mathbf{0}$ 的点与电荷量为 $+q$ 的点电荷相距多远？

（2）若选无限远处为电势零点，两点电荷之间电势 $V=0$ 的点与电荷量为 $+q$ 的点电荷相距多远？

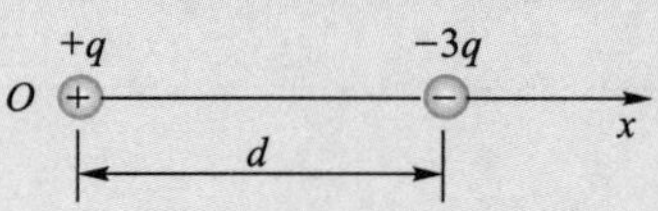

图 9-42　习题 9.35 图

9.36　一半径为 R 的带电球体，其电荷体密度分布为 $\rho=\dfrac{qr}{\pi R^4}$（$r\leqslant R$），$\rho=0$（$r>R$）（q 为正的常量）。试求：

（1）带电球体的总电荷；

（2）球内外各点的电场强度；

（3）球内外各点的电势。

9.37　一半径为 R 的无限长圆柱形带电体，其电荷体密度为 $\rho=Ar$（$r\leqslant R$），式中 A 为常量。

（1）试求圆柱内外各点电场强度大小分布；

（2）选与圆柱轴线的距离为 l（$l>R$）处为电势零点，计算圆柱内外各点的电势分布。

9.38　实验表明，在靠近地面处有相当强的电场，电场强度 $\boldsymbol{E}$ 垂直于地面向下，大小约为 100 N/C；在离地面 1.5 km 高的地方，$\boldsymbol{E}$ 也是垂直于地面向下的，大小约为 25 N/C。

（1）假设地面上各处 $\boldsymbol{E}$ 都是垂直于地面向下的，试计算从地面到此高度大气中的平均电荷体密度；

（2）假设地面内电场强度为零，且地球表面处的电场强度完全是由均匀分布在地面的电荷产生，求地面上的电荷面密度。[已知：真空介电常量 $\varepsilon_0=8.85\times$

10^{-12} $C^2/(N\cdot m^2)$]

9.39 在一次典型的闪电中，两个放电点间的电势差约为 10^9 V，被迁移的电荷量约为 30 C。

(1) 如果释放出来的能量都用来使 0 ℃的冰熔化成 0 ℃的水，则可熔化多少冰？（冰的熔化热 $L=3.34\times10^5$ J·kg。）

(2) 假设每一个家庭一年消耗的能量为 3 000 kW·h，则一次闪电释放出的能量可为多少个家庭提供一年的能量消耗？

9.40 如图 9-43 所示，一半径为 R 的圆环，其上无规则地分布着电荷，已知总电荷量为 q。试求圆环轴线上与圆心 O 距离为 x 的 P 点处的电场强度的 x 分量。

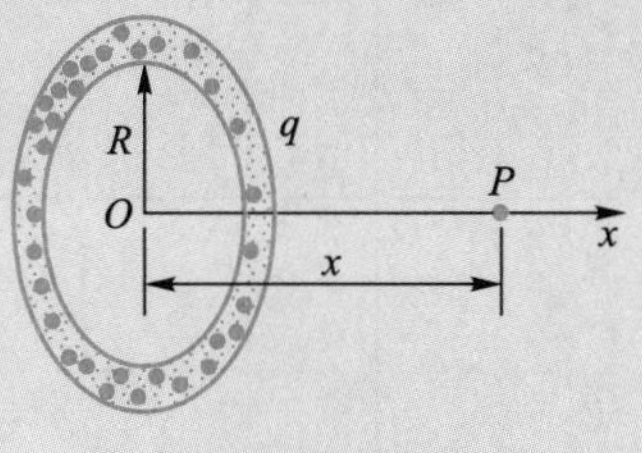

图 9-43 习题 9.40 图

本章习题答案

第十章　静电场中的导体和电介质

10.1　静电场中的导体

10.1.1　导体的静电感应

金属导体由原子构成，原子中含有原子核和电子。就电结构而言，我们可近似认为原子核是固定不动的，且按一定的规则排列，这种排列称为晶格点阵。电子是自由的，在无外场时，电子作热运动，其平均效果相当于电子静止于各格点上且是均匀分布的，如图 10-1(a)所示。导体的特点是导体内存在着大量的自由电荷，对金属导体而言，就是在其内存在大量自由电子。一个不带电的中性导体，当有外场时，其中的自由电子将在电场力的作用下发生定向运动，引起导体上的电荷(无论导体原来是否带电)重新分布，此即静电感应现象，如图 10-1(b)所示。导体由于静电感应而带的电荷称为感应电荷。

阅读材料：静电场的应用

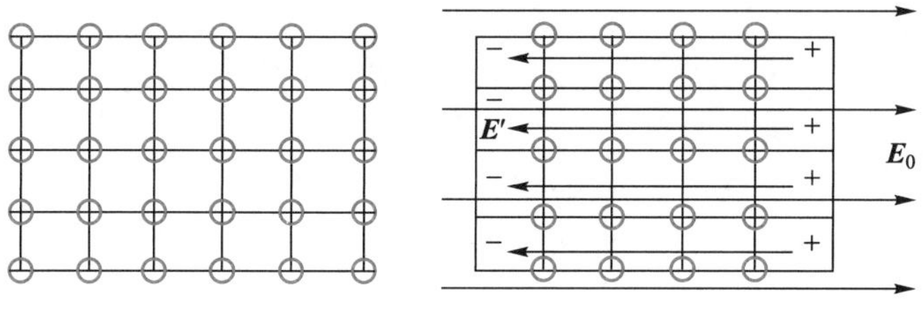

(a)　　(b)

图 10-1　静电感应

设外电场为 $\boldsymbol{E}_0$，导体上的电荷在导体内产生的电场为 $\boldsymbol{E}'$，则当导体内的总电场强度 $\boldsymbol{E}_{in}=\boldsymbol{E}_0+\boldsymbol{E}'=\boldsymbol{0}$ 时，导体上的自由电子的

定向运动将停止，导体上的电荷分布不再发生变化，这种状态称为导体的静电平衡状态。需要说明的是：导体到达平衡状态前的电荷运动过程通常是十分复杂的，我们仅讨论达平衡状态以后的情况。

10.1.2 导体静电平衡的条件

导体的静电平衡条件是：导体内部各点的电场强度为零，在导体表面附近电场强度沿表面的法线方向，可表示为

$$\boldsymbol{E}_{\text{in}}=\boldsymbol{0} \qquad (10-1)$$

需要指出的是：(1) 这一静电平衡条件是由导体的电结构特征和静电平衡的要求决定的，与导体的形状和导体的类别无关；(2) 导体内部电场强度处处为零，指的是宏观点处，不是指微观点处，因为在每个电子附近的电场可能不为零；(3) $\boldsymbol{E}_{\text{in}}=\boldsymbol{0}$ 并不意味着外电场不能进入导体内部，$\boldsymbol{E}_{\text{in}}=\boldsymbol{0}$ 是所有电场的叠加结果；(4) 上述静电平衡条件只在导体内部的电荷除受静电力外不再受其他力（例如化学力等非静电力）的作用时才成立，否则导体静电平衡条件就应改为导体内部可移动的电荷所受的一切合力为零。

导体的静电平衡状态可以由于外部条件的变化而受到破坏（例如外电场变化、导体上电荷发生变化等），但在新的条件下导体又将达到新的平衡状态。例如，将金属导体放在静电场中，其内部的自由电子将在电场力的作用下产生定向移动。这一运动将改变导体上的电荷分布，这种电荷分布的改变又将反过来改变导体内部和导体周围的电场分布。这种电荷和电场分布将一直改变到导体达到静电平衡状态为止。不过，这种改变是瞬间发生的（约10^{-6} s）。

处于静电平衡状态的导体，还具有以下性质：

(1) 在静电平衡条件下，导体内部及表面各点的电势相等，即导体是一个等势体，导体的表面是一个等势面。

证明：在导体上任取两点 a 和 b，这两点的电势之差为 $U_{ab}=V_a-V_b=\int_a^b \boldsymbol{E}_{\text{in}}\cdot \mathrm{d}\boldsymbol{l}=0$，因为 $\boldsymbol{E}_{\text{in}}=\boldsymbol{0}$，所以 $V_a=V_b$。

(2) 导体表面附近的电场强度 $\boldsymbol{E}$ 垂直于导体表面。

证明：因导体的表面是一个等势面，而等势面的基本性质是电场线与等势面处处正交。

10.1.3 静电平衡时导体上的电荷分布

1. 静电平衡时导体上的电荷分布

（1）如图 10-2 所示，对处于电场强度为 $\boldsymbol{E}_0$ 的电场中的实心导体，当其到达静电平衡状态时，内部没有净电荷存在，电荷只可能分布在导体的表面。

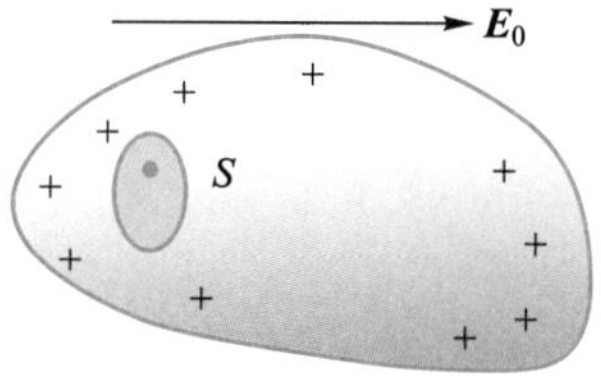

图 10-2　实心导体的电荷分布

证明：在导体内任取一高斯面 S，由高斯定理有 $\sum_{内} q = \oint_S \varepsilon_0 \boldsymbol{E}_{in} \cdot d\boldsymbol{S} = 0$，由于 S 是任意的，所以导体内处处无电荷。

（2）对于如图 10-3 所示的空腔导体，只要腔内无带电体，则不仅导体内部无电荷（在图 10-2 中作闭合面 S 即可证明），腔的内表面亦处处无电荷，电荷只可能分布在导体的外表面上。

证明：我们先证明空腔内无带电体时，空腔内各点的电场强度为零。假设 $\boldsymbol{E} \neq \boldsymbol{0}$，则在空腔内存在一条电场线 $a \to b$（注意电场线不会在无电荷处中断），沿此电场线积分有

$$V_a - V_b = \int_a^b \boldsymbol{E} \cdot d\boldsymbol{l} \neq 0，即\ V_a \neq V_b$$

这与导体是等势体的事实相矛盾，故腔内 $\boldsymbol{E}$ 必为零。在腔的内表面上，任取一高斯面 S'（图 10-3），由于导体内及腔内的电场强度均为零，所以有 $\sum_{内} q = \oint_S \varepsilon_0 \boldsymbol{E} \cdot d\boldsymbol{S} = 0$。这就证明了当腔内无电荷时，腔的内壁不可能有电荷。

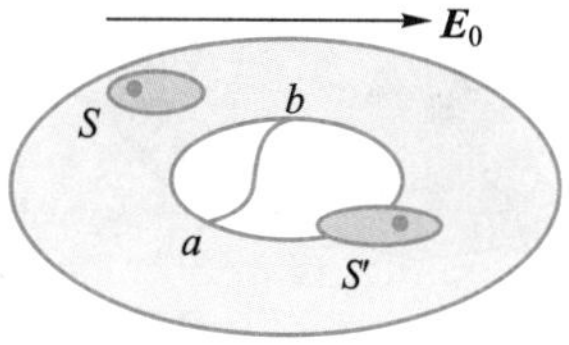

图 10-3　空腔内无带电体时导体的电荷分布

结论：在静电平衡时，导体所带的电荷只能分布在导体的表面，导体内没有净电荷。

说明：（1）导体外的电场一般不为零；（2）对于空腔导体，若空腔内有带电体，则内表面上有电荷分布，如图 10-4 所示，由高斯定理可知，内表面带电荷 $-q$，由电荷守恒定律可知，外表面带电荷 $Q+q$，Q 为空腔原来所带的电荷量，它分布于外表面上。

带电导体达到静电平衡时导体表面的电荷分布是一个复杂的问题，不仅与导体本身的形状有关，还与导体周围的环境有关，即使为孤立导体（孤立导体指与其他物体足够远的导体，这里的“足够远”是指其他物体的电荷在我们关心的场点上激发的电场强度小到可以忽略的地步，物理上可以说孤立导体之外没有其他物体），它表面的电荷面密度与曲率半径也不存在单一的函数关

系。对于简单的孤立导体,导体外表面电荷的分布有如下定性的实验规律:孤立导体处于静电平衡状态时,其表面各处的电荷分布与各处的曲率半径有关,表面曲率越大处,其分布的电荷面密度越大;曲率越小处,电荷面密度越小。对于球形孤立导体,由于各处曲率相同,电荷在导体表面均匀分布。同理,对于无限大的导体板、无限长导体柱面或柱体,其表面上的电荷也均匀分布。

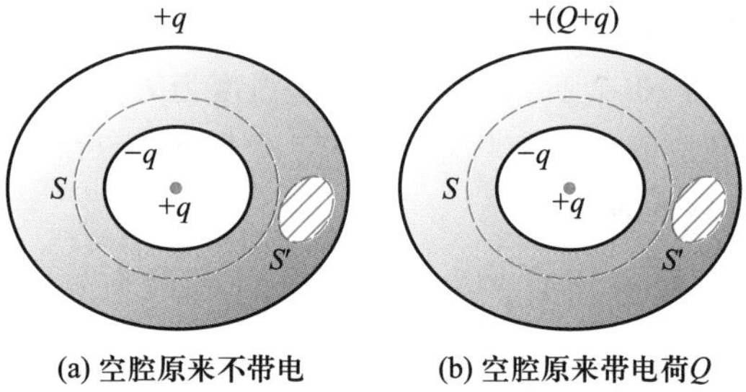

图 10-4 空腔内有带电体时导体的电荷分布

2. 导体表面附近的电场强度 $\boldsymbol{E}$ 与面上对应点的电荷面密度 σ 的关系

导体表面往往带电,我们知道电场强度在带电面上有突变,所以不谈导体表面的电场强度而谈导体表面外紧靠导体表面的各点的电场强度,即导体表面附近的电场强度。

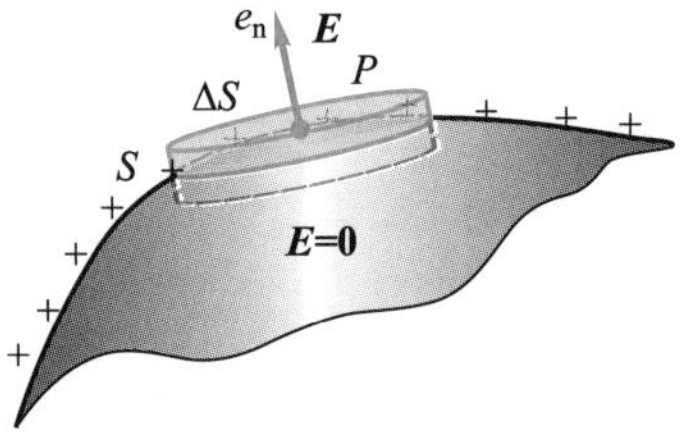

图 10-5 电场强度与电荷面密度的关系图

导体处于静电平衡时,表面附近的电场垂直于导体表面。导体表面附近的电场强度 $\boldsymbol{E}$ 与导体表面对应点的电荷面密度 σ 间的关系可以利用高斯定理求出。如图 10-5 所示,在导体表面外紧邻表面处取一点 P,过 P 点作一个平行于导体表面的面积元 ΔS,以 ΔS 为底,以过导体表面的法线为轴作一个圆柱形的高斯面 S,S 的另一底深入到导体内部。由于导体内的各点电场强度为零($\boldsymbol{E}_{\text{in}}=\boldsymbol{0}$),而表面附近的电场强度又垂直于导体表面,所以通过此封闭曲面的电场强度通量就等于通过面积元 ΔS 的电场强度通量。根据高斯定理 $\oint_S \boldsymbol{E}\cdot \mathrm{d}\boldsymbol{S}=q_{\text{in}}/\varepsilon_0$,则有

$$E\Delta S=\Delta S\cdot\sigma/\varepsilon_0 \Rightarrow E=\sigma/\varepsilon_0$$

写成矢量式,即

$$\boldsymbol{E}=\frac{\sigma}{\varepsilon_0}\boldsymbol{e}_{\text{n}} \tag{10-2}$$

式(10-2)说明处于静电平衡的导体,表面附近电场强度与导体表面对应点的电荷面密度成正比。

由于导体表面曲率越大处,电荷面密度就越大,因此,尖端附近的电荷面密度最大。当带电尖端电荷面密度过大时,尖端附近

的电场强度较大，继而可使尖端附近的空气发生电离而成为导体。在电场不太强的情况下，带电尖端由电离化的空气而放电的过程，是比较平稳且无声地进行的；但在电场很强的情况下，会导致尖端放电以爆裂的火花形式出现，并在短暂的时间内释放大量的能量。尖端放电只发生在靠近导体表面很薄的空气层，空气中少量残留的带电离子在强电场作用下激烈运动，当它与空气分子碰撞时会使空气分子电离，产生大量新的离子，使原来不导电的空气变得易于导电。与导体尖端电荷异号的离子受吸引趋向尖端，而与导体尖端电荷同号的离子受排斥而加速离开尖端，形成高速离子流，即“电风”。尖端附近空气电离时，在黑暗中我们可以看到尖端附近隐隐笼罩着一层光晕，即“电晕”。例如，阴雨潮湿天气里，可在高压输电线附近看到蓝色辉光的电晕，就是一种尖端放电现象。尖端放电会使电能白白损耗，还会干扰精密测量和通信等，因此在许多高压电气设备中，所有金属元件都应避免带有尖端，一般表面应光滑平坦，且大多是球形的。同时，尖端放电也有很广泛的应用，例如避雷针、范德格拉夫静电起电机等。

10.1.4 静电屏蔽

由以上静电感应和静电平衡的性质，我们得到：静电平衡时导体内部的电场强度为零，利用这一性质，空腔导体可以起到屏蔽作用。

如图 10-6 所示，若一空腔内无电荷的空腔金属导体 A 处于电场中，达到静电平衡时，导体内 $\boldsymbol{E}=\mathbf{0}$，在空腔内表面无净电荷，空腔内的电场强度为零，所以放入空腔内的物体不会受外电场的影响，金属空腔 A 将屏蔽空腔外电荷 Q 所产生的电场。

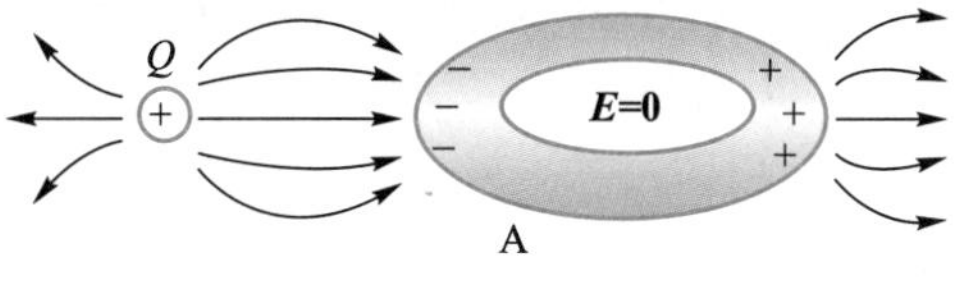

图 10-6 空腔导体屏蔽外电场

如图 10-7 所示，若一空腔金属导体的空腔内有带电体，由于静电感应，则空腔内外表面将产生等量异号的感应电荷，如图 10-7(a)所示。若将空腔导体接地，空腔外表面的电荷因“接地”而与大地“中和”，其电场也相应消失，如图 10-7(b)所示。所以腔内物体带电所产生的电场强弱或变化对腔外物体不产生任何影响。我们把空腔导体可以保护腔内物体不受外电场的影响、接地的空腔导体可以保护外部物体不受空腔内电荷电场的影响的现象称为静电屏蔽(electrostatic shielding)。

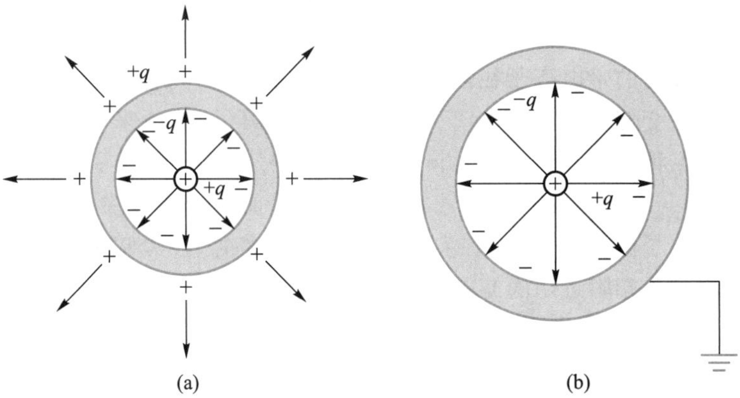

图 10-7 接地空腔导体屏蔽内电场

在实际应用时,我们通常用编织得非常紧密的金属网来制作空腔导体。例如,高压设备周围的金属网可起到屏蔽作用;再如传输微弱信号的电缆都需要外包一层金属丝编织的屏蔽层。

例 10.1

长宽相等的两金属板,面积均为 S,在真空中平行放置,分别带电荷 q_1 和 q_2,两板间距远小于平板的线度。求平板各表面的电荷面密度。

解 平行板导体组是涉及导体静电平衡问题的一类简单而有用的模型,解决这类问题有一定的技巧。如图 10-8 所示,设两板四壁上电荷面密度分别为 $\sigma_1,\sigma_2,\sigma_3,\sigma_4$,根据电荷守恒定律有

$$\sigma_1 S+\sigma_2 S=q_1 \quad (1)$$

$$\sigma_3 S+\sigma_4 S=q_2 \quad (2)$$

设 $\boldsymbol{e}_n$ 为向右的法向单位矢量,并且分别在 A,B 两板内各任意取一点 P_1,P_2。根据导体静电平衡的性质可知

$$\boldsymbol{E}_{P1}=\frac{\sigma_1}{2\varepsilon_0}\boldsymbol{e}_n-\frac{\sigma_2}{2\varepsilon_0}\boldsymbol{e}_n-\frac{\sigma_3}{2\varepsilon_0}\boldsymbol{e}_n-\frac{\sigma_4}{2\varepsilon_0}\boldsymbol{e}_n=\boldsymbol{0} \quad (3)$$

$$\boldsymbol{E}_{P2}=\frac{\sigma_1}{2\varepsilon_0}\boldsymbol{e}_n+\frac{\sigma_2}{2\varepsilon_0}\boldsymbol{e}_n+\frac{\sigma_3}{2\varepsilon_0}\boldsymbol{e}_n-\frac{\sigma_4}{2\varepsilon_0}\boldsymbol{e}_n=\boldsymbol{0} \quad (4)$$

联立以上四式得

$$\sigma_1=\sigma_4=\frac{q_1+q_2}{2S},\sigma_2=-\sigma_3=\frac{q_1-q_2}{2S}$$

特例:当 $q_1=-q_2=Q$ 时,$\sigma_1=\sigma_4=0$,$\sigma_2=-\sigma_3=Q/S=\sigma$,电荷只分布在两个平板的内表面。

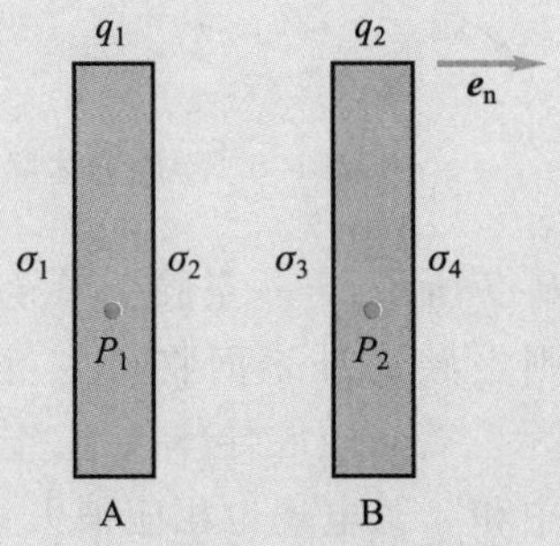

图 10-8 例 10.1 图

例 10.2

有一外半径为 R_1、内半径为 R_2 的金属球壳，其中放一半径为 R_3 的金属球，球壳和球均带有电荷量为 10^{-8} C 的正电荷。求：

(1) 球和球壳的电荷分布；

(2) 球心的电势；

(3) 球壳电势。

解 (1) 球和球壳的电荷分布如图 10-9 所示，球面所带电荷量为 q，壳内表面所带电荷量为 $-q$，壳外表面所带电荷量为 $2q$。

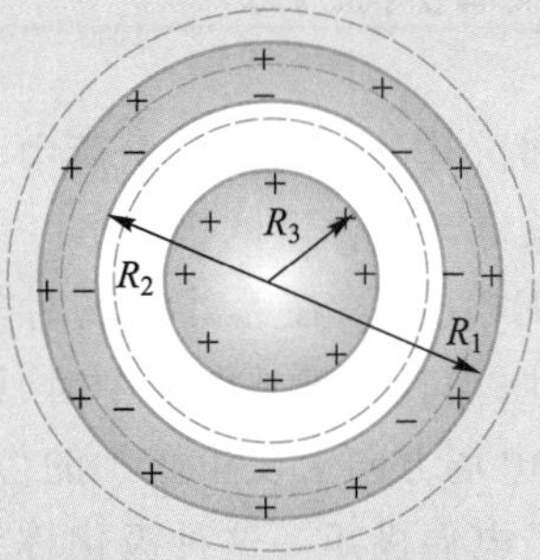

图 10-9 例 10.2 图

(2) 以球心 O 为中心，以半径 r 为半径作高斯球面，由高斯定理可得：

金属球体内的电场强度为

$$E_3=0 \quad (r<R_3)$$

球壳与球体之间的电场强度为

$$E_2=\frac{q}{4\pi\varepsilon_0 r^2} \quad (R_3<r<R_2)$$

球壳内的电场强度为

$$E_1=0 \quad (R_2<r<R_1)$$

球壳外空间的电场强度为

$$E_0=\frac{2q}{4\pi\varepsilon_0 r^2} \quad (r>R_1)$$

球心处的电势为

$$V_0=\int_0^\infty \boldsymbol{E}\cdot \mathrm{d}\boldsymbol{l}$$

$$\begin{aligned}\int_0^\infty \boldsymbol{E}\cdot \mathrm{d}\boldsymbol{l} &= \int_0^{R_3}\boldsymbol{E}_3\cdot \mathrm{d}\boldsymbol{l}+\int_{R_3}^{R_2}\boldsymbol{E}_2\cdot \mathrm{d}\boldsymbol{l}+\\ &\quad \int_{R_2}^{R_1}\boldsymbol{E}_1\cdot \mathrm{d}\boldsymbol{l}+\int_{R_1}^{\infty}\boldsymbol{E}_0\cdot \mathrm{d}\boldsymbol{l}\\ &=\int_{R_3}^{R_2}\boldsymbol{E}_2\cdot \mathrm{d}\boldsymbol{l}+\int_{R_1}^{\infty}\boldsymbol{E}_0\cdot \mathrm{d}\boldsymbol{l}\\ &=\int_{R_3}^{R_2}\frac{q\mathrm{d}r}{4\pi\varepsilon_0 r^2}+\int_{R_1}^{\infty}\frac{2q\mathrm{d}r}{4\pi\varepsilon_0 r^2}\\ &=\frac{q}{4\pi\varepsilon_0}\left(\frac{1}{R_3}-\frac{1}{R_2}+\frac{2}{R_1}\right)\end{aligned}$$

(3) 球壳的电势为

$$V_1=\int_{R_1}^{\infty}\frac{2q}{4\pi\varepsilon_0 r^2}\mathrm{d}r=\frac{2q}{4\pi\varepsilon_0 R_1}$$

10.2 静电场中的电介质

绝缘的物质称为电介质。不同于导体内有自由电子，电介质内部没有可自由移动的电荷，不具有导电性。在电介质的原子中，电子不易脱离原子核而处于束缚状态。

对于各向同性的电介质，按电结构差异我们可将其分为无极分子电介质和有极分子电介质两类：

（1）无极分子电介质（non polar dielectric）：分子中的正负电荷中心在无外电场时是重合的（如甲烷 CH_4、氢气 H_2、二氧化碳 CO_2 等）。

（2）有极分子电介质（polar dielectric）：分子中的正负电荷中心在无外电场时是不重合的（如水 H_2O、一氧化碳 CO 等）。当分子的正负电荷中心不重合时，它们就构成一电偶极子，其电偶极矩称为分子电矩，用 $\boldsymbol{p}_m$（$\boldsymbol{p}_m = q\boldsymbol{l}$）（$l \sim 10^{-10}$ m）表示。

10.2.1 电介质的极化

当电介质处于外电场中时，其分子的正负电荷中心因受电场的作用而改变位置，这种现象称为电介质的极化。

如图 10-10 所示，对于无极分子，在无外电场时其正负电荷的中心重合，对外呈现电中性；当其处于外电场中时，则正负电荷中心因受电场力的作用而在电场方向上发生微小的位移，正负电荷的中心不再重合，存在分子电偶极矩。这种极化称为无极分子的位移极化。

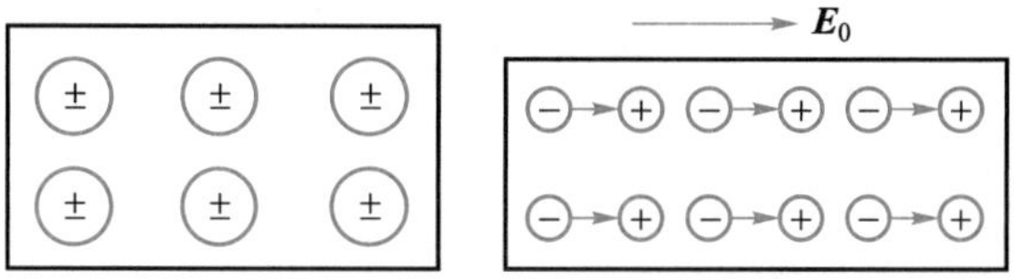

(a) 无外电场存在 (b) 有外电场存在

图 10-10 无极分子的位移极化

如图 10-11 所示，对于有极分子，在无外电场时正负电荷的中心不重合，存在分子电偶极矩 $\boldsymbol{p}_m$，但分子电偶极矩的取向是无规则的，总的分子电偶极矩的矢量和为零（$\sum \boldsymbol{p}_m = \boldsymbol{0}$），因此对外也呈现电中性。当其处于外电场中时，则分子电偶极子将由于受到力矩的作用而转向电场方向，所有分子电偶极矩的取向都发生偏转，而使得总的电偶极矩不等于零（$\sum \boldsymbol{p}_m \neq \boldsymbol{0}$），这种极化称为有极分子的取向极化。

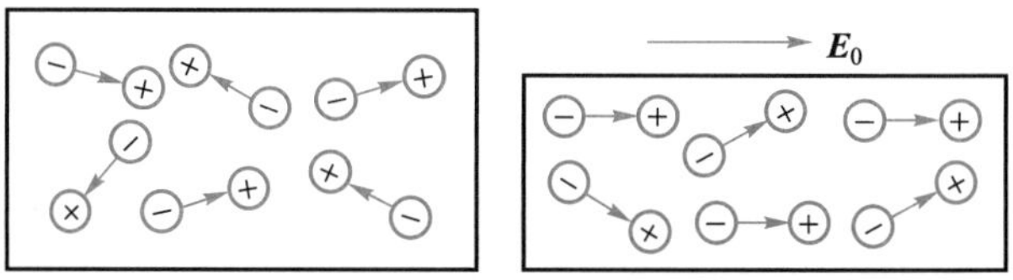

(a) 无外电场存在 (b) 有外电场存在

图 10-11 有极分子的取向极化

关于电偶极子在外电场中所受的作用力和力矩，如图 10-12 所示，在均匀外电场中，电偶极子所受的总静电力为零

$$\boldsymbol{F}=\boldsymbol{F}_{+}+\boldsymbol{F}_{-}=q\boldsymbol{E}+(-q\boldsymbol{E})=\boldsymbol{0}$$

但是，整个电偶极子要受到一个总力矩 $\boldsymbol{M}$ 的作用，且

$$\boldsymbol{M}=\frac{1}{2}\boldsymbol{l}\times\boldsymbol{F}_{+}+\left(-\frac{1}{2}\boldsymbol{l}\right)\times\boldsymbol{F}_{-}=q\boldsymbol{l}\times\boldsymbol{E}=\boldsymbol{p}_{\mathrm{m}}\times\boldsymbol{E} \tag{10-3}$$

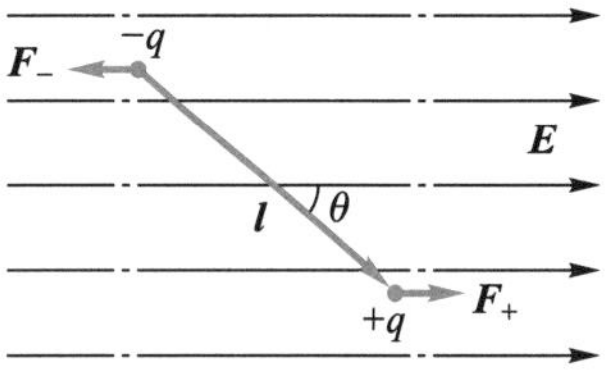

图 10-12 电场中的电偶极子

$\boldsymbol{M}$ 作用的效果是使电偶极子的电偶极矩 $\boldsymbol{p}_{\mathrm{m}}$ 转到与外电场 $\boldsymbol{E}$ 一致的方向，达到一种稳定平衡状态。当 $\boldsymbol{p}_{\mathrm{m}}$ 与 $\boldsymbol{E}$ 反平行时，虽然 $\boldsymbol{M}$ 也为零，但这只是一种非稳定平衡，稍有扰动，电偶极子就会偏离这个状态而转到与外电场 $\boldsymbol{E}$ 一致的方向。

电介质在电场中被极化后，在介质垂直于电场方向的两端表面处出现电荷累积，这种电荷称为极化电荷，亦称为束缚电荷。极化电荷(束缚电荷)出现后，将在介质内外产生附加电场 $\boldsymbol{E}'$，使得介质内外的总电场强度为 $\boldsymbol{E}=\boldsymbol{E}_0+\boldsymbol{E}'$，其中 $\boldsymbol{E}_0$ 是由自由电荷产生的电场强度。(注意：与导体不同，在介质内，$\boldsymbol{E}_{\mathrm{in}}\neq\boldsymbol{0}$。)

10.2.2 电极化强度和极化电荷

为了描述电介质处于电场中时被极化的程度，我们引入电极化强度的概念。当电介质处于电场中产生极化时，在电介质内某点附近单位体积内分子电偶极矩的矢量和，称为电极化强度，用 $\boldsymbol{P}$ 表示为

$$\boldsymbol{P}=\frac{\sum\limits_{\Delta V}\boldsymbol{p}_{\mathrm{m}}}{\Delta V} \tag{10-4}$$

式(10-4)中 ΔV 是电介质内的一个无限小体积元(ΔV 宏观小、微观大)，$\sum\limits_{\Delta V}\boldsymbol{p}_{\mathrm{m}}$ 是 ΔV 内所有分子电偶极矩的矢量和。

1. 电极化强度 $\boldsymbol{P}$ 与电场强度 $\boldsymbol{E}$ 的关系

电介质在电场中被极化时，无极分子因位移极化而产生的电偶极矩随着外电场的增强而增大；有极分子的固有电偶极矩也随着外电场的电场强度增大而更加有序排列，总电偶极矩增大。因此，无论何种电介质，它的极化强度都会随着外电场的增强而增大。实验表明，电场不太强时，在多数各向同性的均匀电介质中，$\boldsymbol{P}$ 与 $\boldsymbol{E}$ 方向相同且大小成正比，关系式如下：

$$\boldsymbol{P}=\chi_{\mathrm{e}}\varepsilon_0\boldsymbol{E} \tag{10-5}$$

式(10-5)中电场强度 $\boldsymbol{E}=\boldsymbol{E}_0+\boldsymbol{E}'$，是自由电荷和极化电荷产生的电场强度之和。$\chi_{\mathrm{e}}$ 称为介质的电极化率(electric susceptibility)，

是一个大于零的量纲一的常量，其值与电介质的材料有关，一般可以由实验测定。对于各向异性或非均匀的电介质，电极化强度与电场强度的关系比较复杂，本课程中所涉及的电介质一般都是指各向同性的均匀电介质。

2. 电极化强度 $\boldsymbol{P}$ 与极化电荷面密度 σ' 的关系

电介质处于极化状态时，电介质中会存在未被抵消的极化电荷。可以证明（证明过程从略）：极化电荷集中在介质的表面，且表面处电极化强度 $\boldsymbol{P}$ 与极化电荷面密度 σ' 的关系为

$$\sigma'=\boldsymbol{P}\cdot\boldsymbol{e}_{\mathrm{n}}=P\cos\theta \tag{10-6}$$

式（10-6）中 $\boldsymbol{e}_{\mathrm{n}}$ 是电介质表面某处的外法线方向的单位矢量，$\boldsymbol{P}$ 是电介质表面处的电极化强度矢量［注：在两种电介质的交界面上，极化电荷面密度为 $\sigma'=(\boldsymbol{P}_1-\boldsymbol{P}_2)\cdot\boldsymbol{e}_{12}$，其中 $\boldsymbol{P}_1$ 和 $\boldsymbol{P}_2$ 分别是交界面两侧介质 1 和介质 2 中的电极化强度，$\boldsymbol{e}_{12}$ 是交界面法线方向上的单位矢量，且由介质 1 指向介质 2，式（10-6）是此式在 $\boldsymbol{P}_2=\boldsymbol{0}$ 时（介质 2 是真空或金属）的特例］。

10.2.3 电位移 电介质中的高斯定理

微课视频：
有电介质存在时的高斯定理

有电介质存在时，电场中任意某一点的总电场强度为 $\boldsymbol{E}=\boldsymbol{E}_0+\boldsymbol{E}'$，包括无电介质时自由电荷在真空中产生的电场强度 $\boldsymbol{E}_0$ 和极化电荷产生的电场强度 $\boldsymbol{E}'$。就产生电场而言，极化电荷与自由电荷并无区别，它们产生的电场分别满足真空中的高斯定理，即

$$\oint_S \boldsymbol{E}_0\cdot\mathrm{d}\boldsymbol{S}=\frac{q_{\mathrm{in}}}{\varepsilon_0}\quad(q_{\mathrm{in}}\text{是 } S \text{ 内所包围的自由电荷})$$

$$\oint_S \boldsymbol{E}'\cdot\mathrm{d}\boldsymbol{S}=\frac{q'_{\mathrm{in}}}{\varepsilon_0}\quad(q'_{\mathrm{in}}\text{是 } S \text{ 内所包围的极化电荷})$$

将以上两式相加得

$$\oint_S(\boldsymbol{E}_0+\boldsymbol{E}')\cdot\mathrm{d}\boldsymbol{S}=\frac{q_{\mathrm{in}}+q'_{\mathrm{in}}}{\varepsilon_0} \tag{10-7}$$

利用 $\boldsymbol{E}=\boldsymbol{E}_0+\boldsymbol{E}'$ 和 $q'_{\mathrm{in}}=\oint_S\boldsymbol{P}\cdot\mathrm{d}\boldsymbol{S}$，我们可以将式（10-7）改写成

$$\oint_S(\varepsilon_0\boldsymbol{E}+\boldsymbol{P})\cdot\mathrm{d}\boldsymbol{S}=q_{\mathrm{in}}$$

令 $\boldsymbol{D}=\varepsilon_0\boldsymbol{E}+\boldsymbol{P}$，得

$$\oint_S\boldsymbol{D}\cdot\mathrm{d}\boldsymbol{S}=q_{\mathrm{in}} \tag{10-8}$$

式(10-8)称为有电介质存在时的高斯定理(或关于 $\boldsymbol{D}$ 的高斯定理)。其中 $\boldsymbol{D}$ 称为电位移,$\oint_S \boldsymbol{D}\cdot \mathrm{d}\boldsymbol{S}$ 为通过高斯面 S 的电位移通量($\boldsymbol{D}$ 通量)。

因此,有电介质存在时的高斯定理为:在静电场中通过任意闭合曲面的电位移通量等于闭合曲面内自由电荷的代数和。

对于各向同性的均匀电介质,利用式(10-5)电极化强度 $\boldsymbol{P}$ 与电场强度 $\boldsymbol{E}$ 的关系 $\boldsymbol{P}=\chi_e\varepsilon_0\boldsymbol{E}$ 有

$$\boldsymbol{D}=\varepsilon_0\boldsymbol{E}+\boldsymbol{P}=\varepsilon_0\boldsymbol{E}+\chi_e\varepsilon_0\boldsymbol{E}=\varepsilon_0(1+\chi_e)\boldsymbol{E}=\varepsilon_0\varepsilon_r\boldsymbol{E}=\varepsilon\boldsymbol{E} \quad (10-9)$$

式(10-9)中 ε_r($\varepsilon_r=1+\chi_e$)称为电介质的相对介电常量,$\varepsilon=\varepsilon_0\varepsilon_r$ 称为电介质的介电常量。显然,真空中的高斯定理是式(10-8)的特例。

例 10.3

两块近距离放置的导体平板(可近似视为两无限大平面),分别带电荷面密度为 σ_0 和 $-\sigma_0$ 的自由电荷。现两板间均匀充满电介质,电介质的介电常量为 $\varepsilon=\varepsilon_0\varepsilon_r$。求其极化电荷面密度。

解 作如图 10-13 所示的高斯面,运用有电介质存在时的高斯定理 $\oint_S \boldsymbol{D}\cdot \mathrm{d}\boldsymbol{S}=q_{in}$ 得

$$\oint_S \boldsymbol{D}\cdot \mathrm{d}\boldsymbol{S}=D\cdot S=\sigma_0 S$$

$$D=\sigma_0$$

电介质中任意一点处的电场强度 $\boldsymbol{E}$ 的大小为

$$E=\frac{D}{\varepsilon_0\varepsilon_r}=\frac{\sigma_0}{\varepsilon_0\varepsilon_r}$$

又因为

$$E=E_0-E',\ E_0=\frac{\sigma_0}{\varepsilon_0},\ E'=\frac{\sigma'}{\varepsilon_0}$$

则有

$$\frac{\sigma_0}{\varepsilon_0\varepsilon_r}=\frac{\sigma_0}{\varepsilon_0}-\frac{\sigma'}{\varepsilon_0}$$

所以极化电荷面密度为

$$\sigma'=\left(1-\frac{1}{\varepsilon_r}\right)\sigma_0$$

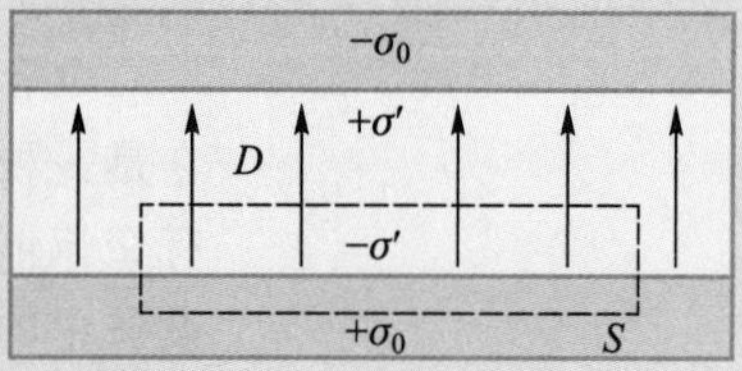

图 10-13 例 10.3 图

例 10.4

如图 10-14 所示,一个半径为 R 的带正电荷的金属球,所带电荷量为 q,浸没在一个大油箱内,油的相对介电常量为 ε_r。求:

(1) 油中的电场分布;

(2) 贴近金属球表面的油面上的极化电荷总量。

解 (1) 由电荷分布和电介质分布的球对称性可知，电场的分布也具有球对称性。以球心为中心、r 为半径作一球面为高斯面 S，根据有电介质时的高斯定理有

$$\oint_S \boldsymbol{D}\cdot \mathrm{d}\boldsymbol{S}=\oint_S D\mathrm{d}S=4\pi r^2 D=q$$

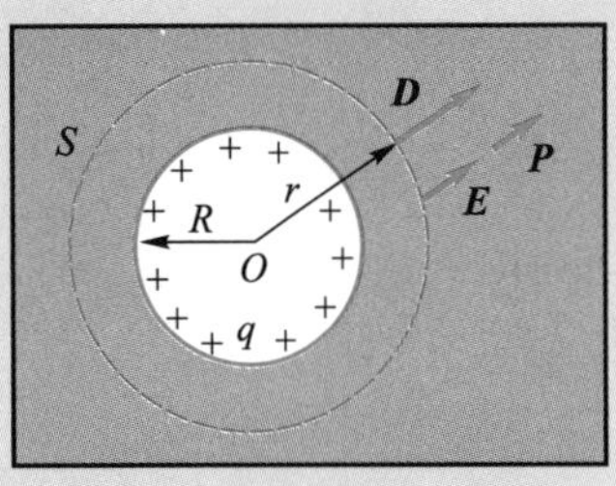

图 10-14 例 10.4 图

则有

$$D=\frac{q}{4\pi r^2},\boldsymbol{D}=\frac{q}{4\pi r^2}\boldsymbol{e}_r$$

由电位移 $\boldsymbol{D}$ 与电场强度 $\boldsymbol{E}$ 的关系 $\boldsymbol{D}=\varepsilon\boldsymbol{E}=\varepsilon_0\varepsilon_r\boldsymbol{E}$，可得油中电场分布为

$$\boldsymbol{E}=\frac{\boldsymbol{D}}{\varepsilon_0\varepsilon_r}=\frac{q}{4\pi\varepsilon_0\varepsilon_r r^2}\boldsymbol{e}_r$$

(2) 由电位移的定义可得

$$\boldsymbol{P}=\boldsymbol{D}-\varepsilon_0\boldsymbol{E}=\frac{q}{4\pi r^2}\boldsymbol{e}_r-\varepsilon_0\frac{q}{4\pi\varepsilon_0\varepsilon_r r^2}\boldsymbol{e}_r$$

$$=\left(1-\frac{1}{\varepsilon_0}\right)\frac{q}{4\pi r^2}\boldsymbol{e}_r$$

油面上极化电荷的电荷面密度为

$$\sigma'=\boldsymbol{P}\cdot\boldsymbol{e}_n=\left(1-\frac{1}{\varepsilon_0}\right)\frac{q}{4\pi r^2}\boldsymbol{e}_r\cdot(-\boldsymbol{e}_r)$$

$$=-\left(1-\frac{1}{\varepsilon_0}\right)\frac{q}{4\pi r^2}$$

其极化电荷量为

$$q'=\sigma'\cdot 4\pi r^2=-\left(1-\frac{1}{\varepsilon_0}\right)q$$

负号表示极化电荷为负电荷。

10.3 电容 电容器

电容器是由两个金属电极板中间隔一层绝缘材料构成的。它是一种常用的电工电子元器件，是一种储能元件，在电路中具有交流耦合、旁路、滤波和信号调谐等作用，用途广泛，电台发射设备中的振荡电路、接收装置中的调谐电路、整流电源中的滤波电路、控制设备中的延时电路、电容式传感器等，都要用到电容器。如图 10-15 所示为常见的电容器。

图 10-15 常见的电容器

10.3.1 孤立导体的电容

对于半径为 R 的孤立导体球，若所带电荷量为 Q，并且选择无限远处为电势零点，则孤立导体球的电势为

$$V=\frac{Q}{4\pi\varepsilon_0 R}$$

可以看出，导体球所带的电荷量与电势之间成正比。

理论和实验表明，附近没有其他导体和带电体的孤立导体，导体所带的电荷量 q 与导体的电势 V(等势体的电势)之比为常量，此比例系数只与导体的几何形状等因素有关，称为孤立导体的电容(capacitance of isolated conductor)，用 C 表示，

$$C=\frac{q}{V} \tag{10-10}$$

孤立导体球的电容为

$$C=4\pi\varepsilon_0 R \tag{10-11}$$

电容是导体每升高单位电势所需要的电荷量，反映了导体储存电荷和电能的能力。电容的单位为法拉(F)，1 F=1 C/1 V。有时常用微法(μF)及皮法(pF)作为单位，它们之间的关系是：1 μF=10^{-6} F，1 pF=10^{-12} F。

10.3.2 电容器

当带电导体的附近有其他带电导体时，由于静电感应，导体的电势不仅与它本身所带的电荷量及电荷分布有关，也与其他导体的形状及位置有关。为了消除周围其他导体的影响，可用一个封闭的导体壳 B 将另一导体 A 屏蔽，如图 10-16 所示。因静电屏蔽作用，在忽略边缘效应的情况下，当一个导体带电 $+q$，另一个导体带电 $-q$ 时，很容易证明，两导体之间的电势差 $U_{AB}=V_A-V_B$ 与 q 之比为一常量，即有

$$C=\frac{q}{U_{AB}} \tag{10-12}$$

这样的导体组称为**电容器**，式(10-12)中 C 称为**电容器的电容**，两导体的两个相对面分别称为电容器的两极板。

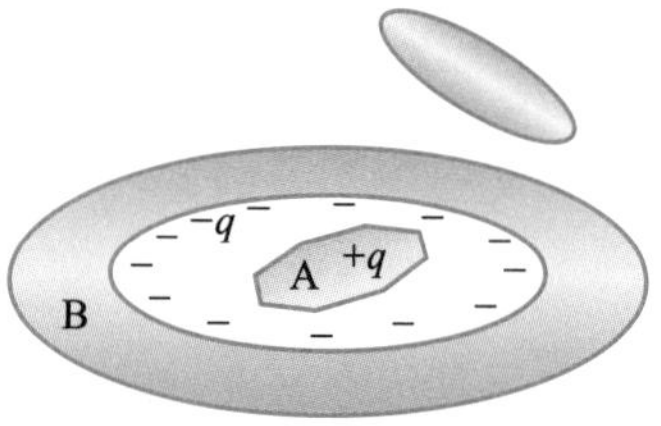

图 10-16 导体 A 和导体壳 B 构成电容器

通常，电容器如按极板形状分类，可分为平行板电容器、圆柱

形电容器、球形电容器等；如按结构分类，可分为固定电容器、可变电容器和微调电容器等；如按电介质分类，可分为有机介质电容器、无机介质电容器、电解电容器和空气介质电容器等；如按用途分类，可分为高频旁路电容器、低频旁路电容器、滤波电容器、调谐电容器、高频耦合电容器、低频耦合电容器等。

现在我们假设电容器的两极板分别带上等量异号电荷，通过计算两极板间的电场强度与电势差，根据式(10-12)可计算电容器的电容。下面我们通过对几种典型电容器的电容的计算与分析，来说明电容是一个与电容器自身参量有关的物理量。

1. 平行板电容器(parallel-plate capacitor)

如图 10-17 所示为一平行板电容器，S 为极板面积，d 为 A，B 两板间的距离($d \ll S$)。设两板间均匀充满相对介电常量为 ε_r 的电介质。现在求此平行板电容器的电容。

图 10-17 平行板电容器

假设 A、B 两极板分别带有电荷量$+q$ 和$-q$，电荷面密度分别为 $\sigma = q/S$ 和$-\sigma = -q/S$。由于 $d \ll S$，所以两极板可看成两个互相平行的无限大的均匀带电平面，忽略边缘效应，在两极板之间的电场强度等于两无限大平面的电场强度之和，即

$$E = \frac{\sigma}{\varepsilon} = \frac{q}{\varepsilon_0 \varepsilon_r S}$$

两极板间的电势差为

$$U_{AB} = \int_A^B E \mathrm{d}l = Ed = \frac{qd}{\varepsilon_0 \varepsilon_r S}$$

则电容为

$$C = \frac{q}{U_{AB}} = \frac{\varepsilon_0 \varepsilon_r S}{d} \tag{10-13}$$

式(10-13)中 $C_0 = \varepsilon_0 S/d$ 是两板间为真空时平行板电容器的电容。因此，平行板电容器充满电介质后电容器的电容增大到真空时电容的 ε_r 倍。式(10-13)可改写为

$$C = \varepsilon_r C_0$$

式(10-13)说明平行板电容器的电容 C 是一个仅与电容器自身参量有关的量。与极板的面积成正比，与两极板之间的距离成反比，与所填充的电介质相关。

实际应用中，有一种平行板电容器可通过改变极板相对面积的大小或极板间距离等来改变其电容值，称为可变电容器。

2. 球形电容器(spherical capacitor)

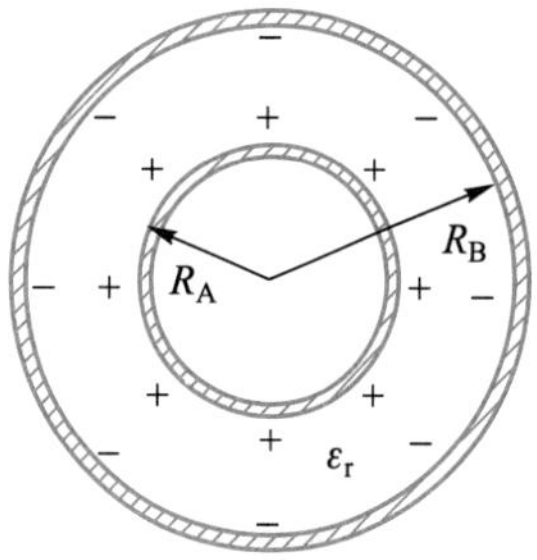

图 10-18 球形电容器

如图 10-18 所示为一球形电容器，是由半径分别为 R_A，R_B 的两同心导体球壳构成的。设两球壳间充满相对介电常量为 ε_r 的均匀电介质。现在求此球形电容器的电容。

假设内、外球壳分别带有电荷 q 和 $-q$。在 R_A，R_B 之间作一半径为 r 的同心球面为高斯面，根据有介质时的高斯定理很容易求出两极间的电场分布，为

$$\boldsymbol{D}=\frac{q}{4\pi r^3}\boldsymbol{r},\boldsymbol{E}=\frac{q}{4\pi\varepsilon_0\varepsilon_r r^3}\boldsymbol{r}\quad (R_A<r<R_B)$$

电场强度的方向由内球壳指向外球壳，两球壳间的电势差为

$$U_{AB}=V_A-V_B=\int_{R_A}^{R_B}\boldsymbol{E}\cdot d\boldsymbol{r}=\frac{q}{4\pi\varepsilon_0\varepsilon_r}\left(\frac{1}{R_A}-\frac{1}{R_B}\right)$$

则其电容为

$$C=\frac{q}{U_{AB}}=\frac{4\pi\varepsilon_0\varepsilon_r R_A R_B}{R_B-R_A}=\varepsilon_r C_0 \qquad (10-14)$$

式(10-14)中 $C_0=4\pi\varepsilon_0 R_A R_B/(R_B-R_A)$ 是该电容器两球壳间为真空时的电容值。当 $R_B\to\infty$ 时，$C_0=4\pi\varepsilon_0 R_A$ 变为孤立球形电容器的电容。如果令 $d=R_B-R_A$，当 $R_A\to R_B$ 且 $R_A\gg d$ 时，可得 $C_0=4\pi\varepsilon_0 R_A R_B/(R_B-R_A)\approx 4\pi\varepsilon_0 R_A^2/d=\varepsilon_0 S/d$，与平行板电容器的电容相同。

3. 圆柱形电容器(cylindrical capacitor)

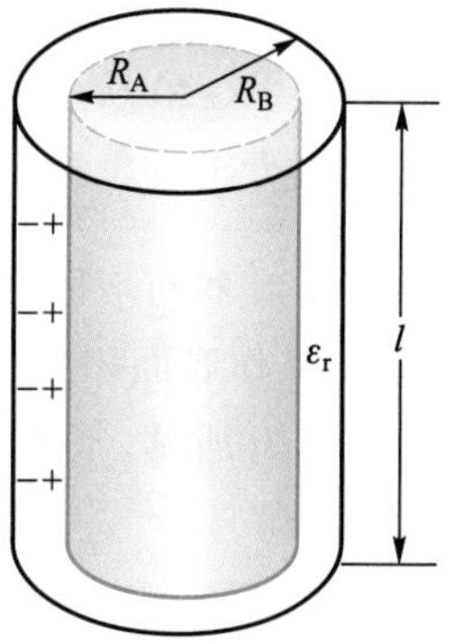

图 10-19 圆柱形电容器

如图 10-19 所示为一圆柱形电容器，它是由内、外半径分别为 R_A，R_B 的两同轴导体圆柱面构成的。且两圆柱面间均匀充满电介质，电介质的介电常量为 ε。现在求此圆柱形电容器的电容(忽略边缘效应)。

假设内柱外壁和外圆柱内壁分别均匀带有线密度分别为 $+\lambda$ 和 $-\lambda$ 的等值异号电荷，根据有介质时的高斯定理，很容易求出两极间的电场分布为

$$\boldsymbol{D}=\frac{\lambda}{2\pi r^2}\boldsymbol{r},\boldsymbol{E}=\frac{\lambda}{2\pi\varepsilon_0\varepsilon_r r^2}\boldsymbol{r}\quad (R_A<r<R_B)$$

电场强度的方向由内圆柱面指向外圆柱面，两极间的电势差为

$$U_{AB}=\int_A^B\boldsymbol{E}\cdot d\boldsymbol{r}=\int_{R_A}^{R_B}\frac{\lambda}{2\pi\varepsilon_0\varepsilon_r\cdot r^2}\boldsymbol{r}\cdot d\boldsymbol{r}=\frac{\lambda}{2\pi\varepsilon_0\varepsilon_r}\ln\frac{R_B}{R_A}$$

则其电容为

$$C=\frac{q}{U_{AB}}=\frac{\lambda l}{U_{AB}}=\frac{2\pi\varepsilon_0\varepsilon_r l}{\ln\dfrac{R_B}{R_A}} \qquad (10-15)$$

圆柱形电容器单位长度上的电容为

$$C_l=\frac{2\pi\varepsilon_0\varepsilon_r}{\ln\frac{R_B}{R_A}} \tag{10-16}$$

使用电容器时,应注意电容器上两个主要的性能指标——电容和额定电压。例如,某电容器的标注为“10 V,4 μF”,表示它的电容是 4 μF,额定电压是 10 V。

阅读材料:
超级电容器

电介质可以使电容器的电容增大为原先的 ε_r 倍,由于束缚电荷的出现,减弱了电介质的电场,因此电容器的电容增大。对相同的电容器来说,ε_r 越大的电容器,其体积可做得更小。例如广泛应用在小型化电子线路中的钛酸钡陶瓷电容器。另外,电介质在通常情况下不导电,但是电介质内的电场强度超过一定极限时,其绝缘性就会被破坏,称为电介质的击穿。电介质不被击穿所能承受的最大电场强度,称为击穿强度。例如,空气的击穿强度是3×10^6 V/m,云母的击穿强度是$(80\sim200)\times10^6$ V/m,尼龙的击穿强度是 14×10^6 V/m 等。电容器的两个极板间一般是真空(空气)或介质,当电容器两极板间所加的电压太大时,电容器容易被击穿。电容器被击穿后,极板间的电介质就失去绝缘性而变为导体了。在电容器中充入电介质,一方面可增大电容,另一方面也可提高电容器的耐压能力。

例 10.5

如图 10-20 所示,某平行板电容器的极板面积为 S,两极板间距为 d。现插入一块厚度为 t,相对介电常量为 ε_r 的电介质,求该电容器的电容。

解 设电容器两极板 A,B 分别带有电荷量 $+Q$ 和 $-Q$,作底面积为 ΔS 的圆柱形高斯面,如图 10-20 所示,根据有介质存在时的高斯定理,有

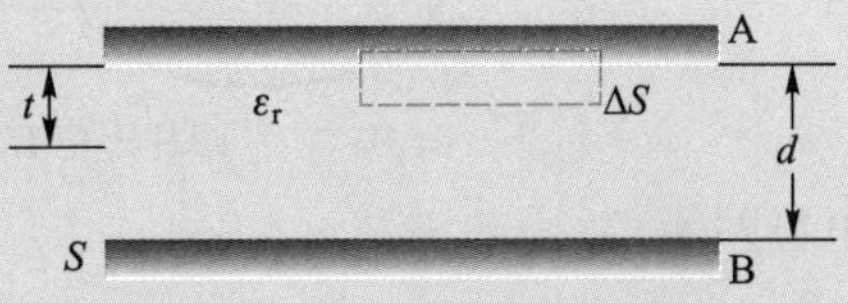

图 10-20 例 10.5 图

$$\oint \boldsymbol{D}\cdot \mathrm{d}\boldsymbol{S}=D\Delta S=\sigma\Delta S$$

两极板间电介质存在的空间电位移大小为

$$D=\sigma$$

电介质所存在空间的电场强度大小为

$$E=\frac{D}{\varepsilon_0\varepsilon_r}=\frac{\sigma}{\varepsilon_0\varepsilon_r}$$

两极板间电介质外的空间中电场强度的大小为

$$E_0=\frac{\sigma}{\varepsilon_0}$$

两极板间的电势差为

$$U=\int_0^d \boldsymbol{E}\cdot \mathrm{d}\boldsymbol{l}=\int_0^t \frac{\sigma}{\varepsilon_0\varepsilon_r}\mathrm{d}l+\int_t^d \frac{\sigma}{\varepsilon_0}\mathrm{d}l$$

$$=\frac{\sigma}{\varepsilon_0\varepsilon_r}t+\frac{\sigma}{\varepsilon_0}(d-t)=\frac{Q}{\varepsilon_0\varepsilon_r S}t+\frac{Q}{\varepsilon_0 S}(d-t)$$

则电容为

$$C=\frac{Q}{U}=\frac{\varepsilon_0 S}{d-t+t/\varepsilon_r}$$

当 $t=0$ 时，得到的结果即真空或填充空气时的平行板电容器的电容，为

$$C=\frac{\varepsilon_0 S}{d}$$

当 $t=d$ 时，得到的结果即为充满电介质时的平行板电容器的电容，为

$$C=\frac{\varepsilon_0\varepsilon_r S}{d}$$

例 10.6

如图 10-21(a)所示为一种传输视频信号的同轴电缆。已知内导体中心铜线的半径为 0.3 mm，外层网状导体的半径为 1.9 mm，内外导体之间用相对介电常量为 $\varepsilon_r=2.3$ 的塑料绝缘体分隔。求此同轴电缆单位长度的电容。

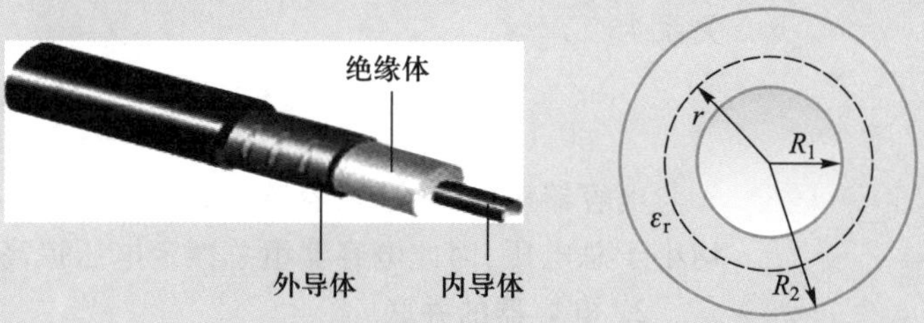

(a) (b)

图 10-21 例 10.6 图

解 设同轴电缆的内外导体所带电荷的线密度分别为 $+\lambda$，$-\lambda$，同轴电缆的横截面如图 10-21(b)所示，现以 r 为底面半径，单位长度为高，作同轴圆柱面为高斯面，由电介质存在时的高斯定理得

$$\boldsymbol{E}=\frac{\boldsymbol{D}}{\varepsilon_0\varepsilon_r}=\frac{\lambda}{2\pi\varepsilon_0\varepsilon_r r^2}\boldsymbol{r}\quad(R_1<r<R_2)$$

内外导体的电势差为

$$U=\int_{R_1}^{R_2}\frac{\lambda}{2\pi\varepsilon_0\varepsilon_r r^2}\boldsymbol{r}\cdot\mathrm{d}\boldsymbol{r}=\frac{\lambda}{2\pi\varepsilon_0\varepsilon_r}\ln\frac{R_2}{R_1}$$

则单位长度的电容为

$$C=\frac{q}{U}=\frac{\lambda}{U}=\frac{2\pi\varepsilon_0\varepsilon_r}{\ln\frac{R_2}{R_1}}=\frac{2\times3.14\times8.85\times10^{-12}\times2.3}{\ln(1.9/0.3)}\ \mathrm{F/m}=6.9\times10^{-11}\ \mathrm{F/m}$$

10.3.3 电容器的串联和并联

在实际的电路设计和使用中，一个电容器的电容或额定电压常常不能满足实际需要，可将几个电容器连接起来使用，电容器

的基本连接方式有串联、并联两种。

1. 电容器的串联

如果将若干只电容分别为 $C_1, C_2, \cdots, C_n$ 的电容器首尾相接[如图10-22(a)所示],即为电容器的串联,其等效电路如图10-22(b)所示。

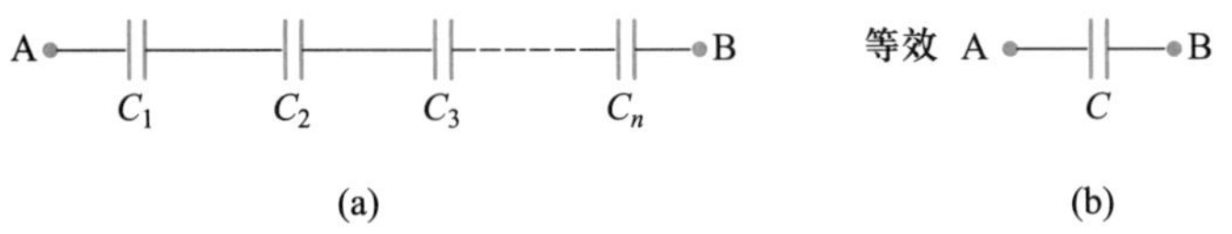

图 10-22 电容器的串联

电容器串联后,各电容器均带有相同的电荷量 q,所分配到的电压与电容成反比,则总电容 C 与各电容器的电容 C_i 之间的关系为

$$\frac{1}{C}=\frac{U}{q}=\frac{U_1+U_2+\cdots+U_n}{q}=\sum_{i=1}^{n}\frac{U_i}{q}=\sum_{i=1}^{n}\frac{1}{C_i} \tag{10-17}$$

电容器串联后,总电容减小;但每个电容器两极板间的电压均小于总电压,因此电容器组总额定电压提高。

2. 电容器的并联

若干只电容分别为 $C_1, C_2, \cdots, C_n$ 的电容器并联起来[如图10-23(a)所示]即为电容器的并联,其等效电路如图 10-23(b)所示。

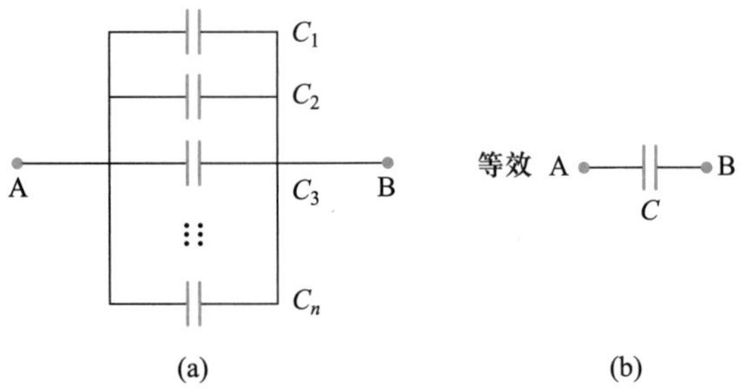

图 10-23 电容器的并联

电容器并联后,各电容器上所加的电压 U 均相同,所分配到的电荷量 q 与电容成正比,其总电容 C 与各电容器的电容 C_i 之间的关系为

$$C=\frac{q}{U}=\frac{q_1+q_2+\cdots+q_n}{U}=\sum_{i=1}^{n}\frac{q_i}{U}=\sum_{i=1}^{n}C_i \tag{10-18}$$

总电容增大,但每一个电容器的极板电压和单独使用时相同,总的额定电压不能超过并联电路中额定电压小的电容的额定电压。

例 10.7

如图 10-24(a)所示为一测量液体液面高度的装置，已知两块放置于液体中的导体板可视为平行板电容器。导体板的高度为 l，宽度为 b，两导体板的间距为 d，液体的相对介电常量为 ε_r。试求液面的高度与电容之间的关系。

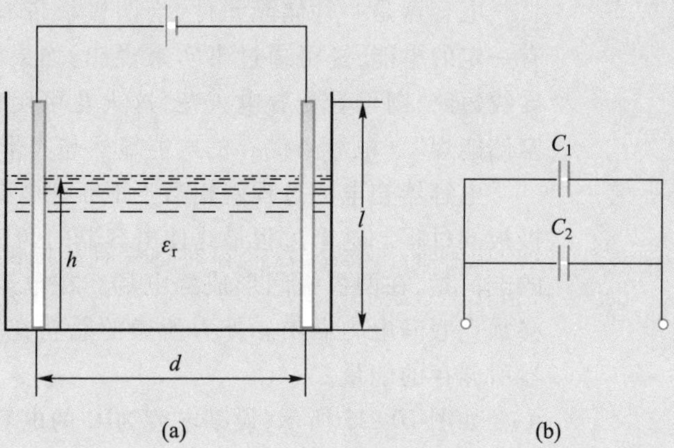

图 10-24　例 10.7 图

解　当液体的液面高度介于 0 和 l 之间时，两导体板之间一部分为空气，另一部分为液体电介质，这相当于两个平行板电容器的并联，等效电路如图 10-24(b)所示。

设空气部分的电容为 C_1，填充液体部分的电容为 C_2，则电容 C_1，C_2 分别为

$$C_1=\varepsilon_0\frac{S_1}{d}=\varepsilon_0\frac{(l-h)b}{d}$$

$$C_2=\frac{\varepsilon_0\varepsilon_r S_2}{d}=\varepsilon_0\varepsilon_r\frac{hb}{d}$$

两电容器并联后的等效电容为

$$C=C_1+C_2=\varepsilon_0\frac{(l-h)b}{d}+\varepsilon_0\varepsilon_r\frac{hb}{d}$$

$$=\frac{\varepsilon_0 b}{d}[l+(\varepsilon_r-1)h]$$

此式即液面高度 h 与电容 C 的关系式，也可以写为

$$h=\frac{1}{\varepsilon_r-1}\left(\frac{Cd}{\varepsilon_0 b}-l\right)$$

10.4　电场的能量

电场作为一种特殊的物质，也具有能量、动量等。本节研究静电场的能量。我们以平行板电容器为例，分析通过外力做功把其他形式的能量转化为电能的过程，从而导出电场能量的计算公式。

10.4.1 电容器储存的静电能

电容器是一种储能元件，当两极板带有电荷时，电容器便具有一定的电能，这可通过事实来说明：如果将电容器的两极板用导线短路，则可看到放电火花，这火花可用来熔焊金属，称为“电容储能焊”。电容器储存的电能显然与其带电情况有关。

电容器充电的过程就相当于不断把电荷 dq 从负极板移至正极板的过程。这个过程最终使电容器的两极板分别带有 Q 和 $-Q$ 的电荷量，在两极板间形成静电场。在电荷移动的过程中，外力必须克服静电力做功。外力所做的总功在数值上就是最终电容器所储存的能量。

如图 10-25 所示，设某电容为 C 的电容器在充电过程中，充电到某一程度时，电容器两极板上的电荷分别为 q 和 $-q$，两板间电压 $u_{AB}=v_A-v_B$（此处用小写字母表示瞬时量，以示与最终的电压、电势的区别）。此时外力继续克服静电力把电荷元 dq 从负极板移动到正极板所做的功为

$$dA_{外}=-dA_{静}=-dq(v_B-v_A)=u_{AB}dq$$

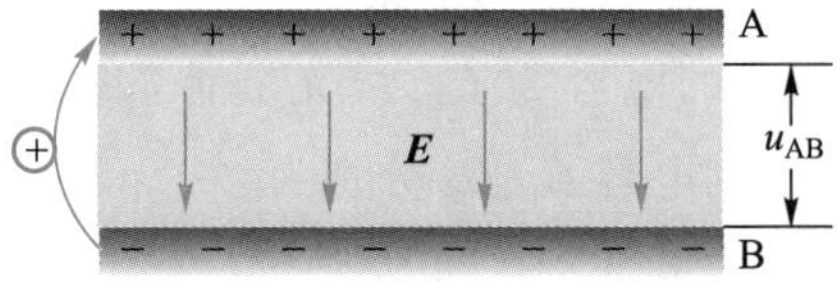

图 10-25 外力在电容器极板间移动电荷做功

电容器的极板上由初始时刻的电荷量为 0，充电到极板上电荷量为 Q，整个过程中外力克服静电力做的总功为

$$A_{外}=\int_0^A dA_{外}=\int_0^Q u_{AB}dq=\int_0^Q \frac{q}{C}dq=\frac{1}{2}\frac{Q^2}{C}$$

根据能量守恒定律可知，外力所做的功转化为存储于电容器中的能量。因此，电容为 C 的电容器两极板分别带有 Q 和 $-Q$ 的电荷量时，所存储的静电能为

$$W=\frac{1}{2}\frac{Q^2}{C} \tag{10-19}$$

利用电容的定义，电容器储存的能量还可以写为

$$W=\frac{1}{2}CU^2 \quad 或 \quad W=\frac{1}{2}QU \tag{10-20}$$

式(10-19)和式(10-20)为电容器的储能公式，这两个表达式虽然

是以平行板电容器为例推导出来的，但对任何电容器都是适用的。

10.4.2 电场的能量

对于极板面积为 S，极板间距离为 d，板间充满相对介电常量为 ε_r 的平行板电容器，有 $U=Ed$，$C=\varepsilon S/d=\varepsilon_0\varepsilon_r S/d$，可得电场的能量为

$$W=\frac{1}{2}CU^2=\frac{1}{2}(\varepsilon_0\varepsilon_r S/d)(Ed)^2=\frac{1}{2}(\varepsilon E^2)(Sd)=\frac{1}{2}\varepsilon E^2 V \tag{10-21}$$

式(10-21)中 $V=Sd$ 是平行板电容器内电场空间的体积。此式也表明，极板间电场的能量 W 与电场强度的平方成正比，与电场空间的体积大小成正比。

因为有电介质存在的空间，其电场的电位移 $\boldsymbol{D}$ 与电场强度 $\boldsymbol{E}$ 有以下关系：

$$\boldsymbol{D}=\varepsilon_0\varepsilon_r\boldsymbol{E}=\varepsilon\boldsymbol{E}$$

所以电场能量的表达式(10-21)还可以表示为

$$W=\frac{1}{2}\varepsilon E^2 V=\frac{1}{2}DEV \tag{10-22}$$

对于平行板电容器，由于极板间电场的强度是均匀的，所以电场中的能量也是均匀分布的，因而其电场中单位体积内的电能为

$$w_e=\frac{W}{V}=\frac{1}{2}\varepsilon E^2=\frac{1}{2}DE \tag{10-23}$$

w_e 称为**电场的能量密度**，其定义为：电场中，某点附近单位体积内电场的能量。w_e 是一个标量点函数，单位为 $\mathrm{J\cdot m^{-3}}$。

对于任意形状的带电体所产生的电场，其电场不一定是匀强电场，电场的能量分布也不一定是均匀的，但可以证明：对于电场中任一给定点，该点的能量密度式(10-23)仍成立。在真空中，因为 $\varepsilon_r=1$，所以真空中的电场中任意某一点的能量密度为

$$w_e=\frac{1}{2}\varepsilon_0 E^2$$

对于非均匀电场，电场中任一给定的区域 V，其内的总电场能量为

$$W=\int_V \mathrm{d}W=\int_V w_e\mathrm{d}V\int_V \frac{1}{2}\varepsilon E^2\mathrm{d}V \tag{10-24}$$

电场的能量是储存在带电体上，还是储存在静电场中？因静电场是由电荷产生的，不能回答此问题，但在后期的学习中我们

可以看到变化的场可以脱离电荷独立存在，而场的能量又以电磁波的形式在空间中传播。电场的能量已被广泛应用于无线通信技术等领域。电容器的带电过程也是两板间电场建立的过程，因而拥护“场的观点”的人认为：电容器的能量也就是电容器内电场的能量，而且对于任意的带电体，其所产生的电场均具有一定的能量。这一观点早已被实验证明是正确的。

例 10.8

计算半径为 R、所带电荷量为 Q 的均匀带电球面的静电能。设球面内外介质均为真空。

解 根据高斯定理得到均匀带电球面的电场强度 $\boldsymbol{E}$ 沿着球的半径方向，大小为

$$E_1=0 \quad (r<R)$$

$$E_2=\frac{Q}{4\pi\varepsilon_0 r^2} \quad (r>R)$$

电场中任意一点的能量密度为

$$w_e=\frac{1}{2}\varepsilon_0 E^2$$

作半径为 r、厚度为 dr 的同心球壳为体积元，则该体积元的能量为

$$dW_e=w_e dV=w_e\cdot 4\pi r^2 dr$$

均匀带电球面的静电能为

$$\begin{aligned}W_e&=\int_V w_e dV=\int_V \frac{1}{2}\varepsilon_0 E^2 dV\\&=\int_0^R \frac{1}{2}\varepsilon_0 E_1^2\cdot 4\pi r^2 dr+\int_R^\infty \frac{1}{2}\varepsilon_0 E_2^2\cdot 4\pi r^2 dr\\&=\frac{1}{2}\varepsilon_0\int_R^\infty E_2^2\cdot 4\pi r^2 dr\\&=\frac{1}{2}\varepsilon_0\int_R^\infty\left(\frac{Q}{4\pi\varepsilon_0 r^2}\right)^2\cdot 4\pi r^2 dr\\&=\frac{Q}{8\pi\varepsilon_0}\int_R^\infty\frac{dr}{r^2}=\frac{Q}{8\pi\varepsilon_0 R}\end{aligned}$$

例 10.9

如图 10-26 所示，圆柱形电容器由半径分别为 R_1，R_2 的同轴导体圆柱面组成，两圆柱面的长度为 l，圆柱面间充满相对介电常量为 ε_r 的电介质。若圆柱面单位长度上的电荷线密度为 λ，求电容器储存的电场能量。

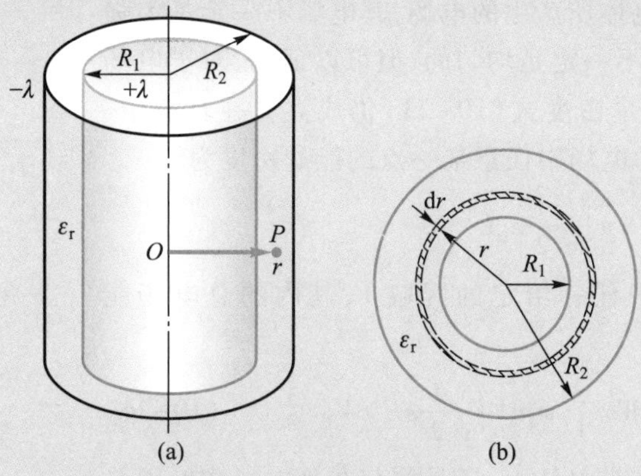

图 10-26 例 10.9 图

解 由高斯定理可得，电介质内任意一点 P 的电场强度大小为

$$E=\frac{\lambda}{2\pi\varepsilon r}=\frac{\lambda}{2\pi\varepsilon_0\varepsilon_r r}$$

作半径为 r、厚度为 $\mathrm{d}r$、长为 l 的薄圆筒体积元，则体积元内电场的能量为

$$\mathrm{d}W_e=w_e\mathrm{d}V=\frac{1}{2}\varepsilon_0\varepsilon_r E^2\cdot 2\pi rl\mathrm{d}r$$

$$=\frac{1}{2}\varepsilon_0\varepsilon_r\left(\frac{\lambda}{2\pi\varepsilon_0\varepsilon_r r}\right)^2\cdot 2\pi rl\mathrm{d}r=\frac{\lambda^2 l}{4\pi\varepsilon_0\varepsilon_r r}\mathrm{d}r$$

电场的能量为

$$W_e=\int_V w_e\mathrm{d}V=\int_{R_1}^{R_2}\frac{\lambda^2 l}{4\pi\varepsilon_0\varepsilon_r r}\mathrm{d}r$$

$$W_e=\frac{\lambda^2 l}{4\pi\varepsilon_0\varepsilon_r}\ln\frac{R_2}{R_1}$$

习题

10.1 将一个带正电荷的带电体 A 从远处移到一个不带电的导体 B 附近，则导体 B 的电势将(　　)。

A. 升高　　B. 降低

C. 不会发生变化　　D. 无法确定

10.2 当一个带电导体达到静电平衡时，下列说法正确的是(　　)。

A. 表面上电荷密度较大处电势较高

B. 表面曲率较大处电势较高

C. 导体内部的电势比导体表面的电势高

D. 导体内任一点与其表面上任一点的电势差等于零

10.3 一个不带电的金属实心球，放入均匀电场中，当达到静电平衡时，以下描述正确的是(　　)。

A. 金属球表面带有均匀的电荷，金属球内部没有电荷

B. 金属球内部电荷均匀分布

C. 金属球内部一部分带正电荷，一部分带负电荷，总电荷量为零

D. 金属球表面带有电荷，金属球内部没有净电荷

10.4 在一不带电荷的导体球壳的球心处放一点电荷，并测量球壳内外的电场强度分布。如果将此点电荷从球心移到球壳内其他位置，重新测量球壳内外的电场强度分布，则将发现(　　)。

A. 球壳内外电场强度分布均无变化

B. 球壳内电场强度分布改变，球壳外不变

C. 球壳外电场强度分布改变，球壳内不变

D. 球壳内外电场强度分布均改变

10.5 根据电介质中的高斯定理，在电介质中电位移沿任意一个闭合曲面的积分等于这个曲面所包围自由电荷的代数和。下列推论正确的是(　　)。

A. 若电位移沿任意一个闭合曲面的积分等于零，曲面内一定没有自由电荷

B. 若电位移沿任意一个闭合曲面的积分等于零，曲面内电荷代数和一定等于零

C. 若电位移沿任意一个闭合曲面的积分不等于零，曲面内一定有极化电荷

D. 介质中的高斯定理表明电位移仅仅与自由电荷的分布有关

E. 介质中的电位移与自由电荷和极化电荷的分布有关

10.6 一导体球外充满介电常量为 ε 的均匀电介质，若测得导体表面附近电场强度为 $\boldsymbol{E}$，则导体球面上的自由电荷的电荷面密度 σ 为(　　)。

A. $\varepsilon_0 E$　　B. εE

C. $\varepsilon_r E$　　D. $(\varepsilon-\varepsilon_0)E$

10.7 一平行板电容器中充满相对介电常量为 ε_r 的各向同性均匀电介质。已知介质表面极化电荷的电荷面密度为 $\pm\sigma'$，则极化电荷在电容器中产生的电场强度的大小为(　　)。

A. $\dfrac{\sigma'}{\varepsilon_0}$　　B. $\dfrac{\sigma'}{\varepsilon_0\varepsilon_r}$

C. $\dfrac{\sigma'}{2\varepsilon_0}$ D. $\dfrac{\sigma'}{\varepsilon_r}$

10.8 极板间为真空的平行板电容器,充电后与电源断开,将两极板用绝缘工具拉开一些距离,则下列说法正确的是( )。

A. 电容器极板上电荷面密度增加

B. 电容器极板间的电场强度增加

C. 电容器的电容不变

D. 电容器极板间的电势差增大

10.9 极板面积为 S、间距为 d 的平行板电容器,接入电源保持电压 U 恒定。此时若把间距拉开为 $2d$,则电容器中的静电能将改变为( )。

A. $\dfrac{\varepsilon_0 S}{2d}U^2$ B. $\dfrac{\varepsilon_0 S}{4d}U^2$

C. $-\dfrac{\varepsilon_0 S}{4d}U^2$ D. $-\dfrac{\varepsilon_0 S}{2d}U^2$

10.10 增大平行板电容器的电容,下列方法正确的是( )。

A. 增加极板的面积

B. 增加极板间的距离

C. 增加极板之间的电压

D. 增加极板上的电荷量

10.11 在一个不带电的导体球壳内,先放进一电荷量为 $+q$ 的点电荷,点电荷不与球壳内壁接触. 然后使该球壳与地接触一下,再将点电荷 $+q$ 取走. 此时,球壳的电荷为__________,电场分布的范围是__________。

10.12 一平行板电容器,极板面积为 S,极板间距为 d,接在电源上,并保持电压恒定为 U,那么电容器中储存的静电能为__________,极板所带电荷量为__________。

10.13 下列情况下,平行板电容器的电势差、电荷、电场强度和所储存的能量将如何变化?

(1) 断开电源,并使极板间距加倍,此时板间为真空;

(2) 保持电源与极板的连接,使极板间距加倍,此时板间为真空。

10.14 如图 10-27 所示,一带正电荷的球 A 放在中性导体 B 旁边(B 由 B_1 和 B_2 两个导体接触组成);由于静电感应,B_1 端带负电荷而 B_2 端带正电荷,因此有人得出结论"B_1 的电势低于 B_2 的电势",此话正确吗?

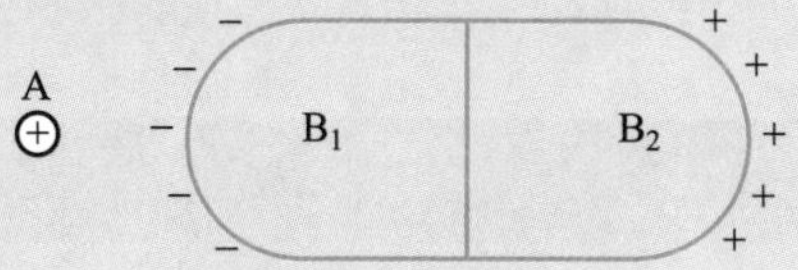

图 10-27 习题 10.14 图

10.15 一平行板电容器,两导体板不平行,今使两极板分别带有 $+q$ 和 $-q$ 的电荷,有人将两极板间的电场线画成如图 10-28 所示的形状,试指出这种画法的错误。你认为电场线应如何分布?

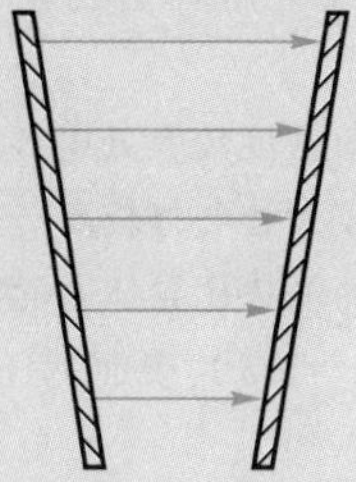

图 10-28 习题 10.15 图

10.16 充了电的平行板电容器两极板(可视为很大的平板)间的静电作用力 F 与两极板间的电压 U 之间的关系是怎样的?

10.17 试解释高压电气设备上金属部件的表面尽可能光滑和不带棱角的原因。

10.18 试从机理、电荷分布、电场分布等方面来分析导体的静电平衡和电介质的极化有何异同。

10.19 为了不使精密电磁测量仪器受到外界电场的干扰,我们可以怎么做? 在高压电气设备周围,常围上一接地的金属栅网,金属栅网的作用是什么? 说明其道理。

10.20　一半径为 0.10 m 的孤立导体球，已知其电势为 100 V（以无限远为电势零点），计算球表面的电荷面密度。

10.21　有一外半径为 R_1、内半径 R_2 的金属球壳，在壳内有一半径为 R_3 的金属球，球壳和内球均带电荷量 q，求球心的电势。

10.22　平行板电容器两极板间的距离为 d，保持极板上的电荷不变，忽略边缘效应。(1) 若插入厚度为 $t(t<d)$ 的金属板，求无金属板时和插入金属板后极板间电势差的比；(2) 如果保持两极板的电压不变，求无金属板时和插入金属板后极板上的电荷的比。

10.23　三个电容器以如图 10-29 所示的方式连接，图中 $C_1=10\times10^{-6}$ F，$C_2=5\times10^{-6}$ F，$C_3=4\times10^{-6}$ F，当 A，B 间电压 $U=100$ V 时，试求：

(1) A，B 之间的电容；

(2) 当 C_3 被击穿时，在电容 C_1 上的电荷和电压各变为多少？

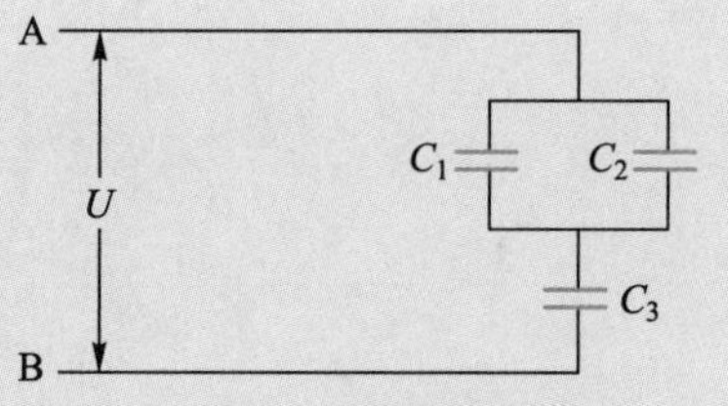

图 10-29　习题 10.23 图

10.24　电容式计算机键盘的每一个键下面均连有一小块金属片，金属片与底板上的另一块金属片间保持一定的空气间隙，构成一小电容器，如图 10-30 所示。当按下按键时电容发生变化，通过与之相连的电子线路向计算机发出该键相应的代码信号。假设金属片面积为 50.0 mm²，两金属片之间的距离是 0.600 mm。如果电路能检测出的电容变化量是 0.250 pF，试问需要将键按下多大的距离才能给出必要的信号？

10.25　一平行板空气电容器充电后，极板上的自由电荷的电荷面密度 $\sigma_0=1.77\times10^{-6}\ \mathrm{C/m^2}$。将极板与电源断开，并沿平行于极板的方向插入一块相对介电常量为 $\varepsilon_r=8$ 的各向同性均匀电介质板。试计算电介质中的电位移 $\boldsymbol{D}$、电场强度 $\boldsymbol{E}$ 和电极化强度 $\boldsymbol{P}$ 的大小。[已知真空介电常量 $\varepsilon_0=8.85\times10^{-12}\ \mathrm{C^2/(N\cdot m^2)}$。]

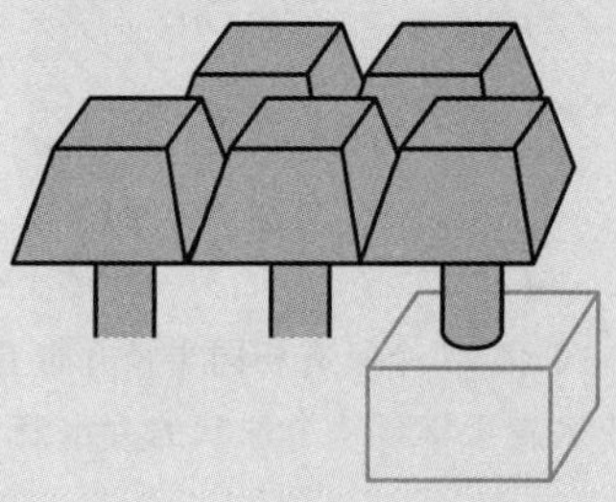

图 10-30　习题 10.24 图

10.26　一导体球带电荷量 $Q=1.0$ C，放在相对介电常量为 $\varepsilon_r=5$ 的无限大各向同性均匀电介质中。求介质与导体球的分界面上的束缚电荷 Q'。

10.27　如图 10-31 所示为一球形电容器，在外球壳的半径 b 及内外导体间的电势差 U 维持恒定的条件下，内球半径 a 为多大时才能使内球表面附近的电场强度最小？求最小电场强度的大小。

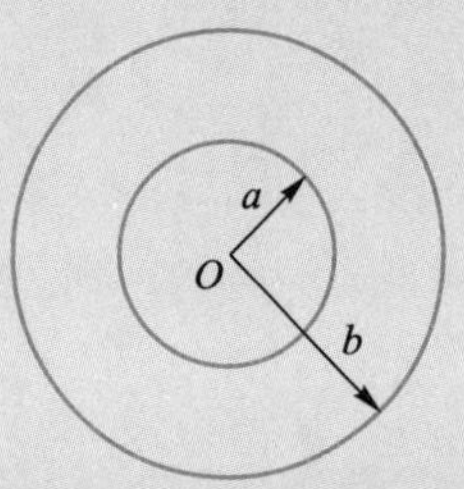

图 10-31　习题 10.27 图

10.28　如图 10-32 所示，半径 $R=0.10$ m 的导体球带有电荷量 $Q=1.0\times10^{-8}$ C，导体外有两层均匀介质，一层介质的相对介电常量 $\varepsilon_r=5.0$，厚度 $d=0.10$ m，另一层介质为空气，充满其余空间。求：

(1) 与球心距离为 $r=5$ cm，15 cm，25 cm 处的 D 和 E；

(2) 与球心距离为 $r=5$ cm，15 cm，25 cm 处的电势 V；

(3) 极化电荷面密度 σ'。

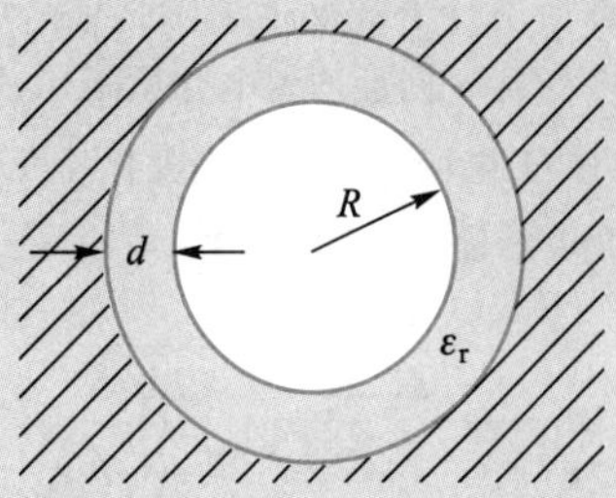

图 10-32 习题 10.28 图

10.29 若将 27 个具有相同半径并带有相同电荷量的球形小水滴聚集成一个球状的大水滴，此大水滴的电势将为小水滴电势的几倍？（设电荷分布在水滴表面上，水滴聚集时总电荷无损失。）

10.30 两金属球的半径之比为 1 ∶ 4，带等量的同号电荷，当两者的距离远大于两球半径时，有一定的电势能；若将两球接触一下再移回原处，则电势能变为原来的几倍？

本章习题答案

第十一章 恒定磁场

我们知道，在静止电荷周围存在电场，如果电荷运动，那么在它的周围就不仅有电场，还有磁场，磁场和电场一样，也是物质的一种形态。当电荷运动形成恒定电流时，在它周围激发的磁场也是恒定的，即不随时间而变化，这种场称为恒定磁场。

11.1 磁现象的电本质

11.1.1 基本磁现象

人类在古代就发现了磁现象，如我国古籍《吕氏春秋》（成书于公元前3世纪）记载了“慈石召铁”，即天然磁石吸引铁的现象；我国古代四大发明之一的指南针是人们利用地球的磁场对磁体的吸引制成的。我国东汉时期思想家王充的著作《论衡》中就有“司南之杓，投之于地，其柢指南”的记载，据此考证和复原勺形的指南器具如图11-1所示。磁石的南极（S极）磨成长柄，放在青铜制成的光滑如镜的底盘上，底盘铸上标有方向的刻纹。这个磁勺在底盘上停止转动时，勺柄指向正南，勺口指向正北，这就是世界上最早的磁性指南仪器，称为司南。

图11-1　司南

指南针的发明是在一个很漫长的时间中，慢慢地改进的结果，在不同时期指南针有不同的形状。唐代堪舆家的活动相当活跃，并开始强调方向的选择，寻找比司南更方便的指向器成了当务之急。于是指南铁鱼、蝌蚪形铁质指向器及水浮磁针应运而生。

指南针之所以能指向南方是因为地球周围分布着磁场。它的磁南极大致指向地理北极附近，磁北极大致指向地理南极附近，如图11-2所示。赤道附近磁场的方向是水平的，两极附近则与地表垂直。赤道处磁场最弱，两极处磁场最强。沈括在《梦溪笔谈》中记载与验证了磁针“常微偏东，不全南也”的磁偏角现象，比西欧记录早约400年。中国的指南针和罗盘先后经由陆路和水路传到西方，对人类的文明的进程产生了重大的影响。

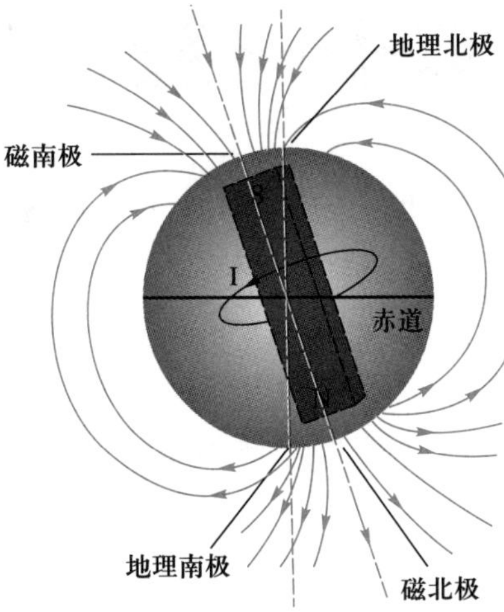

图 11-2 地球周围的磁场

物理学家简介：托马斯·杨

物理学家简介：安培

物理学家简介：奥斯特

11.1.2 磁现象的电本质

直到19世纪初，一些著名的物理学家仍然认为电与磁是两种截然不同的客体，不存在相互联系。例如，著名的物理学家库仑(C. A. Coulomb)指出：电和磁是两个截然不同的东西，尽管它们的作用力的规律在数学形式上相似，但它们的本质却完全不同。托马斯·杨(T. Young)说：没有理由认为电与磁存在直接的联系。安培(A. M. Ampère)认为，电现象和磁现象是两种彼此独立的流体产生的。

深受康德哲学思想影响的丹麦物理学家奥斯特(H. C. Oersted)深信电与磁之间存在着联系。为了探索这种联系，他进行了大量的实验研究。1820年4月，奥斯特观察到一个新的实验现象。他使一个原电池的电流通过一条细铂丝，铂丝放在一个带玻璃罩的指南针上，结果磁针被扰动了。事后，奥斯特使用更大的电池做了许多类似的实验。奥斯特实验发现，在载流长直导线下方平行放置的磁针会发生偏转，如图11-3所示，且磁针的N极垂直于由导线和磁针构成的平面(纸面)向外运动，磁针的S极垂直于由导线和磁针构成的平面(纸面)向内运动。如果电流反向，则磁针反向偏转。这种电流使与之平行的磁针发生偏转的现象，表明电流对磁针有作用力，称为电流的磁效应，它揭示了电现象与磁现象之间的联系。

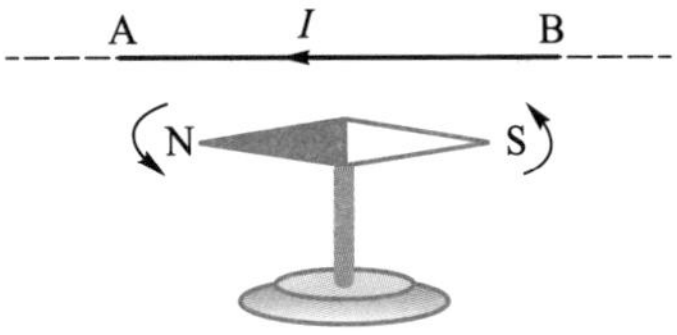

图 11-3 电流的磁效应

进一步人们要问：磁铁中没有通以电流，却有很强的磁性，这磁性是怎么产生的呢？根据大量的实验事实，法国物理学家安培转变了电现象和磁现象彼此独立、没有联系的观点，于 1822 年提出了物质磁性的分子电流假说，他认为在任何物体的分子中，都有一个类似载流圆线圈的回路电流，即分子电流，它相当于一个小磁体，如图 11-4 所示。当物体内的分子电流呈无序排列时，其形成的小磁体的 N 极也是无序排列的，产生的磁场彼此抵消，物体在宏观上没有磁性。而当物体内的分子电流呈定向有序排列时，物体在宏观上就显示出磁性。这一假说被后来的原子结构理论所证实，我们知道组成分子的原子由带正电的原子核和绕核旋转的带负电的电子构成，所有电子的绕核旋转和自旋，可等效为分子电流。根据安培的分子电流假说，人们可以解释 N 极和 S 极为什么不能单独存在。因为分子电流形成的小磁体的两个磁极对应于分子电流的正反两个面，显然这两个面是不能单独存在的。

阅读材料：
电流的磁效应的发现

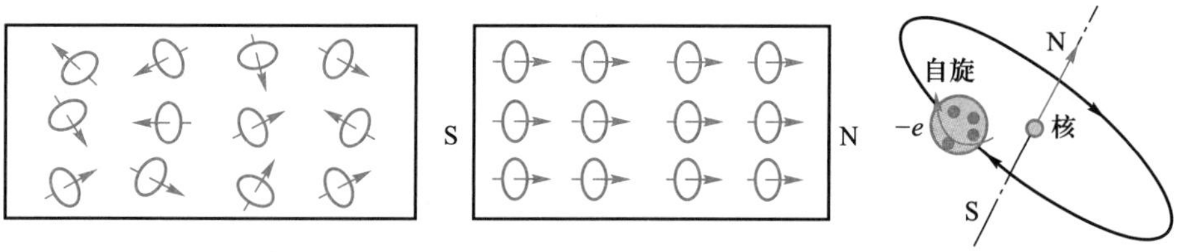

(a) 分子电流无序排列　(b) 分子电流有序排列　(c) 分子电流模型

图 11-4　分子电流与物质磁性

不仅如此，英国物理学家麦克斯韦还发现变化的电场也能激发磁场．这样，人们就认识到磁场起源于运动的电荷或变化的电场，即磁现象的电本质。

11.2　真空中磁场的高斯定理

11.2.1　磁感应强度

在研究电场时，我们曾根据检验电荷 q_0 在电场中受力的性质，引入了描述电场性质的物理量——电场强度。与此相似，我们也可用运动的检验电荷在磁场中的受力来定义磁感应强度 $\boldsymbol{B}$，此运动的检验电荷所激发的磁场应足够弱，不至于影响被检验的磁场的分布。

阅读材料：
磁单极子

实验表明，如图 11-5(a) 所示，运动电荷在磁场中受到的力不仅与电荷的电荷量有关，而且与电荷的运动速度（大小和方向）有关。

(1) 当电荷的运动方向与该点小磁针 N 极的指向平行时，运动电荷所受的磁力为零。

(2) 当运动电荷的速度方向与该点小磁针 N 极的指向不平行时，运动电荷所受磁力不为零。所受磁力 $\boldsymbol{F}$ 的大小随电荷运动方向与磁针 N 极夹角的改变而变化，当夹角为 $\pi/2$ 时，运动电荷所受磁力最大，用 F_{max} 表示。F_{max} 正比于运动电荷电荷量 q 与速率 v 的乘积。

(3) 运动电荷所受磁力的方向与运动电荷的速度方向和该点小磁针 N 极的指向所确定的平面垂直；磁力的方向还与运动电荷的正负有关，如图 11-5(c) 所示。

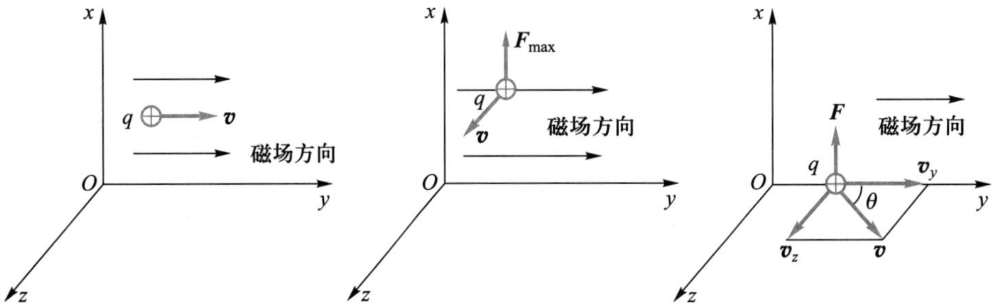

(a) $\boldsymbol{F}=0$ (b) $\boldsymbol{F}=\boldsymbol{F}_{max}$ (c) $\boldsymbol{F}$ 垂直于 $\boldsymbol{v}$ 与磁场方向确定的平面

图 11-5 运动电荷在磁场中的受力情况

根据上述规律，磁感应强度 $\boldsymbol{B}$ 的方向和大小定义如下：

(1) 磁感应强度 $\boldsymbol{B}$ 的方向：正电荷通过磁场中某点受力为零时，其运动方向与该点小磁针 N 极的指向相同，规定这个方向为该点磁感应强度 $\boldsymbol{B}$ 的方向。

(2) $\boldsymbol{B}$ 的大小：运动正电荷所受的最大磁力 F_{max} 与运动电荷的电荷量 q 和速率 v 的乘积的比值为 $\frac{F_{max}}{qv}$，此值仅由磁场本身的性质决定，把该比值作为磁感应强度 $\boldsymbol{B}$ 的大小，即

$$B=\frac{F_{max}}{qv} \tag{11-1}$$

在 SI 中，磁感应强度的单位是特斯拉，简称特，用符号 T 表示。工程上还常用高斯（Gs）作为磁感应强度的单位，$1\ \mathrm{T}=10^4\ \mathrm{Gs}$。

如果磁场中各点的磁感应强度 $\boldsymbol{B}$ 的大小和方向都相同，我们把这种磁场称为均匀磁场，否则称为非均匀磁场。

地球表面的磁感应强度 $\boldsymbol{B}$ 的大小为 $3\times10^{-5}\sim6\times10^{-5}$ T(赤道处最小,两极处最大);一般仪表中的永久磁铁的磁感应强度为 10^{-2} T;大型电磁铁的磁感应强度可达 2 T;超导材料制造的磁体可产生 10^{2} T 的磁场;在微观领域中人们已发现某些原子核附近的磁场可达 10^{4} T。

11.2.2 磁感线 磁通量

1. 磁感线

回想在电场中,我们曾利用电场线直观地描绘了电场强度的分布;类似地,在磁场中,我们可以利用磁感线来直观地描绘磁感应强度的空间分布。在磁场中画出一系列曲线,使这些曲线上任一点的切线方向都与该点的磁感应强度 $\boldsymbol{B}$ 的方向一致。这些曲线称为磁感线。为了用磁感线的疏密表示所在空间的磁场强弱,人们还规定:通过磁场中某点处垂直于磁感应强度方向的单位面积的磁感线条数,等于该点磁感应强度的大小。这样,磁场较强的地方,磁感线较密;磁场较弱的地方,磁感线较疏。

如图 11-6 所示为载流长直导线、载流圆环、载流长直螺线管及条形磁铁的磁感线分布图。

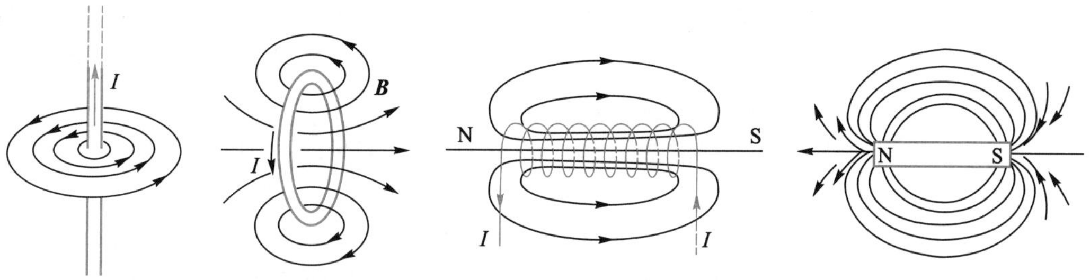

图 11-6 载流长直导线、载流圆环、载流长直螺线管及条形磁铁的磁感线分布图

从图中可以得出磁感线具有如下特点:

(1) 磁场中任何两条磁感线都不可能相交,这是因为磁场中任一点的磁场方向都是唯一确定的;

(2) 每一条磁感线都是无头无尾的闭合曲线;

(3) 磁感线与激发磁场的电流在方向上服从右手螺旋定则。如图 11-7(a)所示,把右手拇指伸直表示电流的流向,其余四指弯曲的转向即为闭合磁感线的绕行方向;或者,用弯曲四指的转向表示圆电流的流向,则伸直大拇指的指向就是穿过圆电流的磁感线方向,如图 11-7(b)所示。

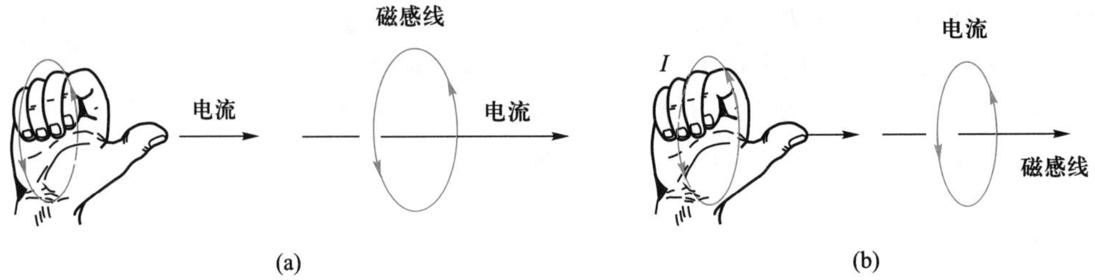

图 11-7 电流流向与磁感线方向之间的关系

2. 磁通量

与电场强度通量的定义类似,我们把穿过磁场中任一给定面的磁感线的总条数,称为通过该面的磁通量,用符号 Φ_m 表示。

我们用与上一章计算电场强度通量类似的方法来计算磁通量。

在非均匀磁场中,计算穿过任一曲面 S 的磁通量。在曲面 S 上任意取一面积元 dS,dS 上的磁感应强度可视为均匀的,面积元 dS 可视为平面,若其法线方向与该处的磁感应强度 $\boldsymbol{B}$ 成 θ 角,则通过 dS 的磁通量为

$$d\Phi_m = BdS \cdot \cos\theta = \boldsymbol{B} \cdot d\boldsymbol{S}$$

而通过曲面 S 的磁通量为

$$\Phi_m = \int_S d\Phi_m = \int_S \boldsymbol{B} \cdot d\boldsymbol{S} \tag{11-2}$$

在国际单位制(SI)中,磁通量的单位是韦伯(Wb),1 Wb=1 T·m²。

11.2.3 磁场中的高斯定理

讨论穿过闭合曲面的磁通量时,通常规定闭合曲面的法线是指向外部的,所以,磁感线穿出闭合曲面的磁通量为正,穿入闭合曲面的磁通量为负。不难想象,由于磁感线都是闭合曲线,因此穿入闭合曲面 S 的磁感线必定会从另一处穿出;则穿入和穿出任一闭合曲面的磁感线条数总是相等的,如图 11-8 所示。于是,可得到磁场的高斯定理:在磁场中,通过任一闭合曲面的磁通量恒等于零。其数学表达式为

$$\oint_S B \cdot dS = 0 \tag{11-3}$$

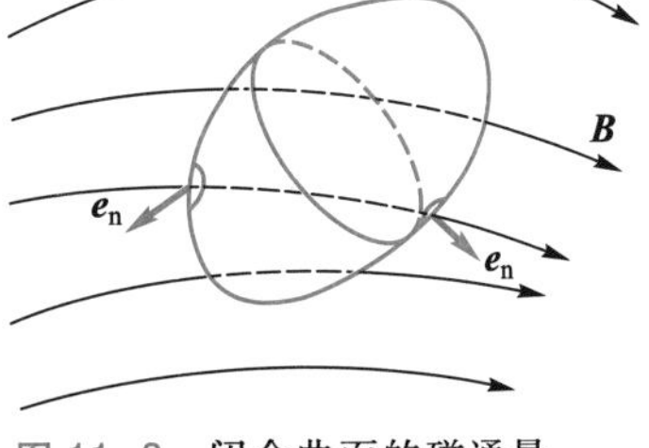

图 11-8 闭合曲面的磁通量

此式与静电场的高斯定理表达式(9-19)在形式上相似,但反映的场在性质上有本质差别。由于自然界中有单独存在的正电荷、负电荷,因此,通过闭合曲面的电场强度通量可以不为零,表明静电场是有源场;但在自然界中至今尚未发现单独存

在的 N 极、S 极，所以通过任意闭合曲面的磁通量恒等于零，表明磁场是无源场。

11.3 毕奥-萨伐尔定律

11.3.1 毕奥-萨伐尔定律

在计算带电体的电场时，我们曾将带电体分成无限多个电荷元，将所有电荷元 dq 在某点的电场强度 $d\boldsymbol{E}$ 叠加，即得到带电体在该点的电场强度 $\boldsymbol{E}$。类似地，我们可将载流导线分成无限多段电流元，用矢量 $Id\boldsymbol{l}$ 表示，线元 $d\boldsymbol{l}$ 的方向与该处电流的流向一致，载流导线在其周围激发的磁场中某点的磁感应强度 $\boldsymbol{B}$ 等于载流导线上所有电流元在该点激发的磁感应强度 $d\boldsymbol{B}$ 的叠加。

物理学家简介：毕奥

物理学家简介：萨伐尔

法国科学家毕奥和萨伐尔于 1822 年前后，合作分析了一些简单的载流导线产生磁场的实验结论，归纳总结出电流元 $Id\boldsymbol{l}$ 与它激发的磁场之间的定量关系，称之为毕奥-萨伐尔定律，可表述如下：

载流导线上的电流元 $Id\boldsymbol{l}$ 在真空中某点 P 激发的磁感应强度 dB 的大小与电流元 $Id\boldsymbol{l}$ 的大小成正比，与电流元 $Id\boldsymbol{l}$ 和从电流元到 P 点的位矢 $\boldsymbol{r}$ 之间的夹角 θ 的正弦成正比，与位矢 $\boldsymbol{r}$ 的大小的二次方成反比，即

$$dB=\frac{\mu_0}{4\pi}\frac{Idl\sin\theta}{r^2} \tag{11-4a}$$

在式(11-4a)中，$\mu_0/4\pi$ 为比例系数，μ_0 称为真空磁导率，其值为

$$\mu_0=4\pi\times10^{-7}\ \text{N/A}^2$$

$d\boldsymbol{B}$ 的方向垂直于 $Id\boldsymbol{l}$ 和 $\boldsymbol{r}$ 确定的平面，可由右手螺旋定则判定：右手四指由 $Id\boldsymbol{l}$ 方向沿小于 π 角向 $\boldsymbol{r}$ 弯曲时，伸直的大拇指所指的方向为 $d\boldsymbol{B}$ 的方向，如图 11-9 所示。因此，可将式(11-4a)写成矢量形式：

$$d\boldsymbol{B}=\frac{\mu_0}{4\pi}\frac{Id\boldsymbol{l}\times\boldsymbol{e}_r}{r^2} \tag{11-4b}$$

式(11-4b)中，$\boldsymbol{e}_r$ 是位矢 $\boldsymbol{r}$ 的单位矢量。此即毕奥-萨伐尔定律的矢量表达式。

毕奥-萨伐尔定律是求电流周围磁感应强度的基本公式。磁

感应强度 $\boldsymbol{B}$ 也遵从叠加原理。因此任一形状的载流导线在空间某一点 P 的磁感应强度 $\boldsymbol{B}$,等于各电流元在该点所产生的磁感应强度 $\mathrm{d}\boldsymbol{B}$ 的矢量和,即

$$\boldsymbol{B}=\int \mathrm{d}\boldsymbol{B}=\int_L \frac{\mu_0}{4\pi}\frac{I\mathrm{d}\boldsymbol{l}\times\boldsymbol{e}_r}{r^2} \tag{11-5}$$

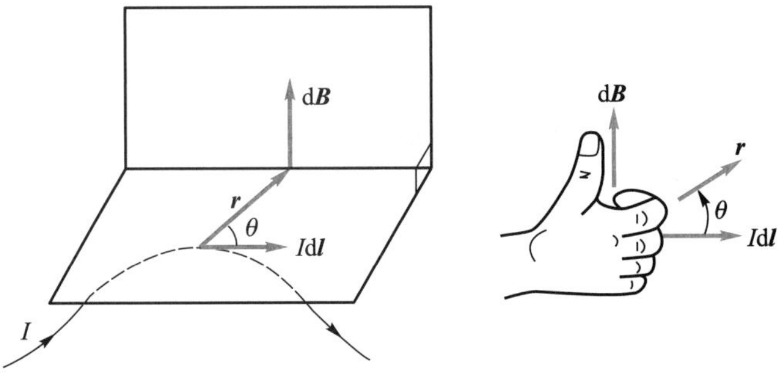

图 11-9　电流元所产生的磁感应强度

毕奥-萨伐尔定律是人们通过对大量实验的总结和推理得到的,在实验方面,我们不能像在静电场中得到单独的电荷那样得到孤立的电流元 $I\mathrm{d}\boldsymbol{l}$,而只能从测量所有电流元在空间某点所产生的总的磁感应强度来间接验证该定律的正确性。

11.3.2 毕奥-萨伐尔定律的应用举例

下面我们举几个应用毕奥-萨伐尔定律和磁场叠加原理计算典型的载流导线所产生磁场的磁感应强度的例子。

例 11.1

求载流直导线周围的磁场。设长为 L 的直导线上通有电流 I,求与此导线距离为 a 处一点 P 的磁感应强度。

解　如图 11-10 所示,在直导线上任取一电流元 $I\mathrm{d}\boldsymbol{l}$,它到 P 点的位矢为 $\boldsymbol{r}$,P 点到直线的垂足为 O,电流元到 O 点的距离为 l,$I\mathrm{d}\boldsymbol{l}$ 与 $\boldsymbol{r}$ 的夹角为 θ。根据毕奥-萨伐尔定律可得该电流元在 P 点的磁感应强度 $\mathrm{d}\boldsymbol{B}$ 的大小为

$$\mathrm{d}B=\frac{\mu_0}{4\pi}\frac{I\mathrm{d}l\sin\theta}{r^2}$$

$\mathrm{d}\boldsymbol{B}$ 的方向垂直于纸面向里。由于直导线上所有电流元在 P 点的磁感应强度 $\mathrm{d}\boldsymbol{B}$ 的方向都相同,所以 P 点的磁感应强度 B 的大小等于各电流元在 P 点 $\mathrm{d}\boldsymbol{B}$ 的大小之和,即

$$B=\int_L \frac{\mu_0}{4\pi}\frac{Idl\sin\theta}{r^2}$$

将上式中 l,r,θ 等变量统一为一个变量，以便积分。由图 11-10 可得

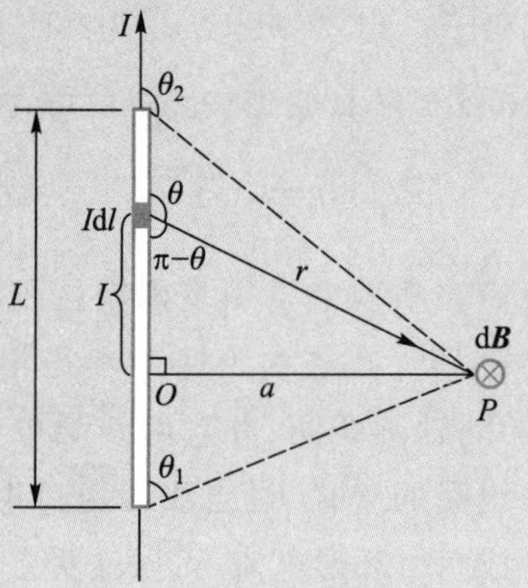

图 11-10 例 11.1 图

$$l=a\cot(\pi-\theta),\mathrm{d}l=\frac{a}{\sin^2\theta}\mathrm{d}\theta$$

$$r=\frac{a}{\sin(\pi-\theta)}=\frac{a}{\sin\theta}$$

于是

$$B=\int_{\theta_1}^{\theta_2}\frac{\mu_0 I}{4\pi a}\sin\theta\mathrm{d}\theta$$

积分得

$$B=\frac{\mu_0 I}{4\pi a}(\cos\theta_1-\cos\theta_2) \qquad (11-6)$$

若 $L\gg a$，导线可视为无限长，此时，$\theta_1\approx 0,\theta_2\approx\pi$，$P$ 点的磁感应强度为

$$B=\frac{\mu_0 I}{2\pi a} \qquad (11-7)$$

对于半无限长载流导线，即 $\theta_1=\pi/2$，$\theta_2=\pi$ 或 $\theta_1=0,\theta_2=\pi/2$ 时，P 点的磁感应强度为

$$B=\frac{\mu_0 I}{4\pi a}$$

例 11.2

求载流圆环在轴线上的磁场。如图 11-11 所示，设圆环半径为 R，通过的电流为 I，求通过圆环中心并垂直于圆环所在平面的轴线上任意点 P 的磁感应强度。

解 设以圆环中心为坐标原点，通过中心的轴线为 x 轴，轴线上的任意点 P 到圆环中心的距离为 x。现在圆环上任取一电流元 $I\mathrm{d}\boldsymbol{l}$，根据毕奥-萨伐尔定律

$$\mathrm{d}\boldsymbol{B}=\frac{\mu_0}{4\pi}\frac{I\mathrm{d}\boldsymbol{l}\times\boldsymbol{e}_r}{r^2}$$

式中 $\boldsymbol{e}_r$ 为电流元指向 P 点方向的单位矢量。由图 11-11 可以看出电流元 $I\mathrm{d}\boldsymbol{l}$ 和电流元指向 P 点的位置矢量 $\boldsymbol{r}$ 垂直，则 $\mathrm{d}\boldsymbol{B}$ 与 $I\mathrm{d}\boldsymbol{l}$ 和 $\boldsymbol{r}$ 确定的平面垂直。由于圆环上各点处的电流元在 P 点处产生的磁感应强度 $\mathrm{d}\boldsymbol{B}$ 的方向均不相同。可以把 $\mathrm{d}\boldsymbol{B}$ 分解为与 x 轴平行和垂直的两个分量，分别为

$$\mathrm{d}B_{/\!/}=\mathrm{d}B\sin\theta,\mathrm{d}B_{\perp}=\mathrm{d}B\cos\theta$$

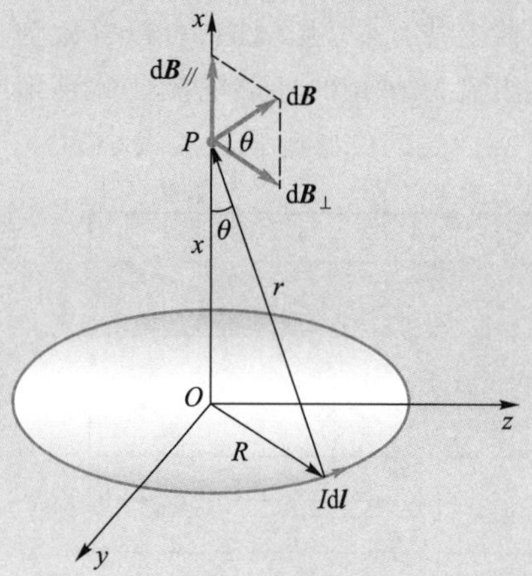

图 11-11 例 11.2 图

由对称性可知，垂直于 x 轴的分量相互抵消，得

$$B_{\perp}=\int dB_{\perp}=0$$

所以，P 点的磁感应强度沿 x 轴的方向，大小为

$$B=B_{/\!/}=\int_0^{2\pi R}\frac{\mu_0 I}{4\pi}\frac{dl}{r^2}\sin\theta=\frac{\mu_0 I\sin\theta}{4\pi r^2}2\pi R$$

$$B=\frac{\mu_0 IR^2}{2(R^2+x^2)^{3/2}}$$

当轴线上 P 点逐渐向载流圆环的环心靠近（$x=0$）时，则是载流圆环中心（圆心）的磁感应强度为

$$B=\frac{\mu_0 I}{2R} \tag{11-8}$$

当轴线上 P 点逐渐远离载流圆环的环心（$x\gg R$）时，P 点的磁感应强度为

$$B=\frac{\mu_0 IR^2}{2x^3}=\frac{\mu_0 IS}{2\pi x^3}$$

当环形电流的面积 S 很小，或者场点距离环形电流很远时，可以把这个环形电流称为磁偶极子。定义：$\boldsymbol{m}=IS\boldsymbol{e}_n$ 为环形电流的磁矩，环心处 O 点的磁感应强度可为

$$\boldsymbol{B}=\frac{\mu_0\boldsymbol{m}}{2\pi x^3} \tag{11-9}$$

我们在实验室常用亥姆霍兹线圈获得均匀的磁场。其结构为两个半径相同（均为 R）的同轴圆线圈，并且两线圈中心的距离等于线圈的半径 R，当线圈通过电流时，可以看成两个环形电流，可以证明在轴线上中点附近的磁场为均匀磁场。

例 11.3

载流长直螺线管线圈的磁场。如图 11-12 所示，截面半径为 R、长度为 L、单位长度上线圈匝数为 n 的长直螺线管线圈，通过的电流为 I。求其轴线上某一点 P 处的磁感应强度。

解 把螺线管每匝线圈均看成一个环形电流。在螺线管上距离 P 点 l 处取一小段 dl，该小段上共有 ndl 匝线圈，可以等效为一个通过电流为 $Indl$ 的环形电流。此环形电流在 P 点产生的磁感应强度的大小为

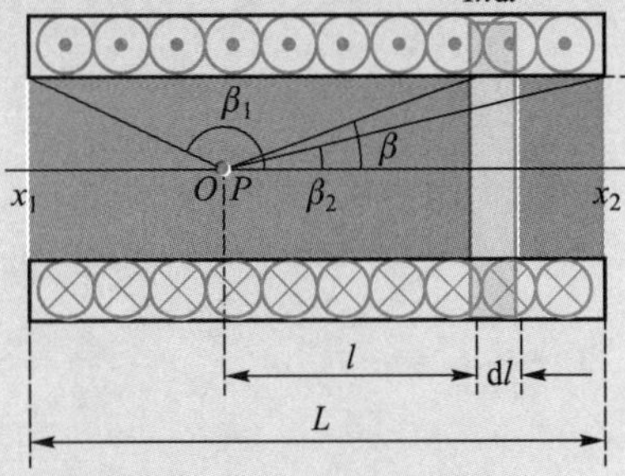

图 11-12 例 11.3 图

$$dB=\frac{\mu_0}{2}\frac{R^2 Indl}{(R^2+l^2)^{3/2}}$$

其方向符合右手螺旋定则，沿轴向指向 x 轴方向。并且螺线管上每一匝线圈在 P 点产生的磁感应强度的方向都相同，所以，螺线管线圈在 P 点处的磁感应强度的大小为

$$B=\int dB=\int\frac{\mu_0}{2}\frac{R^2 Indl}{(R^2+l^2)^{3/2}}$$

如图 11-12 所示，可得到

$$l=R\cot\beta,\ dl=-R\csc^2\beta d\beta$$

又因为

$$R^2+l^2=R^2(1+\cot^2\beta)=R^2\csc^2\beta$$

所以

$$B=\int_{\beta_1}^{\beta_2}\frac{\mu_0}{2}\frac{R^2 In\cdot(-R\csc^2\beta)d\beta}{(R^2\csc^2\beta)^{3/2}}$$

$$=\int_{\beta_1}^{\beta_2}\frac{\mu_0}{2}In(-\sin\beta)d\beta$$

积分得

$$B=\frac{\mu_0}{2}nI(\cos\beta_2-\cos\beta_1)$$

当 $l \gg R$ 时，细长螺线管线圈可看作无限长的螺线管线圈，$\beta_1=\pi$，$\beta_2=0$，内部 P 点的磁感应强度为

$$B=\mu_0 nI \tag{11-10}$$

当 P 点处于半无限长螺线管的端口处（例如图 11-12 所示的 x_1 点处）时，$\beta_1=\pi/2$，$\beta_2=0$，则此时端口处磁感应强度为

$$B=\frac{1}{2}\mu_0 nI$$

例 11.4

电子作匀速圆周运动时圆心处的磁场。在玻尔的氢原子模型中，电子以角速度 ω 绕核作半径为 r 的匀速圆周运动。求圆周轨道中心的磁感应强度 $\boldsymbol{B}$ 的大小。

解 作圆周运动的电子相当于一个圆电流，由于角速度为 ω，运动周期 $T=2\pi/\omega$，则圆电流的电流为 $I=e/T=\omega e/2\pi$，利用例 11.2 的计算结果式(11-8)可得

$$B_0=\frac{\mu_0\omega e}{4\pi r}$$

本例还可以用运动电荷的磁场公式 $\boldsymbol{B}=\dfrac{\mu_0}{4\pi}\dfrac{q\boldsymbol{v}\times\boldsymbol{e}_r}{r^2}$ 计算圆周轨道中心的磁场，电子作圆周运动时速度大小为 $v=r\omega$，速度 $\boldsymbol{v}$ 的方向与 $\boldsymbol{r}$ 垂直，则

$$B_0=\frac{\mu_0}{4\pi}\frac{qv}{r^2}=\frac{\mu_0}{4\pi}\frac{er\omega}{r^2}=\frac{\mu_0\omega e}{4\pi r}$$

其结果与利用环形圆电流磁场计算一致。

例 11.5

转动中均匀带电薄圆盘的磁场。如图 11-13 所示，有一半径为 R 的均匀带电薄圆盘，电荷面密度为 σ。若此圆盘绕通过盘心且垂直于盘面的转轴，以 ω 的角速度匀速转动。求轴线上与盘心 O 距离为 x 的 P 点处的磁感应强度。

解 均匀带电薄圆盘绕轴线转动，可以看成半径不同的同心细圆环上的电荷绕转轴转动形成环形圆电流。则 P 点的磁感应强度即为一系列同心环形圆电流产生的磁场。

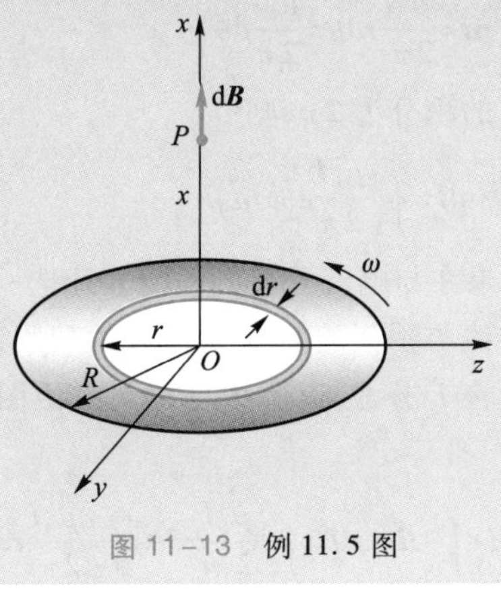

图 11-13 例 11.5 图

在圆盘上任意取一个半径为 r、宽度为 $\mathrm{d}r$ 的细圆环，其所带的电荷量为 $\mathrm{d}q=2\sigma\pi r\mathrm{d}r$，该圆环转动时，相当于环形圆电流的大小为

$$\mathrm{d}I=\frac{\mathrm{d}q}{T}=\frac{2\sigma\pi r\mathrm{d}r}{2\pi/\omega}=\omega\sigma r\mathrm{d}r$$

利用例 11.2 的计算结果，此环形圆电流在 P 点的磁感应强度为

$$\mathrm{d}B=\frac{\mu_0 r^2\mathrm{d}I}{2(r^2+x^2)^{3/2}}=\frac{\mu_0\omega\sigma}{2}\frac{r^3\mathrm{d}r}{(r^2+x^2)^{3/2}}$$

均匀带电圆盘在 P 点的磁感应强度的大小为

$$B=\int\mathrm{d}B=\frac{\mu_0\omega\sigma}{2}\int_0^R\frac{r^3\mathrm{d}r}{(r^2+x^2)^{3/2}}=\frac{\mu_0\omega\sigma}{2}\left(\frac{R^2+2x^2}{\sqrt{R^2+x^2}}-2x\right)$$

磁感应强度 $\boldsymbol{B}$ 的方向沿 x 轴的正方向。

11.4 安培环路定理

静电场的环路定理为$\oint_L \boldsymbol{E} \cdot \mathrm{d}\boldsymbol{l}=0$，它说明静电场是保守场，因而引入了电势能。现在我们来讨论磁场的环路定理。

11.4.1 安培环路定理

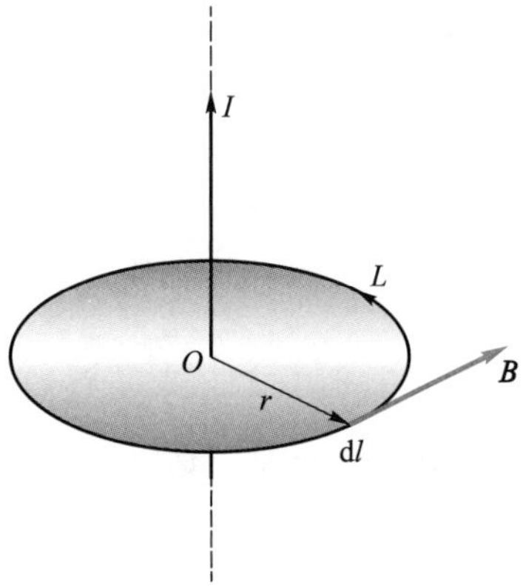

图 11-14 无限长载流直导线磁场沿同心圆周的环流

设磁场是由无限长载流直导线产生的，其电流为 I。取一平面与电流垂直，交点为 O。在平面内取以 O 为圆心、r 为半径的闭合回路 L，如图 11-14 所示。回路上各点的磁感应强度的大小为

$$B=\frac{\mu_0 I}{2\pi r}$$

若闭合回路 L 的绕行方向与 $\boldsymbol{B}$ 的方向相同，则 $\boldsymbol{B}$ 的环流为

$$\oint_L \boldsymbol{B} \cdot \mathrm{d}\boldsymbol{l}=\frac{\mu_0 I}{2\pi r}\oint_L \mathrm{d}l=\mu_0 I$$

若闭合回路 L 的绕行方向与 $\boldsymbol{B}$ 的方向相反，则 $\boldsymbol{B}$ 的环流为

$$\oint_L \boldsymbol{B} \cdot \mathrm{d}\boldsymbol{l}=-\frac{\mu_0 I}{2\pi r}\oint_L \mathrm{d}l=\mu_0(-I)$$

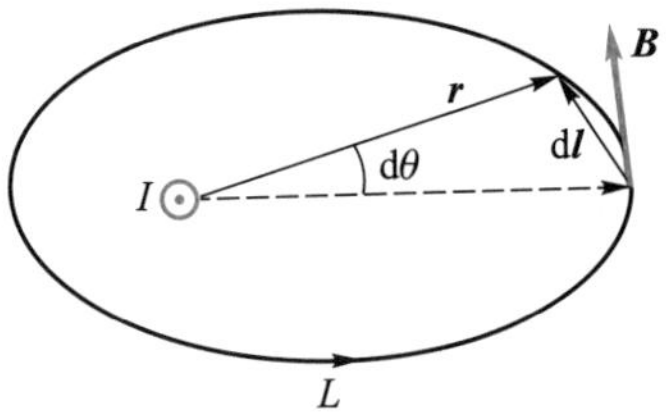

图 11-15 沿任一包围无限长载流直导线回路的环流

如图 11-15 所示，若在与电流垂直的平面上选取任一包围电流的闭合回路 L，回路绕行方向与电流方向成右手螺旋关系。可得磁感应强度沿回路上任意一段 $\mathrm{d}\boldsymbol{l}$ 的积分为

$$\boldsymbol{B} \cdot \mathrm{d}\boldsymbol{l}=\frac{\mu_0 I}{2\pi r}r\mathrm{d}\theta=\frac{\mu_0 I}{2\pi}\mathrm{d}\theta$$

绕闭合回路积分一周，$\mathrm{d}\theta$ 的积分为 2π，则

$$\oint_L \boldsymbol{B} \cdot \mathrm{d}\boldsymbol{l}=\oint_L \frac{\mu_0 I}{2\pi}\mathrm{d}\theta=\mu_0 I$$

如图 11-16 所示，如果在与电流垂直的平面上任选一不包围电流的闭合回路 L。过导线与平面的交点 O 作 L 的切线，分别相切于回路的 A 点和 C 点，将 L 分成 L_1 和 L_2 两部分，沿图示方向计算 $\boldsymbol{B}$ 的环流，有

$$\oint_L \boldsymbol{B} \cdot \mathrm{d}\boldsymbol{l}=\int_{L_1} \boldsymbol{B} \cdot \mathrm{d}\boldsymbol{l}+\int_{L_2} \boldsymbol{B} \cdot \mathrm{d}\boldsymbol{l}=\int_{L_1}\frac{\mu_0 I}{2\pi r}r\mathrm{d}\theta+\int_{L_2}\frac{\mu_0 I}{2\pi r}r\mathrm{d}\theta$$

$$=\frac{\mu_0 I}{2\pi}\left(\int_{L_1}\mathrm{d}\theta+\int_{L_2}\mathrm{d}\theta\right)=\frac{\mu_0 I}{2\pi}[\theta+(-\theta)]=0$$

可见，闭合回路 L 不包围电流时，该电流对沿这一闭合回路的 B 的环流没有贡献。

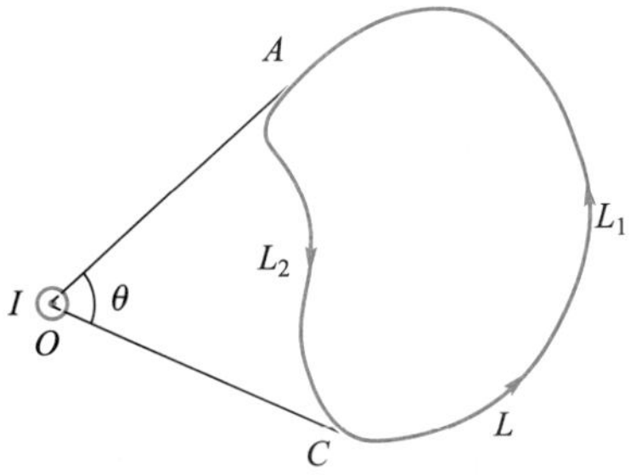

图 11-16 回路不包围无限长载流直导线时的环流

可以证明，上述结果对任意形状导线内恒定电流的磁场中的任意形状的闭合回路都成立。而且，根据磁场叠加原理，当回路中包围不止一个恒定电流时，磁感应强度 $\boldsymbol{B}$ 沿任何闭合回路的环流等于此闭合回路包围的各个电流的代数和的 μ_0 倍。这就是安培环路定理，即

$$\oint_L \boldsymbol{B}\cdot\mathrm{d}\boldsymbol{l}=\mu_0\sum I \qquad (11-11)$$

对于电流的正负作如下规定：让右手四指沿闭合回路的绕行方向弯曲，伸直大拇指，若电流流向与大拇指指向相同，则该电流取正值，反之取负值。

磁场的安培环路定理式(11-11)表明恒定磁场不是保守场，磁场力是非保守力。一般称环流不等于零的场为涡旋场，恒定磁场是涡旋场。这是它不同于静电场的又一特征。

11.4.2 安培环路定理应用举例

正如利用高斯定理可以方便地计算某些具有对称性的带电体的电场分布一样，利用安培环路定理也可以方便地计算某些具有一定对称性载流导线的磁场分布。

微课视频：
安培环路定理的应用

例 11.6

均匀密绕长直螺线管内的磁感应强度。如图 11-17 所示，设螺线管长为 L、横截面直径为 D，且 $L\gg D$，单位长度上线圈匝数为 n，线圈通有电流 I。求螺线管内任意一点的磁感应强度。

解 由于线圈密绕，除螺线管两端外，磁感线几乎全部集中于管内，在管外靠近线圈的中央部分几乎没有磁场；在管内的中央区域附近，磁感线与管轴线平行，且均匀分布，即管内这部分区域是均匀磁场，设其磁感应强度为 $\boldsymbol{B}$。并取矩形闭合积分路径 $abcda$ 及积分的绕行方向如图 11-17 所示，则绕此闭合路径的环流为

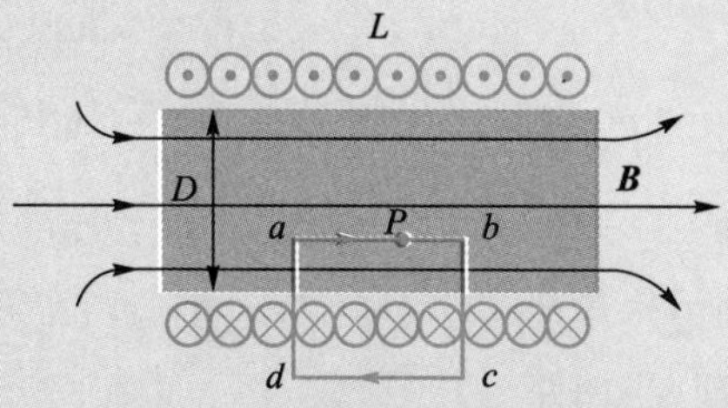

图 11-17 螺线管内的磁场

$$\oint_L \boldsymbol{B}\cdot \mathrm{d}\boldsymbol{l} = \int_{ab} \boldsymbol{B}\cdot \mathrm{d}\boldsymbol{l} + \int_{bc} \boldsymbol{B}\cdot \mathrm{d}\boldsymbol{l} + \int_{cd} \boldsymbol{B}\cdot \mathrm{d}\boldsymbol{l} + \int_{da} \boldsymbol{B}\cdot \mathrm{d}\boldsymbol{l}$$

其中，cd 段以及 bc，da 段的管外部分各处 $\boldsymbol{B}=\boldsymbol{0}$；在 bc 和 da 的管内部分，$\boldsymbol{B}$ 与 $\mathrm{d}\boldsymbol{l}$ 垂直，则 $\boldsymbol{B}\cdot\mathrm{d}\boldsymbol{l}=0$。因此上式右端的后三个积分皆为零，故

$$\oint_L \boldsymbol{B}\cdot \mathrm{d}\boldsymbol{l} = \int_{ab} \boldsymbol{B}\cdot \mathrm{d}\boldsymbol{l} = B\,|ab|$$

由安培环路定理式（11-11）可得

$$B\,|ab| = \mu_0\,|ab|\,nI$$

所以有

$$B = \mu_0 nI \qquad (11-12)$$

方向由右手螺旋关系确定。此结论和例 11.3 的计算结果相同。由于 P 点是螺线管内部任意点，因此，长直螺线管内各点磁感应强度的大小相等，方向平行于轴线，则长直螺线管线圈忽略边缘效应，其内部磁场是一个均匀磁场。

例 11.7

载流螺绕环内的磁场。如图 11-18 所示，设在某圆环上密绕有 N 匝线圈，构成一密绕的螺绕环。若线圈中通有电流 I，求此螺绕环内任意一点的磁感应强度。

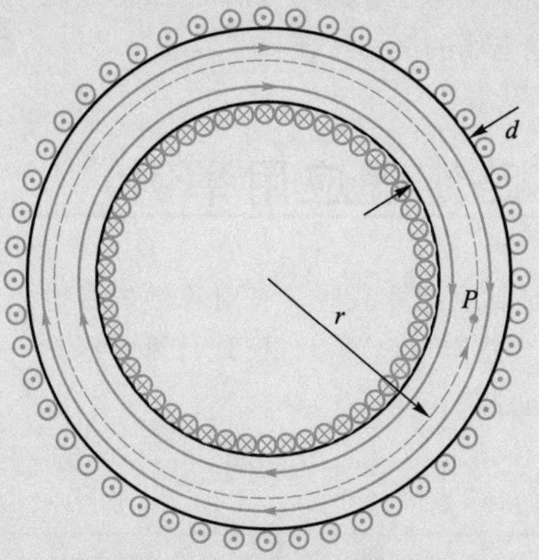

图 11-18 螺绕环内的磁场

解 由于线圈密绕，螺绕环外的磁场非常微弱，几乎全部集中在螺绕环内。根据电流分

布的对称性，可知磁感线为以螺绕环中心 O 为圆心的一系列同心圆，且同一圆上各点的磁感应强度 $\boldsymbol{B}$ 的大小相等，方向沿圆的切线方向。

现通过螺绕环内 P 点作一半径为 r 的圆形闭合回路。显然此闭合回路上各点的磁感应强度方向与回路相切，各点的 $\boldsymbol{B}$ 大小相等。根据安培环路定理有

$$\oint_L \boldsymbol{B}\cdot \mathrm{d}\boldsymbol{l}=2\pi rB=\mu_0 NI$$

可得

$$B=\frac{\mu_0 NI}{2\pi r}=\mu_0\frac{NI}{L}$$

从上式可以看出，螺绕环内的磁感应强度随 r 的增大而减小，当 $r\gg d$ 时，螺绕环内的磁场可近似看成均匀的。

例 11.8

无限长载流圆柱的磁场。设在半径为 R 的圆柱形导体中，电流 I 沿轴向流动，且电流在圆柱横截面上均匀分布。求此圆柱形电流的磁场分布。

解 由电流分布关于轴线的对称性可知，$\boldsymbol{B}$ 也有这种对称性，因此只需讨论任意一个与轴垂直的平面内的磁场即可。在圆柱的横截面内过场点 P 作半径为 r 的圆周 L 为积分回路，其圆心在轴上。由对称性可知 L 上各点的 $\boldsymbol{B}$ 有相同的数值，且 $\boldsymbol{B}$ 的方向与电流成右手螺旋关系。则当 $r\geqslant R$ 时，积分回路如图 11-19 所示。对积分回路 L 应用安培环路定理得

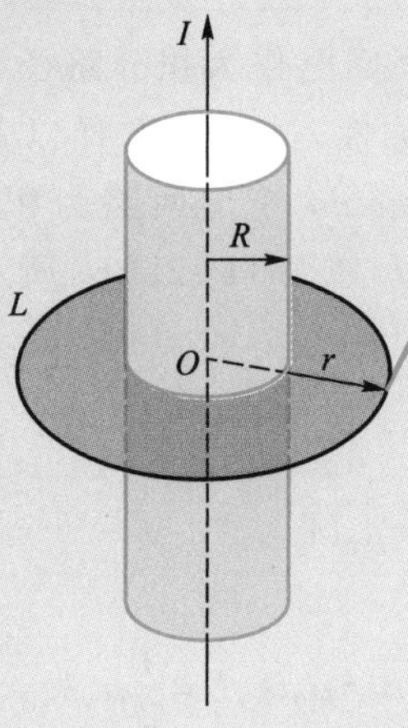

图 11-19 $r\geqslant R$ 时的积分回路

$$\oint_L \boldsymbol{B}\cdot \mathrm{d}\boldsymbol{l}=\oint_L B\mathrm{d}l=B\oint_L \mathrm{d}l=B\cdot 2\pi r=\mu_0 I$$

即

$$2\pi rB=\mu_0 I$$

$$B=\frac{\mu_0 I}{2\pi r} \qquad (11-13)$$

当 $r<R$ 时，积分回路如图 11-20(a)所示。同样对积分回路 L 应用安培环路定理得

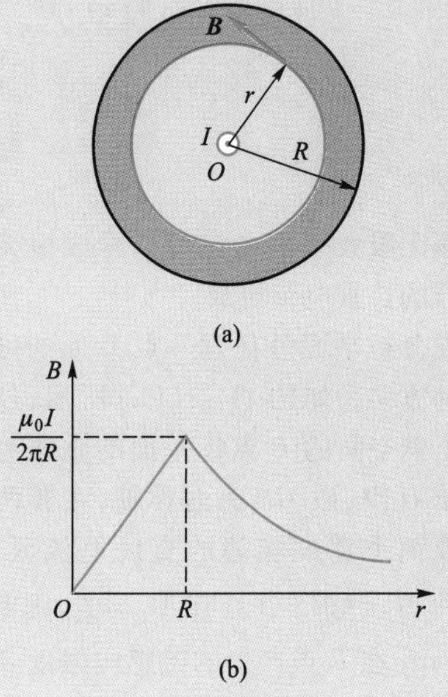

图 11-20 无限长载流圆柱的积分回路和磁场分布

$$\oint_L \boldsymbol{B}\cdot \mathrm{d}\boldsymbol{l}=\oint_L B\mathrm{d}l=B\oint_L \mathrm{d}l=B\cdot 2\pi r$$

$$=\mu_0\frac{\pi r^2}{\pi R^2}I=\mu_0\frac{r^2 I}{R^2}$$

得到

$$2\pi rB=\mu_0\frac{r^2I}{R^2}$$

则有

$$B=\frac{\mu_0 r}{2\pi R^2}I$$

根据以上结果，可作出无限长载流圆柱的磁场的分布曲线，如图 11-20(b)所示。

如果电流在圆柱面上沿轴向流动，则 $r<R$ 区域内 $\boldsymbol{B}=\mathbf{0}$；另外对于载流长直细导线，根据安培环路定理容易得出其周围磁场表达式仍为式(11-13)，这要比直接利用毕奥-萨伐尔定律计算简单得多。

例 11.9

无限大平面电流的磁场。如图 11-21 所示，一无限大导体薄板垂直于纸面放置，其上有分布均匀且方向垂直于纸面向外的电流流过，若电流线密度(即通过与电流垂直方向的单位长度的电流)为 A，求其磁场的分布。

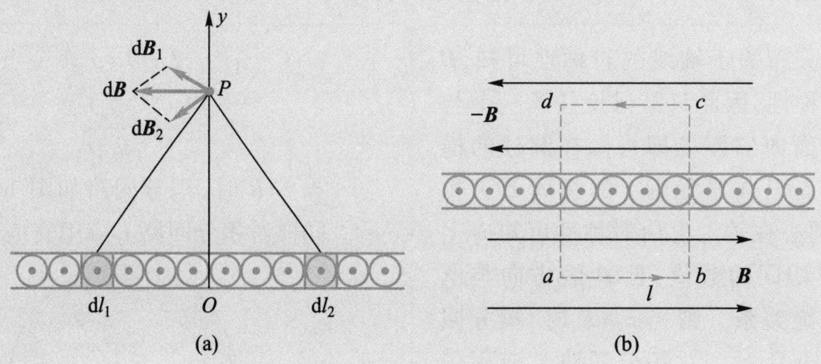

图 11-21 例 11.9 图

解 该无限大平面电流可以看成由无限多根平行的长直电流组成。

先分析平面外任意一点 P 处的磁感应强度的方向。如图 11-21(a)所示，过平面电流上侧空间的 P 点作平面的垂线与平面相交于 O 点，以 OP 为对称轴，在其两侧对称选取两个宽度相等的直线电流元 $\mathrm{d}I_1=A\mathrm{d}l_1$ 和 $\mathrm{d}I_2=A\mathrm{d}l_2$，并且有 $\mathrm{d}I_1=\mathrm{d}I_2$，则电流元 $\mathrm{d}I_1$ 和 $\mathrm{d}I_2$ 在 P 点产生的磁感应强度 $\mathrm{d}\boldsymbol{B}_1$ 和 $\mathrm{d}\boldsymbol{B}_2$ 的合磁场 $\mathrm{d}\boldsymbol{B}$ 的方向一定平行于电流平面，并且方向向左。同理，在电流平面下侧空间对称的 P' 的合磁场 $\mathrm{d}\boldsymbol{B}'$ 方向平行于电流平面，方向向右。

选择一个回路作为积分路径。根据磁场分布的对称性，过 P 点选择以关于电流平面对称的 $abcda$ 矩形回路为积分路径，$|ab|=|cd|=l$，如图 11-21(b)所示。根据安培环路定理有

$$\oint_L \boldsymbol{B}\cdot\mathrm{d}\boldsymbol{l}=\int_a^b\boldsymbol{B}\cdot\mathrm{d}\boldsymbol{l}+\int_b^c\boldsymbol{B}\cdot\mathrm{d}\boldsymbol{l}+\int_c^d\boldsymbol{B}\cdot\mathrm{d}\boldsymbol{l}+\int_d^a\boldsymbol{B}\cdot\mathrm{d}\boldsymbol{l}$$
$$=2Bl=\mu_0 lA$$

于是有

$$2Bl=\mu_0 lA,B=\frac{1}{2}\mu_0 A$$

这一计算结果说明无限大的平面电流的磁场仅与电流线密度成正比，与场点位置无关，因此无限大平面电流的磁场为均匀磁场。

11.5 磁场对运动电荷的作用

本节首先介绍电场和磁场对运动电荷的作用力,然后讨论带电粒子在磁场中的运动以及在电磁场中运动的实例。通过这些实例,我们可以了解电磁学的一些基本原理在科学技术上的应用。

11.5.1 洛伦兹力

运动电荷在磁场中受到的磁场力称为洛伦兹力。实验表明,一个以速度 $\boldsymbol{v}$ 在磁感应强度为 $\boldsymbol{B}$ 的磁场中运动的电荷 q 所受的洛伦兹力为

$$\boldsymbol{F}_{\mathrm{m}}=q\boldsymbol{v}\times\boldsymbol{B} \tag{11-14}$$

其大小为

$$F_{\mathrm{m}}=qvB\sin\theta \tag{11-15}$$

θ 为 $\boldsymbol{v}$ 与 $\boldsymbol{B}$ 的夹角,$\boldsymbol{F}_{\mathrm{m}}$,$\boldsymbol{v}$,$\boldsymbol{B}$ 三个矢量的方向符合右手螺旋定则,如图 11-22 所示。

物理学家简介:洛伦兹

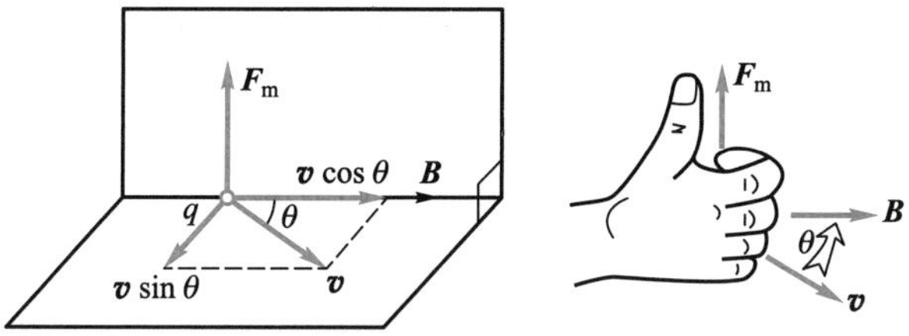

图 11-22 洛伦兹力

如果空间中同时存在电场和磁场,设某点 P 的电场强度为 $\boldsymbol{E}$,磁感应强度为 $\boldsymbol{B}$,运动电荷 q 以速度 $\boldsymbol{v}$ 通过 P 点时所受的合力为

$$\boldsymbol{F}=q(\boldsymbol{E}+\boldsymbol{v}\times\boldsymbol{B}) \tag{11-16}$$

11.5.2 带电粒子在磁场中的运动

假设有一质量为 m、所带电荷量为 q 的带电粒子以初速度 $\boldsymbol{v}_0$

进入均匀磁场中。若磁场的磁感应强度为 $\boldsymbol{B}$,带电粒子运动过程中重力加速度可以忽略不计。则该带电粒子的运动规律分三种情况。

1. 带电粒子以初速度 $\boldsymbol{v}_0$ 沿着平行于磁场的方向进入磁场

当带电粒子初速度 $\boldsymbol{v}_0$ 沿着磁场方向(或相反方向)进入磁感应强度为 $\boldsymbol{B}$ 的均匀磁场时,它受到的洛伦兹力 $\boldsymbol{F}_m = q\boldsymbol{v}\times\boldsymbol{B} = \boldsymbol{0}$。因此,带电粒子在磁场中沿平行于磁场的方向作匀速直线运动。

2. 带电粒子以初速度 $\boldsymbol{v}_0$ 垂直进入均匀磁场

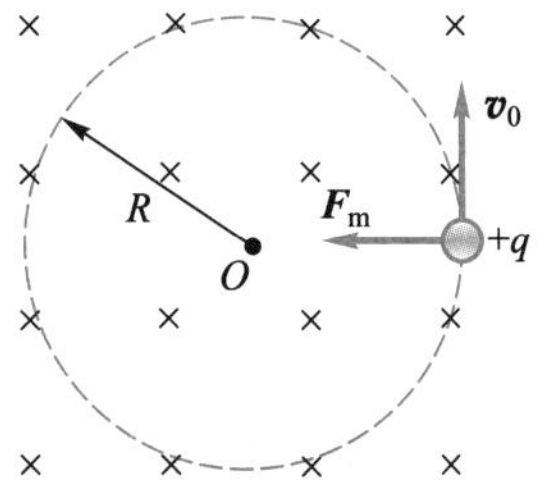

图 11-23 $\boldsymbol{v}_0$ 与 $\boldsymbol{B}$ 垂直时带电粒子在磁场中的运动

设所带电荷量为+q、质量为 m 的带电粒子,以初速度 $\boldsymbol{v}_0$ 垂直进入磁感应强度为 $\boldsymbol{B}$ 的均匀磁场。它受到的洛伦兹力大小为 $F_m = qv_0B$,方向垂直于 $\boldsymbol{v}_0$ 与 $\boldsymbol{B}$ 所构成的平面,如图 11-23 所示。所以,带电粒子将以速率 v_0 在垂直于磁场方向的平面内作匀速圆周运动,洛伦兹力不做功,提供向心力,则

$$\frac{mv_0^2}{R} = qv_0B$$

可得回旋半径为

$$R = \frac{mv_0}{qB} \tag{11-17}$$

我们把带电粒子沿圆周运动一周所用的时间称为回旋周期 T,为

$$T = \frac{2\pi R}{v_0} = \frac{2\pi}{v_0}\frac{mv_0}{qB} = \frac{2\pi m}{qB} \tag{11-18}$$

单位时间内带电粒子运动的圈数称为回旋频率 ν,则

$$\nu = \frac{1}{T} = \frac{qB}{2\pi m} \tag{11-19}$$

3. 带电粒子以初速度 $\boldsymbol{v}_0$ 和磁场 $\boldsymbol{B}$ 成 θ 角的方向斜着进入均匀磁场

如果一个带电粒子进入均匀磁场时,其速度 $\boldsymbol{v}_0$ 的方向与磁感应强度 $\boldsymbol{B}$ 的方向成任意角度 θ,则可将 $\boldsymbol{v}_0$ 分解成平行于 $\boldsymbol{B}$ 和垂直于 $\boldsymbol{B}$ 的两个分矢量 $\boldsymbol{v}_{/\!/}$ 和 $\boldsymbol{v}_{\perp}$,如图 11-24(a)所示。因磁场的作用,垂直于 $\boldsymbol{B}$ 的速度分量 $\boldsymbol{v}_{\perp}$ 虽不改变大小,却不断改变方向,在垂直于 $\boldsymbol{B}$ 的平面内作匀速圆周运动。平行于 $\boldsymbol{B}$ 的速度分量 $\boldsymbol{v}_{/\!/}$ 不变,其运动是沿 $\boldsymbol{B}$ 方向的匀速直线运动。因此,此带电粒子在磁场中同时参与垂直于磁场平面内的匀速圆周运动和沿平行于磁场方向的匀速直线运动,这两种运动的合运动,如图 11-24(b)所示,为螺旋运动。带电粒子作螺旋运动时,螺旋线的半径(即带电粒子在磁场中作圆周运动的回旋半径)为

$$R = \frac{mv_{\perp}}{qB} = \frac{mv_0\sin\theta}{qB} \tag{11-20}$$

带电粒子每转一周前进的距离称为螺距,用符号 h 表示,则

$$h=v_{/\!/}T=\frac{2\pi mv_{/\!/}}{qB}=\frac{2\pi mv_0\cos\theta}{qB} \tag{11-21}$$

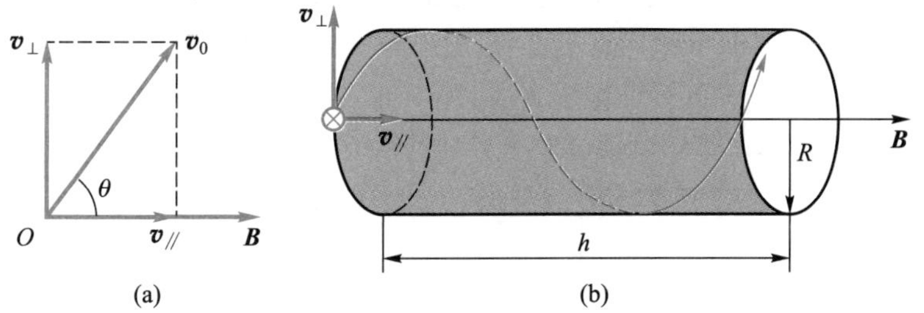

图 11-24 运动电荷在磁场中的螺旋运动

根据上述原理,在均匀磁场中某点 A 处,如图 11-25 所示,有一束带电粒子,当带电粒子的速度 $\boldsymbol{v}$ 与 $\boldsymbol{B}$ 的夹角 θ 很小,且各粒子速率 v 大致相同时,这些粒子具有相同的螺距。经一个回转周期后,它们各自经过不同的螺旋轨道重新会聚到 A'点。发散粒子依靠磁场作用会聚于一点的现象称为磁聚焦。它与光束经光学透镜聚焦相类似。在实际应用中,更多使用短线圈,利用它产生的非均匀磁场聚焦。短线圈的作用类似光学中的透镜,称为磁透镜。电子显微镜中就利用磁透镜来放大微小结构。

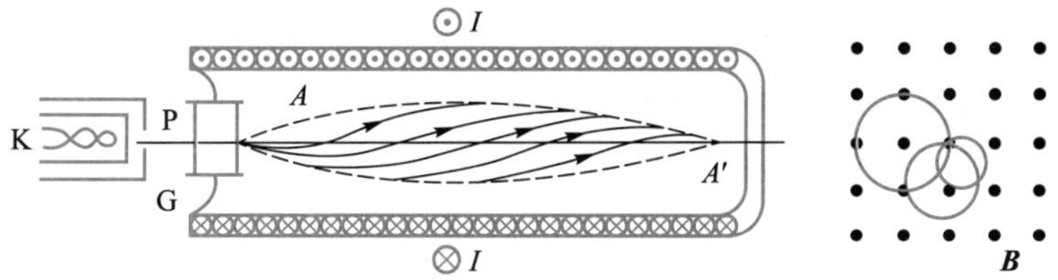

图 11-25 磁聚焦

11.5.3 带电粒子在电磁场中的运动

霍耳效应是 1879 年由霍耳发现的,在通有电流的金属板上加一均匀磁场,当电流的方向与磁场方向垂直时,则在与电流和磁场都垂直方向上的金属板的两表面间出现电势差,如图 11-26 (a)所示,这个现象称为霍耳效应,这个电势差称为霍耳电势差。

实验表明,在磁场不太强时,霍耳电势差 U_H 与电流 I 和磁感

应强度 $\boldsymbol{B}$ 成正比，与板的厚度 d 成反比，即

$$U_{\mathrm{H}}=k\frac{IB}{d} \tag{11-22}$$

式(11-22)中，k 是一常量，称为霍耳系数，它与载流子的浓度有关。

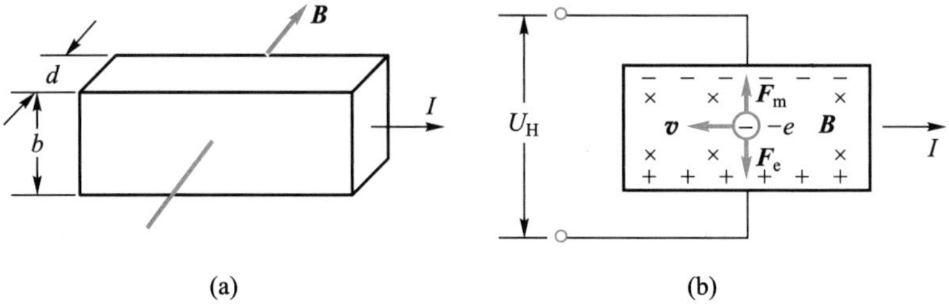

图 11-26 霍耳效应

霍耳效应可用带电粒子在磁场中运动所受到的洛伦兹力来解释。金属导体中参与导电的粒子(称为载流子)是自由电子，如图 11-26(b)所示，当电流 I 流过金属时，其中的电子沿与电流相反的方向运动。设电子定向运动的平均速度为 v(称为漂移速度)，则它在磁场中所受洛伦兹力的大小为

$$F_{\mathrm{m}}=evB$$

此洛伦兹力方向向上。因此，电子聚集在上表面，同时在下表面出现过剩的正电荷，在金属内部上下表面之间形成附加电场 $\boldsymbol{E}_{\mathrm{H}}$，称为霍耳电场，此霍耳电场随电荷的不断积累而增强。电子处于霍耳电场中所受到的作用力的大小为

$$F_{\mathrm{e}}=eE_{\mathrm{H}}$$

此霍耳电场力的方向向下。当电子所受电场力 $\boldsymbol{F}_{\mathrm{e}}$ 与洛伦兹力 $\boldsymbol{F}_{\mathrm{m}}$ 达到平衡时，电荷的积累达到稳定状态，此时的电势差即霍耳电势差，即

$$eE_{\mathrm{H}}=evB,E_{\mathrm{H}}=vB$$

则金属导体上下表面间的电势差(也称霍耳电压)为

$$U_{\mathrm{H}}=bE_{\mathrm{H}}=bvB \tag{11-23}$$

设该金属导体单位体积内的自由电子数为 n，则流过金属导体的电流 I 为

$$I=nevbd,v=\frac{I}{nebd}$$

代入式(11-23)得到

$$U_{\mathrm{H}}=\frac{IB}{ned}=\frac{1}{ne}\frac{IB}{d} \tag{11-24}$$

如果导体或半导体中载流子所带电荷量为 q，则霍耳电势差为

$$U_H=\frac{1}{nq}\frac{IB}{d} \qquad (11-25)$$

式(11-24)和式(11-25)中，霍耳系数为

$$k=\frac{1}{ne} \text{或} k=\frac{1}{nq}$$

霍耳系数的正负取决于载流子所带电荷的正负。

除金属导体外，半导体也产生霍耳效应。半导体分 n 型半导体和 p 型半导体。前者的载流子主要是电子，后者的载流子主要是空穴，一个空穴相当于一个带有正电荷 e 的粒子。

根据霍耳电势差的极性，我们可判定半导体的载流子的类型，即判断半导体是 n 型半导体还是 p 型半导体。此外，半导体内载流子的浓度受温度、杂质等因素的影响较大。根据实验测得的霍耳系数 k 可计算出载流子的浓度，为研究和测试半导体提供了有效的方法。还可以利用霍耳效应测磁感应强度 $\boldsymbol{B}$。测量磁场的高斯计就是根据这个原理制成的。

11.6 磁场对载流导线的作用

11.6.1 安培定律

安培分析了载流导线在磁场中受力的许多实验，总结出安培定律。安培定律的内容为：载流导线上的电流元 $I\mathrm{d}\boldsymbol{l}$ 在磁场 $\boldsymbol{B}$ 中所受磁力 $\mathrm{d}\boldsymbol{F}$ 的大小为

$$\mathrm{d}F=BI\mathrm{d}l\sin\theta \qquad (11-26)$$

式中 θ 为 $I\mathrm{d}\boldsymbol{l}$ 与 $\boldsymbol{B}$ 之间的夹角。其矢量式为

$$\mathrm{d}\boldsymbol{F}=I\mathrm{d}\boldsymbol{l}\times\boldsymbol{B} \qquad (11-27)$$

根据力的叠加原理，有限长载流导线在磁场中所受的力为

$$\boldsymbol{F}=\int_L \mathrm{d}\boldsymbol{F}=\int_L I\mathrm{d}\boldsymbol{l}\times\boldsymbol{B} \qquad (11-28)$$

这个力通常称为安培力，其本质是：在洛伦兹力作用下，导体中作定向运动的电子与金属导体中晶格上的正离子不断地碰撞，把动量传给导体，因而使载流导体在磁场中受到磁力的作用。

阅读材料：
安培定律的提出

例 11.10

半径为 R 的半圆形载流导线，电流为 I，放在磁感应强度为 $\boldsymbol{B}$ 的均匀磁场中，$\boldsymbol{B}$ 垂直于

导线所在的平面。求它所受的磁力。

解 如图 11-27 所示,以圆心 O 为原点,建立坐标系 Oxy。在半圆形导线上任取一电流元 Idl,其位置可用电流元所在处的半径与 Ox 轴的夹角 θ 表示。根据式(11-26),电流 Idl 在磁场中所受力的大小为

$$dF=BIdl\sin\alpha$$

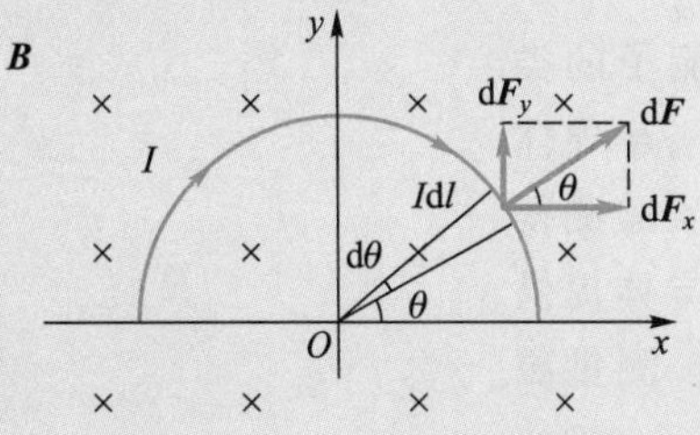

图 11-27 例 11.10 图

在上式中,α 是 $I\boldsymbol{l}$ 与 $\boldsymbol{B}$ 之间的夹角,这里 $\alpha=\pi/2$,所以

$$dF=BIdl$$

$d\boldsymbol{F}$ 的方向沿径向向外,由于导线上各电流元所受磁力的方向均沿各自的径向向外,因此将 $d\boldsymbol{F}$ 分解为沿 Ox 轴方向和沿 Oy 轴方向的两个分量,分别为

$$dF_x=dF\cos\theta,dF_y=dF\sin\theta$$

由对称性分析可知,半圆形导线上所有电流元沿 Ox 轴方向的受力总和为零,即

$$F_x=\int dF_x=0$$

因此,整个半圆形导线所受的合力就等于沿 Oy 轴方向各力的代数和,即

$$F_y=\int dF_y=\int_L IdlB\sin\theta=\int_0^{\pi} IRB\sin\theta d\theta=2IRB$$

上式表明,合力方向沿 Oy 轴正方向,大小为 $2IRB$。这说明整个弯曲导线所受的磁力的总和等于从起点到终点连成的直导线通过相同的电流时所受的磁力。此结果虽然是从半圆形载流导线得出的,但对任意形状的载流导线在均匀磁场中所受的磁力都适用。

例 11.11

如图 11-28 所示,一根载有电流 I_1 的无限长直导线,其旁放置一段通有电流 I_2 的导体棒 AC,导体棒 AC 与无限长载流直导线在同一平面内且相互垂直。已知导体棒 AC 的长度为 l,A 端与无限长电流的距离为 d。求导体棒 AC 所受到的磁场力。

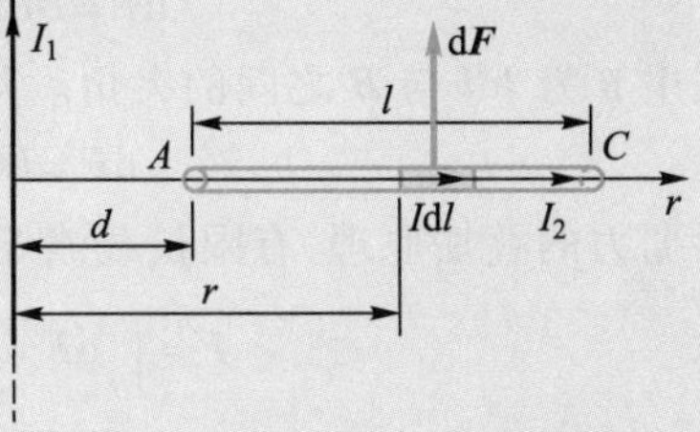

图 11-28 例 11.11 图

解 无限长直线电流的磁场方向符合右手螺旋关系,在 AC 段垂直纸面向里,其大小为

$$B=\frac{\mu_0 I_1}{2\pi r}$$

在导体棒 AC 上任意选取一段电流元 I_2dl,由式(11-27)可知,其受到磁场力的大小为

$$dF=IdlB=\frac{\mu_0 I_1 I_2 dr}{2\pi r}$$

方向垂直于导体棒 AC 向上。AC 上各点处的磁场力均向上,则其所受的磁场力的大小为

$$F=\int_{AB} dF=\int_d^{d+l}\frac{\mu_0 I_1 I_2}{2\pi r}dr$$

$$=\frac{\mu_0 I_1 I_2}{2\pi}\ln\frac{d+l}{d}$$

力的方向垂直于导体棒 AC 向上。

11.6.2 磁场对载流线圈的力矩

如图 11-29 所示，在磁感应强度为 $\boldsymbol{B}$ 的均匀磁场中，有一刚性矩形载流线圈 $MNOP$，边长分别为 L_1 和 L_2，电流为 I，设线圈平面法向单位矢量 $\boldsymbol{e}_n$ 与磁场方向的夹角为 θ，线圈平面与磁场方向的夹角为 φ，且 MN 和 OP 均与 $\boldsymbol{B}$ 垂直。

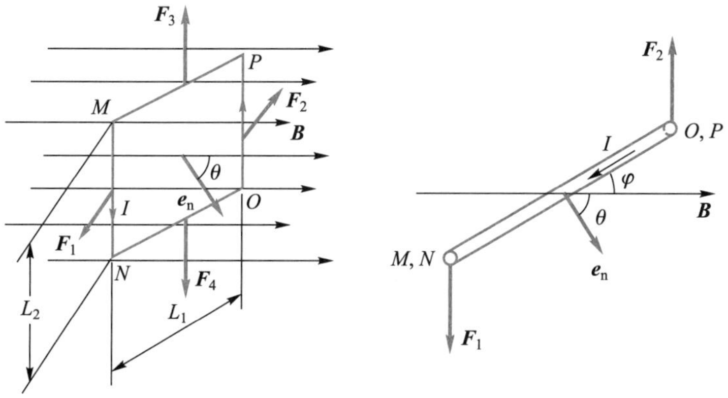

图 11-29 矩形载流线圈在均匀磁场中所受的磁力矩

根据式(11-28)可以求得磁场对载流导线 MP 及 ON 的作用力大小分别为

$$F_3 = BIL_1 \sin\varphi,\quad F_4 = BIL_1 \sin\varphi$$

$\boldsymbol{F}_4$ 和 $\boldsymbol{F}_3$ 大小相等、方向相反，作用在同一直线上，所以合力为零，对整个线圈来说，它们的合力矩也为零。

而载流导线 MN 和 OP 所受磁场作用力的大小分别为

$$F_1 = BIL_2 \sin\theta,\quad F_2 = BIL_2 \sin\theta$$

这两个力大小相等、方向相反，但不在同一直线上，所以它们合力虽然为零，但对整个线圈要产生的磁力矩为

$$M = F_2 L_1 \cos\varphi = F_1 L_1 \cos\varphi$$

由于 $\varphi = \pi/2 - \theta$，所以 $\cos\varphi = \sin\theta$，则有

$$M = F_2 L_1 \cos\varphi = BIL_1 L_2 \sin\theta$$

因 $S = L_1 L_2$ 为矩形线圈所包围的面积，则

$$M = BIS\sin\theta$$

如果有 N 匝线圈，那么其所受的磁力矩为

$$M = NBIS\sin\theta \qquad (11-29)$$

我们已经知道闭合电流的磁矩为 $\boldsymbol{m} = IS\boldsymbol{e}_n$，则 N 匝线圈组成的载

流线圈的磁矩 $\boldsymbol{m}=NIS\boldsymbol{e}_{\mathrm{n}}$。又因为角 θ 是载流线圈的法向单位矢量 $\boldsymbol{e}_{\mathrm{n}}$ 与磁场 $\boldsymbol{B}$ 之间的夹角，所以上式的矢量表达式为

$$\boldsymbol{M}=IS\boldsymbol{e}_{\mathrm{n}}\times\boldsymbol{B}=\boldsymbol{m}\times\boldsymbol{B} \tag{11-30}$$

下面我们根据夹角 θ 讨论几种特殊情况。

(1) 当 $\theta=0$ 时，载流线圈受到的磁力矩为零，线圈处在稳定平衡状态。

(2) 当 $\theta=\pi$ 时，虽然线圈受到的磁力矩也为零，但此时只要线圈稍微转过一个微小角度，它就会在磁力矩作用下离开这个位置，最终稳定在 $\theta=0$ 的稳定平衡状态。我们把线圈处在 $\theta=\pi$ 时的状态称为不稳定平衡状态。

(3) 当 $\theta=\pi/2$ 时，载流线圈受的磁力矩数值最大。

以上讨论说明了均匀磁场中的载流线圈所受合力为零，但磁力矩一般不为零。线圈只转动而不平动。另外，非均匀磁场中的载流平面线圈既受到磁力矩的作用，还受到不为零的磁力的作用，线圈既要转动又要向磁场较大的方向平动。式(11-30)不仅适用于矩形载流线圈，还适用于任意形状的平面载流线圈。

11.6.3 磁力的功

载流导体或载流线圈在磁场中运动时，其所受的磁力或磁力矩在导体或线圈的运动过程中将会做功，现介绍如下。

1. 载流导线在均匀磁场中时磁力所做的功

如图 11-30 所示，若一对平行的导电导轨 CD，EF 处于磁感应强度为 $\boldsymbol{B}$ 的均匀磁场中。导轨上一根垂直放置的长度为 L 的导体棒 ab 与导轨组成载流闭合回路，导体棒可以沿导轨滑动。

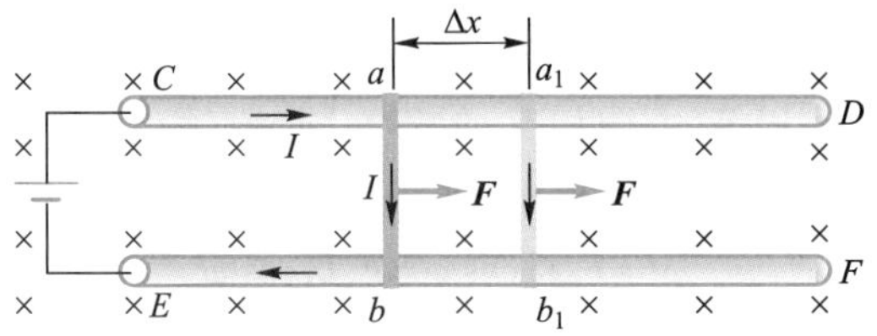

图 11-30 导体移动过程中磁力所做的功

已知回路中电流 I 保持不变。按照安培定律，导体棒 ab 所受到的磁力的大小为

$$F=BIL$$

方向向右，符合右手螺旋关系。当导体棒 ab 自最初的位置向右移动 Δx 时，磁力 $\boldsymbol{F}$ 所做的功为

$$W=F\Delta x=BIL\Delta x=BI\Delta S=I\Delta\Phi \qquad (11-31)$$

式(11-31)表明,当载流导体在磁场中运动时,如果保持电流 I 不变,磁力所做的功等于电流乘以电流所环绕面积内磁通量的增量。

2. 载流线圈在磁场中转动时磁力矩所做的功

如图 11-29 所示,载有恒定电流 I 的线圈在磁场中受到力矩的作用而转动。线圈平面的法向单位矢量 $\boldsymbol{e}_n$ 与外磁场的磁感应强度 $\boldsymbol{B}$ 方向的夹角为 θ 时,线圈所受到的磁力矩的大小为

$$M=BIS\sin\theta$$

当载流线圈转过 $d\theta$ 的角度时,如图 11-31 所示,磁力矩所做的功为

$$dW=-Md\theta=-BIS\sin\theta d\theta=IBSd(\cos\theta)=Id(BS\cos\theta)$$

即

$$dW=Id(BS\cos\theta)=Id\Phi,dW=Id\Phi \qquad (11-32)$$

式(11-32)表明,磁力对电流所做的功等于电流与穿过线圈的磁通量的变化量的乘积。当线圈从角度 θ_1 转到 θ_2 时,磁力矩做的功为

$$W=\int_{\theta_1}^{\theta_2}IBS\sin\theta d\theta=\int_{\Phi_1}^{\Phi_2}Id\Phi \qquad (11-33)$$

当线圈内电流保持不变时,磁力矩的功为

$$W=I(\Phi_2-\Phi_1)=I\Delta\Phi \qquad (11-34)$$

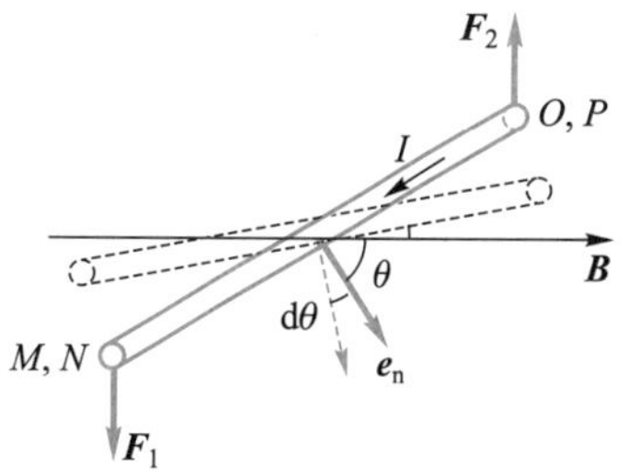

图 11-31 载流线圈转动过程中磁力矩所做的功

11.7 磁介质

前几节我们讨论了真空中磁场的规律,在实际应用中,常需要了解物质中磁场的规律。由于物质中存在分子电流,当把物质放到磁场中时,物质会被磁场磁化。而磁化后的物质对磁场也会产生影响。在考虑物质受磁场的磁化和它对磁场的影响时,物质统称为磁介质。

11.7.1 磁介质的分类

磁介质对磁场的影响可通过实验测量。取一个长直螺线管,通入电流 I,测出管内(真空或空气)的磁感应强度的大小,用 B_0 表示。然后使管内充满某种磁介质,保持电流 I 不变,再测出管

内磁介质内部的磁感应强度的大小，用 B 表示。实验结果显示 B_0 和 B 不相等，它们的大小可用下式表示：

$$B=\mu_r B_0 \tag{11-35}$$

式(11-35)中，μ_r 称为磁介质的相对磁导率，它随磁介质的种类或状态的不同而不同，部分磁介质的相对磁导率如表 11-1 所示。

表 11-1　几种磁介质的相对磁导率

磁介质种类		相对磁导率
抗磁质 $\mu_r<1$	铋(293 K)	$1-1.66\times10^{-4}$
	汞(293 K)	$1-2.9\times10^{-5}$
	铜(293 K)	$1-1.0\times10^{-5}$
	氢(气体)	$1-3.98\times10^{-5}$
顺磁质 $\mu_r>1$	氧(液体,90 K)	$1+7.699\times10^{-3}$
	氧(气体,293 K)	$1+3.449\times10^{-3}$
	铝(293 K)	$1+1.65\times10^{-5}$
	铂(293 K)	$1+2.6\times10^{-4}$
铁磁质 $\mu_r\gg1$	纯铁	5×10^{3}(最大值)
	硅钢	7×10^{2}(最大值)
	坡莫合金	1×10^{5}(最大值)

根据相对磁导率 μ_r 可将磁介质分为三类。μ_r 略大于 1 的磁介质称为顺磁质，μ_r 略小于 1 的磁介质称为抗磁质，这两种磁介质对磁场的影响很小，通常忽略不计。还有一种磁介质的 μ_r 远大于 1，而且随 $\boldsymbol{B}_0$ 的变化而变化，称为铁磁质。因为铁磁质对磁场的影响很大，所以其在工程技术中有广泛的应用。

11.7.2　磁介质的磁化　磁化强度

1. 顺磁质和抗磁质的磁化

在物质分子中，每个电子都绕原子核作轨道运动，从而具有轨道磁矩；此外，电子还在自旋，因而具有自旋磁矩。一个分子内所有电子全部磁矩的矢量和，称为分子磁矩，用 $\boldsymbol{m}$ 表示。分子磁矩可用一个等效的圆电流 I 表示，这就是分子电流的现代解释。需要注意的是，分子电流与导体中的传导电流不同，形成分子电流的电子受原子核束缚只作绕核运动，不是自由电子。

在顺磁质中，虽然每个分子都有磁矩 $\boldsymbol{m}$，在没有外磁场时，由于分子热运动，各分子磁矩 $\boldsymbol{m}$ 方向是无规则的，因而在其中任一宏观小体积内，所有分子磁矩的矢量和为零，对外不显现磁性，如图 11-32(a)所示。

将顺磁质放在外磁场中，各分子磁矩都要受到磁力矩的作用。各分子磁矩的取向都有转到与外磁场方向相同的趋势，如图 11-32(b)所示。这样，顺磁质就被磁化了。显然，顺磁质被磁化后产生的附加磁感应强度 $\boldsymbol{B}'$ 与外磁场的磁感应强度 $\boldsymbol{B}_0$ 的方向相同。因此，顺磁质内的磁感应强度 $\boldsymbol{B}$ 的大小为

$$B=B_0+B'$$

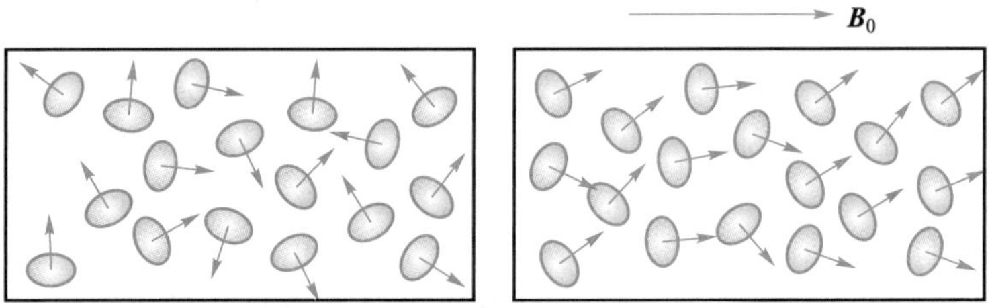

(a) 未加外磁场　　(b) 加外磁场

图 11-32　顺磁质的磁化

对抗磁质来说，在没有外磁场时，虽然分子中每个电子的轨道磁矩、自旋磁矩都不等于零，但分子中全部电子的轨道磁矩与自旋磁矩的矢量和却等于零，即分子的固有磁矩为零。所以，抗磁质也不显现磁性。

但将抗磁质放在外磁场中时，在外磁场作用下，分子中每个电子的轨道磁矩和自旋磁矩都将发生变化，从而产生附件磁矩 $\Delta\boldsymbol{m}$，方向始终与外磁场 $\boldsymbol{B}_0$ 的方向相反。因此，抗磁质内的磁感应强度 $\boldsymbol{B}$ 的大小为

$$B=B_0-B'$$

2. 磁化强度

从上述讨论可知，顺磁介质的磁化，是因为在外磁场的作用下分子磁矩的方向发生了变化，相当于产生了附加磁矩；抗磁质的磁化就是在外磁场作用下产生附加磁矩。因此，我们可以用磁介质中某点处单位体积内分子磁矩的矢量和表示磁介质的磁化情况，称为磁化强度，用 $\boldsymbol{M}$ 表示。磁化强度描述磁介质的磁化方向和被磁化的强弱程度。如果在被磁化的均匀磁介质中任意取一小的体积 ΔV，如果在此体积内分子磁矩的矢量和为 $\sum \boldsymbol{m}$，那么磁化强度为

$$M=\frac{\sum \boldsymbol{m}}{\Delta V} \tag{11-36}$$

在 SI 中，磁化强度的单位为 A · m^{-1}(安培每米)。

11.7.3 磁介质中的安培环路定理 磁场强度

当电介质极化时，极化强度与极化电荷密切相关。与此类似，当磁介质磁化时，磁化强度与磁化电流也密切相关。下面我们来讨论。

设一长直载流螺线管，线圈匝密度为 n，管内充满均匀磁介质，线圈内的电流为 I，电流 I 在螺线管内产生磁场的磁感应强度为 B_0（$B_0=\mu_0 nI$）。磁介质被磁化后，其分子磁矩在磁场作用下作规则排列，如图 11-33 所示。从图中可以看出，在磁介质内部各处的分子电流总是方向相反，彼此抵消，只有在磁介质边缘处，分子电流未抵消，才会形成与截面边缘重合的环形电流，称为**磁化面电流**。

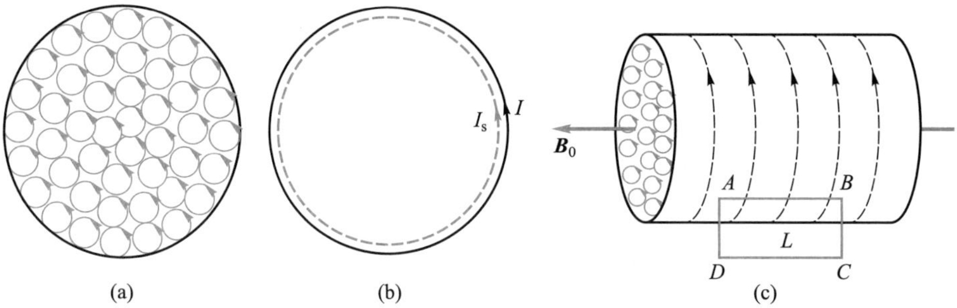

图 11-33 磁介质中的安培环路定理

我们把上述圆柱形磁介质表面沿圆柱轴线方向单位长度的磁化面电流，称为磁化电流面密度 I_s，那么，在长为 L、截面积为 S 的磁介质表面，磁化面电流为 I_sL，因此在这段磁介质内总磁矩为

$$\sum m=I_sLS$$

由定义得磁化强度大小为

$$M=\frac{\sum m}{\Delta V}=I_s \tag{11-37}$$

若在如图 11-33(c) 所示的圆柱形磁介质内外跨边缘处选取 $ABCDA$ 矩形回路，设 $|AB|=L$，那么磁化强度 $\boldsymbol{M}$ 沿此回路的积分为

$$\oint_L \boldsymbol{M}\cdot \mathrm{d}\boldsymbol{l}=M|AB|=I_sL \tag{11-38}$$

此外，对 $ABCDA$ 矩形回路，由安培环路定理

$$\oint_L B \cdot dl = \mu_0 \sum I_i$$

式中 $\sum I_i$ 为环路包围线圈流过的传导电流 $\sum I$ 与磁化电流 $\sum I_s$ 之和，故上式可写成

$$\oint_L \boldsymbol{B} \cdot d\boldsymbol{l} = \mu_0 \sum I + \mu_0 I_s L$$

将式(11-38)代入上式得

$$\oint_L \boldsymbol{B} \cdot d\boldsymbol{l} = \mu_0 \sum I + \mu_0 \oint_L \boldsymbol{M} \cdot d\boldsymbol{l}$$

整理得

$$\oint_L \left(\frac{\boldsymbol{B}}{\mu_0} - \boldsymbol{M}\right) \cdot d\boldsymbol{l} = \sum I$$

引入辅助物理量磁场强度，用 $\boldsymbol{H}$ 表示，且令

$$\boldsymbol{H} = \frac{\boldsymbol{B}}{\mu_0} - \boldsymbol{M} \tag{11-39}$$

于是得

$$\oint_L \boldsymbol{H} \cdot d\boldsymbol{l} = \sum I \tag{11-40}$$

这就是磁介质中的安培环路定理。它表明：在恒定磁场中，磁场强度沿任意闭合回路的线积分（即 $\boldsymbol{H}$ 的环流）等于该回路包围的传导电流的代数和，而与磁化电流无关。

因此，引入磁场强度 $\boldsymbol{H}$ 后，我们能够比较方便地处理磁介质中的磁场问题。在 SI 中，磁场强度的单位是 $A \cdot m^{-1}$（安培每米）。

实验表明，对于各向同性的均匀磁介质，介质内任一点的磁化强度 $\boldsymbol{M}$ 与该点的磁场强度 $\boldsymbol{H}$ 成正比，比例系数 χ_m 称为磁介质的磁化率，即

$$\boldsymbol{M} = \chi_m \boldsymbol{H} \tag{11-41}$$

把式(11-41)代入式(11-39)得

$$\boldsymbol{B} = \mu_0 \boldsymbol{H} + \mu_0 \boldsymbol{M} = \mu_0 (1 + \chi_m) \boldsymbol{H} \tag{11-42}$$

令 $1+\chi_m = \mu_r$，μ_r 就是磁介质的相对磁导率。代入上式得

$$\boldsymbol{B} = \mu_0 \mu_r \boldsymbol{H} = \mu \boldsymbol{H} \tag{11-43}$$

上式中 $\mu = \mu_0 \mu_r$，称为磁导率。

11.7.4 铁磁质的特性和应用

铁磁质的磁性来源比较复杂。在铁磁质内电子间因自旋引起的相互作用是非常强烈的，这种作用使铁磁质内部形成一些微

小的自发磁化区域,称为磁畴。由于其中各电子的自旋磁矩排列得很整齐,每个磁畴具有很强的磁性,这种磁性是由自发磁化产生的。磁畴的体积在 $10^{-12}\sim10^{-9}\ m^3$ 之间,内含 $10^{17}\sim10^{20}$ 个原子。铁磁质未被磁化时,各个磁畴排列的方向是无规则的,整体上不显磁性。当加上外磁场后,各个磁畴在外磁场的作用下趋向于沿外磁场方向作有规则的排列。所以在不太强的外磁场作用下,铁磁质能表现出很强的磁性,它所产生的附加磁场的磁感应强度比外磁场的磁感应强度要大几十倍到几千倍,甚至达几百万倍。

皮埃尔・居里(P. Curie)在实验中发现,铁磁质的磁化和温度有关。随着温度的升高,它的磁化能力逐渐减小。当温度升高到某一温度时,铁磁质退化为顺磁质,这个温度称为铁磁质的居里点。例如,铁的居里点为 1 043 K,78% 坡莫合金的居里点为 873 K,30% 坡莫合金的居里点为 343 K。这是由于铁磁性与磁畴结构有关,当铁磁质受到剧烈震动或在高温下原子发生剧烈热运动时磁畴将瓦解,铁磁质的铁磁性也就消失了。

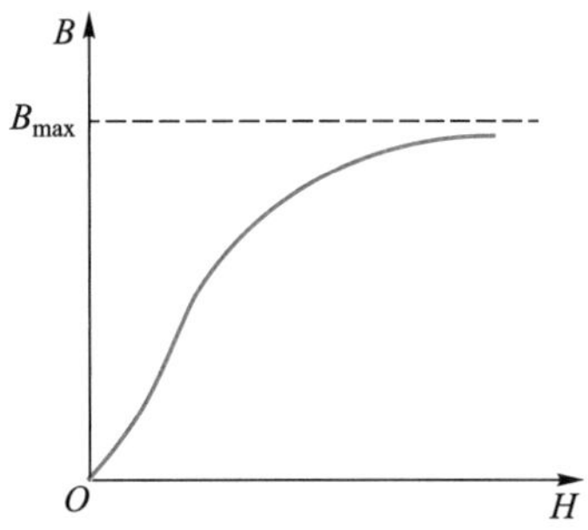

图 11-34 某铁磁质的起始磁化曲线

铁磁质的相对磁导率 $\mu_r \gg 1$,而且当外磁场改变时,还随磁场强度 H 的改变而变化,所以铁磁质的 B 与 H 的关系是非线性关系。图 11-34 是从实验得出的某一铁磁质开始磁化时的 B 与 H 的关系曲线,称为起始磁化曲线。由图可见,它们之间是非线性关系,且当外磁场强度达到一定值时,磁介质的磁感应强度逐渐逼近极大值 B_{max},即磁化达到饱和的程度,通常把 B_{max} 称为饱和磁感应强度。

当磁场强度 H 增大到一定数值后又逐渐减小时,磁感应强度 B 并不沿起始曲线返回,而是如图 11-35 所示,沿着 ab 曲线比较缓慢地减小,这种 B 落后于 H 的变化现象,称为磁滞现象,简称磁滞。当 H 减小到零时,B 不会下降到零,而是保留一定的大小 B_r,称之为剩余磁感应强度,简称剩磁。为了消除剩磁,必须加反向外磁场,随着反向磁场的增大,B 逐渐减小,当 $H=-H_c$ 时,$B=0$,剩磁才消失。使铁磁质完全退磁所需的磁场强度 H_c 称为矫顽力,H_c 的大小反映铁磁材料保存剩磁状态的能力。如继续增大反方向的磁场,铁磁质又可被反向磁化达到反方向的饱和状态,即到 d 点,以后再逐渐减小反方向磁场,B 和 H 将沿 dea 曲线变化,形成一个闭合曲线,这个闭合曲线称为磁滞回线。

通常,不同铁磁质的磁滞回线形状差别很大,如图 11-36 所示。

根据矫顽力 H_c 的大小可将铁磁材料分为软磁材料和硬磁材料,其中软磁材料的磁滞回线面积较小,剩磁较小,矫顽力也很小($H_c<10^2$ A/m),所以很容易去磁。软磁材料适合制作变压器、电

磁铁、继电器、交流电动机、交流发动机中的铁芯等。常用的金属软磁材料有工程纯铁、硅钢、坡莫合金等，非金属软磁铁氧体有锰锌铁氧体、镍锌铁氧体等。

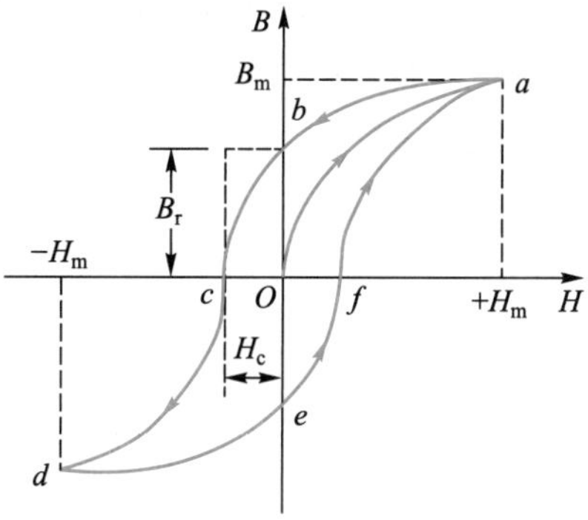

图 11-35 铁磁质的磁滞回线

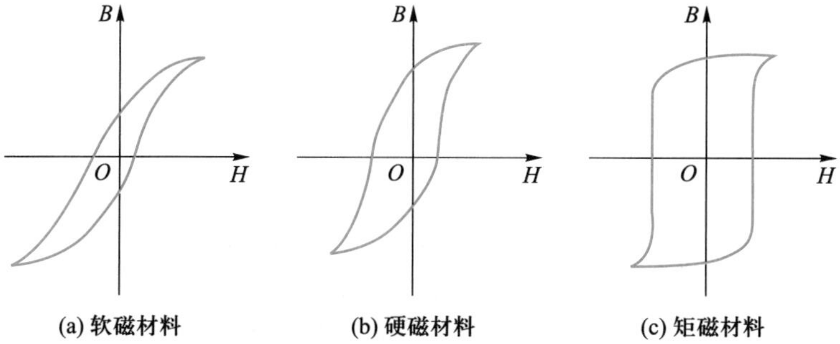

图 11-36 不同铁磁质的磁滞回线

硬磁材料矫顽力较大($H_c>10^4$ A/m)，剩磁也较大，磁滞回线较宽，磁化后能保留较强的磁性，而且不易消除，适宜制作永久磁铁。在磁电式电表、永磁扬声器、拾音器、耳机等中，常用它产生稳定的磁场。常用的金属硬磁材料有碳钢、钨钢和铝钢等。20世纪末，人们将钐、钕等稀土金属与过渡金属(如钴、铁等)组成合金，将它们烧结或黏结在一起，经磁场充磁后制成稀土永磁材料。稀土永磁材料比磁钢的磁性能高 100 多倍，比铁氧体、铝镍钴性能优越得多，不仅应用在计算机、汽车、仪器、仪表、家用电器、石油化工、医疗保健、航空航天等行业的各种微特电机中以及核磁共振设备、电器件、磁分离设备、磁力机械、磁疗器械等需产生强间隙磁场的元器件中，还应用在风力发电、新能源汽车、变频家电、节能电梯、节能石油抽油机等新兴领域，市场空间巨大。而铁氧体材料的磁滞回线则近似于矩形，亦称矩磁材料。它不仅具有高磁导率、高电阻率，并且磁滞特性特别显著，可制成计算机中的记忆元件。由于其涡流损失小，常用于高频技术中，用来制作天线和电感的铁芯。

还有一种铁磁材料具有较强的磁致伸缩效应，在磁化过程中能够发生机械形变。当交变磁场作用在它上时，它的长度会交替伸长和缩短而形成振动，可制成电声换能器——超声波发生器，用于探测海洋深度、鱼群等，也可用于医学临床诊断疾病。

习题

11.1 运动电荷在其周围空间（ ）。

A. 只产生电场

B. 只产生磁场

C. 既产生电场，又产生磁场

D. 既不产生电场，又不产生磁场

11.2 安培环路定理说明了（ ）。

A. 磁场是有源场

B. 磁场是涡旋场

C. 磁场是保守场

D. 磁感线是闭合曲线

11.3 四条互相平行的载流长直导线中的电流均为 I，放置方式如图 11-37 所示。正方形的边长为 a，正方形中心 O 处的磁感应强度的大小为（ ）。

A. $\dfrac{2\sqrt{2}\mu_0 I}{\pi a}$　　B. $\dfrac{\sqrt{2}\mu_0 I}{\pi a}$

C. $\dfrac{2\sqrt{2}\mu_0 I}{2\pi a}$　　D. 0

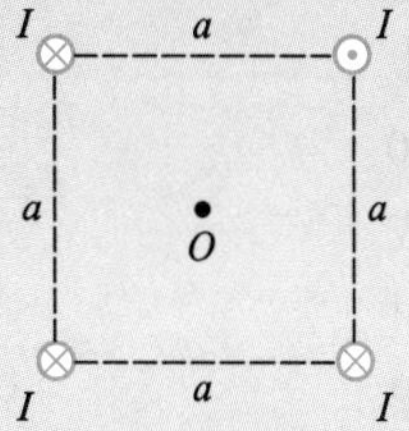

图 11-37 习题 11.3 图

11.4 如图 11-38 所示，载流导线在圆心 O 处的磁感应强度的大小为（ ）。

A. $\dfrac{\mu_0 I}{4R_1}$　　B. $\dfrac{\mu_0 I}{4R_2}$

C. $\dfrac{\mu_0 I}{4}\left(\dfrac{1}{R_1}+\dfrac{1}{R_2}\right)$　　D. $\dfrac{\mu_0 I}{4}\left(\dfrac{1}{R_1}-\dfrac{1}{R_2}\right)$

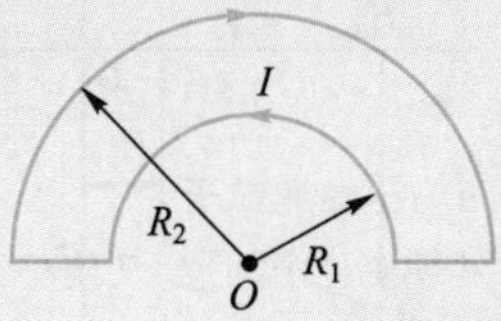

图 11-38 习题 11.4 图

11.5 有两个竖直放置的刚性圆形线圈 L_1 和 L_2，直径几乎相等，可以绕轴线 AB 自由转动，把它们放在互相垂直的位置上，如果通过两线圈的电流均为 I，如图 11-39 所示。则从上往下看（ ）。

A. L_1 逆时针旋转，L_2 顺时针旋转

B. L_1 顺时针旋转，L_2 逆时针旋转

C. L_1 逆时针旋转，L_2 逆时针旋转

D. L_1 顺时针旋转，L_2 顺时针旋转

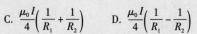

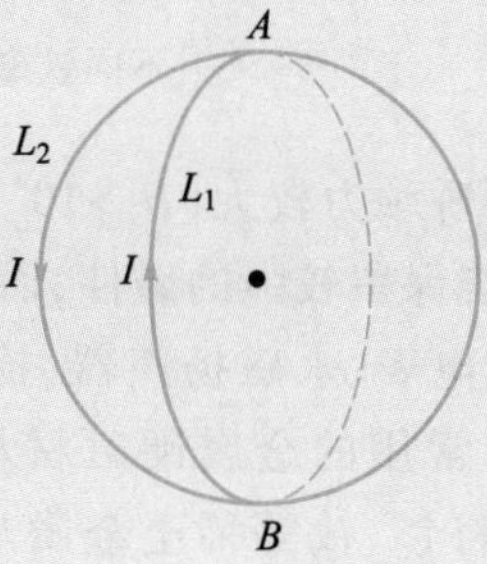

图 11-39 习题 11.5 图

11.6 一电子垂直射向一载流直导线，则该电子在磁场的作用下将（ ）。

A. 沿电流方向偏转

B. 沿与电流相反的方向偏转

C. 不偏转

D. 沿垂直于电流的方向偏转

11.7 两束阴极射线向同一方向发射，则它们之

间的相互作用有(　　)。

A. 安培力、库仑力、洛伦兹力

B. 库仑力、洛伦兹力

C. 库仑力、安培力

D. 洛伦兹力

11.8　在回旋加速器中,电场和磁场的作用是(　　)。

A. 电场对粒子加速,磁场使粒子作圆周运动

B. 磁场对粒子加速,电场使粒子作圆周运动

C. 电场和磁场都加速粒子

D. 电场和磁场使粒子加速,又使粒子作圆周运动

11.9　如图 11-40 所示,放射性元素镭发出的射线中,含有 α,β,γ 三种射线,为识别它们,可让它们进入强磁场,进入磁场后三种射线有不同的偏转方向,分别用 1,2,3 来表示,则下列判断正确的是(　　)。

A. 1 表示 α 射线,2 表示 β 射线,3 表示 γ 射线

B. 1 表示 α 射线,2 表示 γ 射线,3 表示 β 射线

C. 1 表示 β 射线,2 表示 γ 射线,3 表示 α 射线

D. 1 表示 γ 射线,2 表示 α 射线,3 表示 β 射线

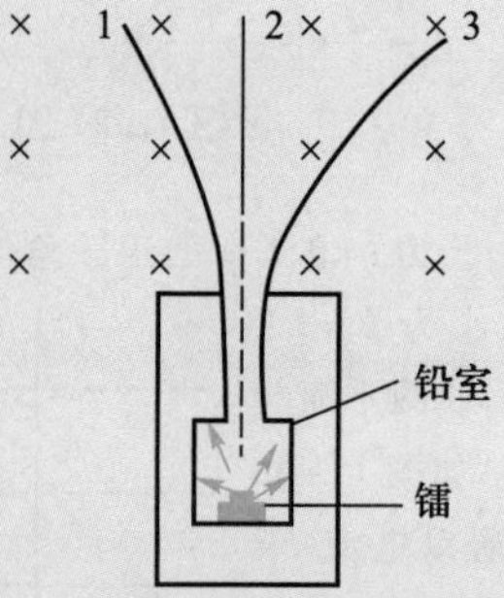

图 11-40　习题 11.9 图

11.10　对于铁磁质而言,B 和 H 的关系是(　　)。

A. 线性的、单值的

B. 非线性的、非单值的

C. 线性的、非单值的

D. 非线性的、单值的

11.11　如图 11-41 所示,一无限长载流导线中部弯成四分之一圆周 MN,圆心为 O,半径为 R。若导线中的电流为 I,则 O 处的磁感应强度 $\boldsymbol{B}$ 的大小为________。

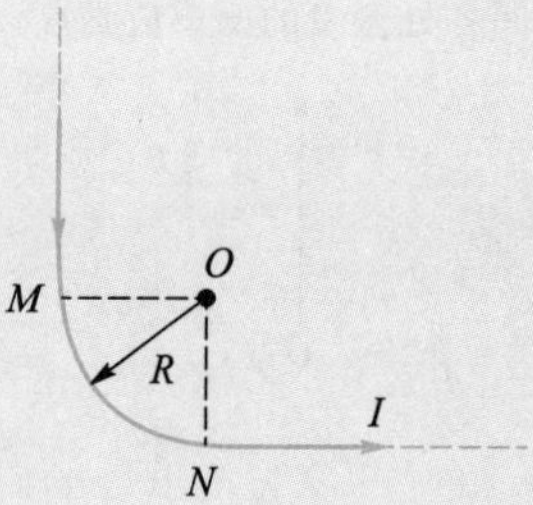

图 11-41　习题 11.11 图

11.12　电流 I 沿如图 11-42 所示的导线流过时(图中直线部分伸向无限远),则 O 点的磁感应强度大小为________,方向为________。

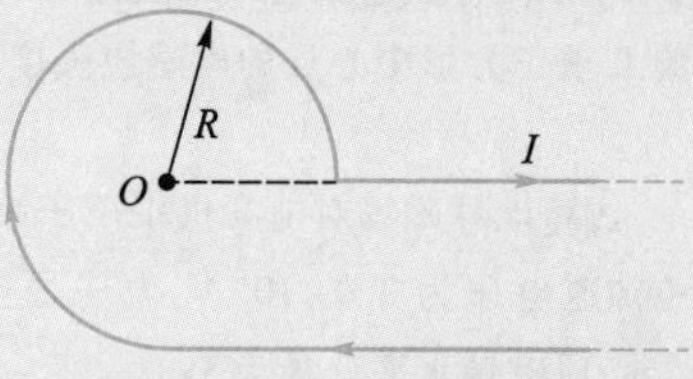

图 11-42　习题 11.12 图

11.13　将通有电流 I 的导线弯成如图 11-43 所示的形状,则 O 点的磁感应强度大小为________,方向为________。

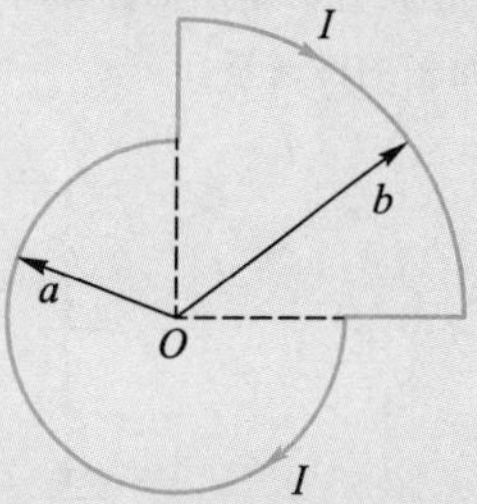

图 11-43　习题 11.13 图

11.14　两平行直导线通以同向电流,两者彼此________,若使其电流反向,则彼此________。

11.15　将一块半导体样品放在 Oxy 平面,如图 11-44 所示,沿 Ox 轴方向通有电流 I,沿 Oz 方向加一均匀磁场 $\boldsymbol{B}$,若实验测得样品薄片两侧的电势差 $U_{AA'}=V_A-V_{A'}>0$,则此样品是________型半导体。

11.16　内、外半径分别为 R_1,R_2 的两同轴无限长直圆筒状电缆,分别通有大小相等、方向相反的电流

I,求它们在空间各处激发的磁感应强度。

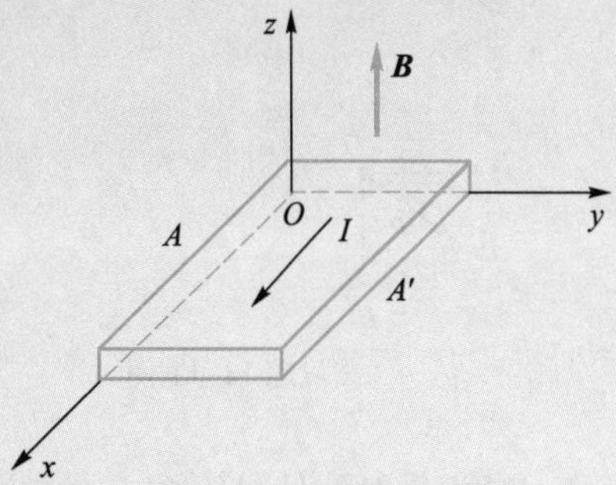

图 11-44 习题 11.15 图

11.17 将导线弯成边长为 b 的正方形,若在导线中通入电流 I,求正方形中心点的磁感应强度的大小。

11.18 估算地球磁场对电视机中电子束的影响。假设电子枪加速电压为 2.0×10^4 V,电子枪到屏幕的距离为 0.2 m,地磁场水平分量为 5×10^{-5} T。计算电子束沿东西方向运动时受地磁场影响的偏转。这一偏转是否会造成电视画面变形?($m_e=9.1\times10^{-31}$ kg。)

11.19 如图 11-45 所示,载有电流 I 的长直导线,距此导线 d 处放置一矩形回路与导线共面。求通过此回路所围面积的磁通量。

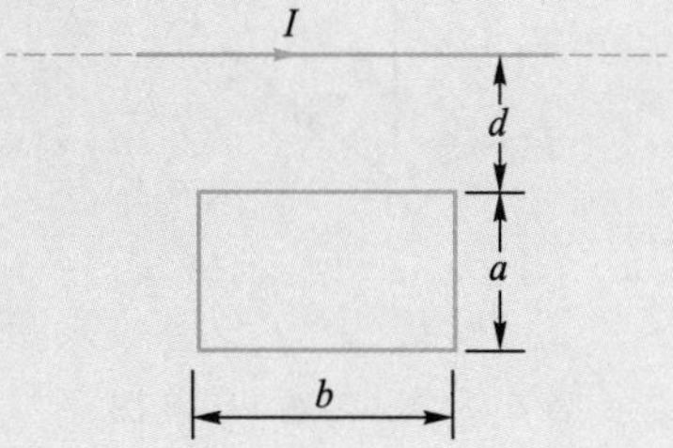

图 11-45 习题 11.19 图

11.20 一质谱仪的构造原理如图 11-46 所示,可用它测定离子质量。离子源 S 产生质量为 m、电荷量为 q 的阳离子。离子的初速度很小,可视为静止的,离子源是气体正在放电的小室。离子产生出来后经电势差 U 加速进入磁感应强度为 $\boldsymbol{B}$ 的均匀磁场中。在磁场中,离子沿一半圆周运动后射到距入口缝隙 x 处的照相底片上,并由照相底片把它记录下来。根据实验测定可得到 B,q,U,x,求离子的质量。

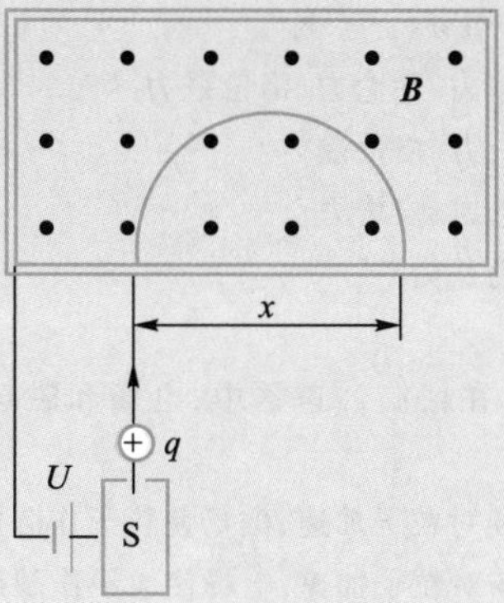

图 11-46 习题 11.20 图

11.21 如图 11-47 所示,一根长直导线载有电流 $I_1=30$ A,矩形回路载有电流 $I_2=20$ A,已知 $d=3.0$ cm,$b=6.0$ cm,$l=12.0$ cm。求作用在回路上的合力。

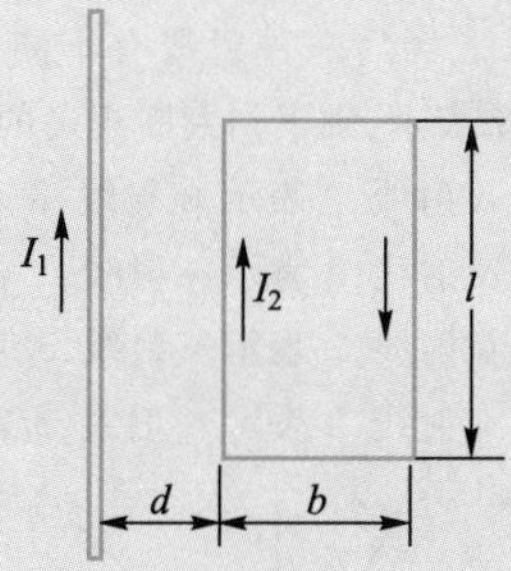

图 11-47 习题 11.21 图

11.22 边长为 $l=0.1$ m 的正三角形线圈放在磁感应强度的大小为 $B=1$ T 的均匀磁场中,线圈平面与磁场方向平行,如图 11-48 所示,给线圈通以电流 $I=10$ A,求:

(1) 线圈每边所受的安培力;

(2) 对 OO' 轴的磁力矩的大小;

(3) 从所在位置转到线圈平面与磁场垂直时磁力所做的功。

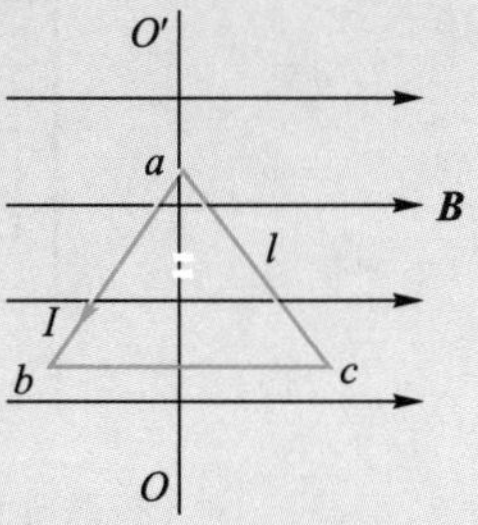

图 11-48 习题 11.22 图

本章习题答案

第十二章　电磁感应与电磁场

奥斯特发现电流的磁效应后，人们自然地联想到：电流可以产生磁场，磁场是否也能产生电流呢？法拉第通过大量实验终于发现，当穿过闭合导体回路中的磁通量发生变化时，回路中就出现电流，这个现象称为电磁感应现象。

电磁感应现象的发现，预示着一场重大的工业和技术革命的到来。电磁感应在电工、电子技术、电气化、自动化方面的广泛应用对推动社会生产力和科学技术的发展起到了重要的作用。

麦克斯韦在总结前人工作的基础上，提出了著名的电磁场理论（现在称为经典电磁场理论），指出变化电场和变化磁场形成了统一的电磁场，预言电磁场能够以波动的形式在空间传播，称之为电磁波；并且算出了电磁波在真空中传播的速度等于光速，从而推断出光在本质上就是一种电磁波。后来，赫兹用振荡电路产生了电磁波，使麦克斯韦的学说得到了实验证明，为电学和光学奠定了统一的基础。因此，麦克斯韦的经典电磁场理论是人类对电磁规律的历史性总结。可以说，麦克斯韦的电磁场理论，乃是 19 世纪物理学发展的最辉煌成就之一，在物理学发展史上是一个重要的里程碑。

物理学家简介：
麦克斯韦

12.1　电磁感应定律

12.1.1　法拉第电磁感应定律

法拉第研究电磁感应的实验大致可归结为两类：一类是磁铁与线圈有相对运动时，线圈中产生了电流；另一类是当一个线圈中的电流发生变化时，在它附近的其他线圈中也产生了电流。法拉第将这些现象与静电感应类比，把它们称为电磁感应现象。

物理学家简介：
法拉第

对电磁感应现象的分析表明，当穿过一个闭合导体回路所包围的面积的磁通量发生变化时，回路中就会出现电流，称之为感应电流。这说明此时回路中产生了电动势，称之为感应电动势。

实验表明，当穿过一个闭合导体回路所包围的面积的磁通量发生变化时，回路中就会产生感应电动势，它的大小与磁通量对时间的变化率成正比。这一规律称为法拉第电磁感应定律，其数学表达式为

$$\mathscr{E}=-\frac{\mathrm{d}\Phi}{\mathrm{d}t} \tag{12-1}$$

式(12-1)中的负号用于描述感应电动势的方向。

在实际应用时，人们往往只利用法拉第电磁感应定律计算感应电动势的大小，而感应电动势的方向与感应电流的方向相同，可由下面介绍的楞次定律来判定。

如果闭合回路的总电阻为 R，则回路中的感应电流为

$$i=\frac{\mathscr{E}}{R}=-\frac{1}{R}\frac{\mathrm{d}\Phi}{\mathrm{d}t}$$

在 t_1 到 t_2 的一段时间内通过回路中任一截面的感应电荷量为

$$q=\int_{t_1}^{t_2}i\mathrm{d}t=-\frac{1}{R}\int_{\Phi_1}^{\Phi_2}\mathrm{d}\Phi=\frac{1}{R}(\Phi_1-\Phi_2) \tag{12-2}$$

式(12-2)中 Φ_1 和 Φ_2 分别为 t_1 和 t_2 时刻通过回路的磁通量。式(12-2)表明，在一段时间内通过导线任一截面的电荷量与这段时间内导线所包围的面积的磁通量的变化量成正比，而与磁通量变化的快慢无关。根据这个原理人们研制出了测量磁感应强度的磁通计(高斯计)。

如果回路由 N 匝密绕线圈构成，每一匝的磁通量为 Φ，则 N 匝线圈总磁通量为 $\Psi=N\Phi$，称为通过线圈的磁通匝链数，简称磁链。在这时，整个线圈的感应电动势为

$$\mathscr{E}=-N\frac{\mathrm{d}\Phi}{\mathrm{d}t}=-\frac{\mathrm{d}\Psi}{\mathrm{d}t} \tag{12-3}$$

12.1.2 楞次定律

19 世纪 30 年代，俄国物理学家楞次在分析了大量电磁感应现象的基础上，总结出了感应电流方向的规律。闭合导体回路中感应电流的方向总是使它自身激发的磁场阻碍引起感应电动势的磁通量的变化。这一规律称为楞次定律。

用楞次定律来判断感应电流的方向时，首先要明确原来磁场的方向以及穿过闭合回路的磁通量是增加还是减少，然后根据楞次定律确定感应电流的磁场方向，最后根据右手螺旋定则来确定

感应电流的方向。下面举例说明。如图 12-1(a)所示,当磁铁接近线圈时(磁感线如图中实线所示),穿过线圈的磁通量增加。这时感应电流的磁场方向跟磁铁的磁场方向相反(磁感线如图中虚线所示),阻碍磁通量的增加。最后根据右手螺旋定则确定线圈中感应电流的方向。当磁铁离开线圈时,如图 12-1(b)所示,穿过线圈的磁通量减少,这时感应电流的磁场方向(磁感线见图中虚线)跟磁铁的磁场方向(磁感线见图中实线)相同,阻碍磁通量的减少。最后根据右手螺旋定则确定线圈中感应电流的方向。

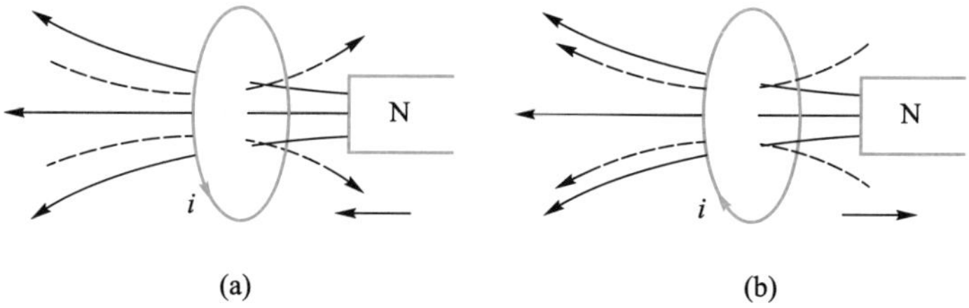

(a) (b)

图 12-1 用楞次定律确定感应电流的方向

例 12.1

如图 12-2 所示,面积为 S 的线圈 $abcd$ 共有 N 匝,在磁感应强度为 $\boldsymbol{B}$ 的均匀磁场中,绕垂直于磁场 $\boldsymbol{B}$ 的中心轴 OO' 以匀角速度 ω 转动,求线圈中的电动势。

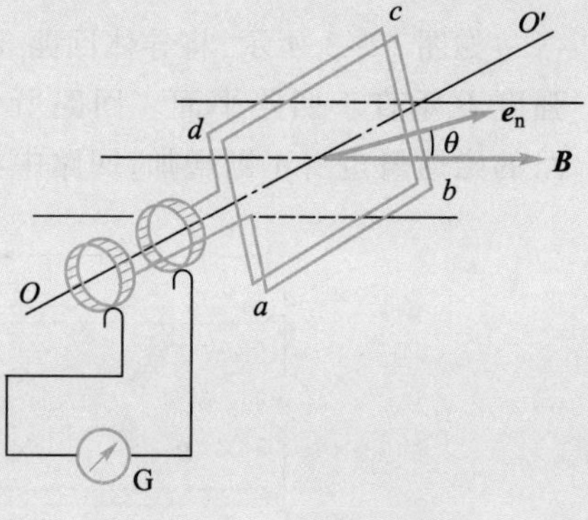

图 12-2 例 12.1 图

解 设某一时刻线圈处于如图 12-2 所示的位置,线圈平面的法向单位矢量 $\boldsymbol{e}_n$ 与磁感应强度 $\boldsymbol{B}$ 的夹角为 θ,则此时穿过线圈平面的磁通量为

$$\Phi = BS\cos\theta$$

磁链为

$$\Psi = N\Phi = NBS\cos\theta$$

由法拉第电磁感应定律,可得线圈中的感应电动势为

$$\mathscr{E} = -N\frac{\mathrm{d}\Phi}{\mathrm{d}t} = NBS\sin\theta\frac{\mathrm{d}\theta}{\mathrm{d}t}$$

设 $t=0$ 时,$\theta=0$,则在任意时刻 t,$\theta=\omega t$,代入上式得

$$\mathscr{E} = \omega NBS\sin\omega t$$

上式表明,在均匀磁场中作匀速转动的线圈感应出一个正弦交变电动势。将线圈借助电刷与外电路连接,就有交变电流(通常称为交流电)产生,这就是交流发电机的原理。当然,实际使用的发电机,其构造比这复杂。通常,将匝数很多的线圈嵌在用硅钢片制成的铁芯上,组成电枢;磁场是由电磁铁激发的,且一般有好几对磁铁。大型发电机中往往是电枢固定而磁极转动。

12.2 动生电动势和感生电动势

为了深入理解电磁感应现象,下面分两种情况论述。一种是因导体在恒定磁场中运动而产生感应电动势,这种电动势称为动生电动势;另一种是因磁场变化而在不运动的导体中产生感应电动势,这种电动势称为感生电动势。

12.2.1 动生电动势

如图 12-3 所示,将导体回路 $abcda$ 置于均匀磁场中,磁感应强度 $\boldsymbol{B}$ 垂直于回路平面。回路所包围的面积不断扩大,穿过回路的磁通量也将不断增加,回路中将产生感应电动势。

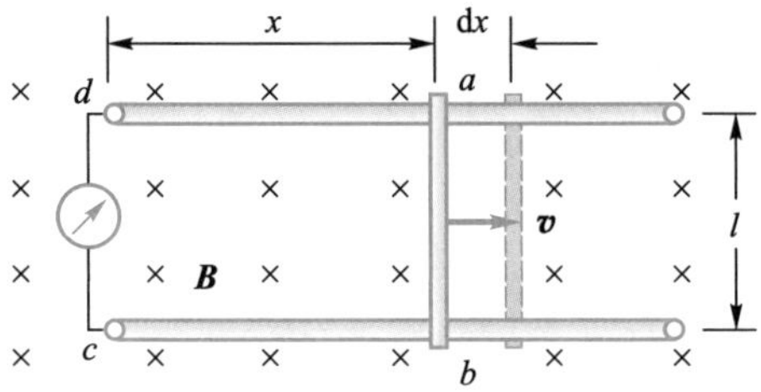

图 12-3 直线导体中的动生电动势

设在 $\mathrm{d}t$ 时间内导体 ab 向右移动的距离为 $\mathrm{d}x$,则回路所围面积增加而磁通量的增量为

$$\mathrm{d}\Phi = B\mathrm{d}S = Bl\mathrm{d}x$$

根据电磁感应定律,故回路中导体 ab 运动产生的电动势为

$$\mathscr{E} = -\frac{\mathrm{d}\Phi}{\mathrm{d}t} = -Bl\frac{\mathrm{d}x}{\mathrm{d}t} = -Blv \qquad (12-4)$$

式(12-4)中的负号是由楞次定律确定的,可以判定导线 ab 上动

生电动势从 b 指向 a，a 端电势高于 b 端电势。

动生电动势可以看成由洛伦兹力引起的，洛伦兹力是引起电动势的非静电力。当导体 ab 以速度 $\boldsymbol{v}$ 向右运动时，导体内自由电子也以速度 $\boldsymbol{v}$ 向右运动，其受到的洛伦兹力 $\boldsymbol{F}_{\mathrm{m}}$ 为

$$\boldsymbol{F}_{\mathrm{m}}=-e\boldsymbol{v}\times\boldsymbol{B}$$

$\boldsymbol{F}_{\mathrm{m}}$ 的方向由 a 指向 b。在洛伦兹力的作用下，电子沿导体由 a 向 b 运动，在 b 端聚集，使 b 端带负电，而 a 端因失去电子而带正电，于是 a 端的电势高于 b 端。因此，洛伦兹力这个非静电力的作用使 a、b 间形成了电动势。此时，ab 段中的非静电性电场强度 $\boldsymbol{E}_{\mathrm{k}}$ 为

$$\boldsymbol{E}_{\mathrm{k}}=\frac{\boldsymbol{F}_{\mathrm{m}}}{-e}=\boldsymbol{v}\times\boldsymbol{B} \tag{12-5}$$

则 ab 段形成的动生电动势为

$$\mathscr{E}=\int_{b}^{a}\boldsymbol{E}_{\mathrm{k}}\cdot\mathrm{d}\boldsymbol{l}=\int_{b}^{a}(\boldsymbol{v}\times\boldsymbol{B})\cdot\mathrm{d}\boldsymbol{l} \tag{12-6}$$

由式(12-6)也可以判断动生电动势的方向：电动势的指向与非静电性电场强度 $\boldsymbol{v}\times\boldsymbol{B}$ 在导线上分量的方向相同。判断时，可先确定 $\boldsymbol{v}\times\boldsymbol{B}$ 的方向，再将 $\boldsymbol{v}\times\boldsymbol{B}$ 在运动导线上投影，其投影的指向就是在运动导线上产生的电动势的方向。

例 12.2

长为 L 的金属棒在磁感应强度为 $\boldsymbol{B}$ 的均匀磁场中，以角速度 ω 在与磁场方向垂直的平面内绕棒的一端 O 匀速转动，如图 12-4 所示。求棒中的感应电动势。

解　在金属棒上与 O 点距离为 l 处取线元 $\mathrm{d}l$，其运动速度的大小为 $v=l\omega$，因 $\boldsymbol{v}$，$\boldsymbol{B}$，$\mathrm{d}\boldsymbol{l}$ 相互垂直，所以 $\mathrm{d}l$ 两端的动生电动势为

$$\mathrm{d}\mathscr{E}=(\boldsymbol{v}\times\boldsymbol{B})\cdot\mathrm{d}\boldsymbol{l}=Bv\mathrm{d}l=Bl\omega\mathrm{d}l$$

金属棒 L 两端的总电动势为

$$\mathscr{E}=\int\mathrm{d}\mathscr{E}=\int_{0}^{L}B\omega l\mathrm{d}l=\frac{1}{2}B\omega L^{2}$$

动生电动势的方向由 O 指向 P。

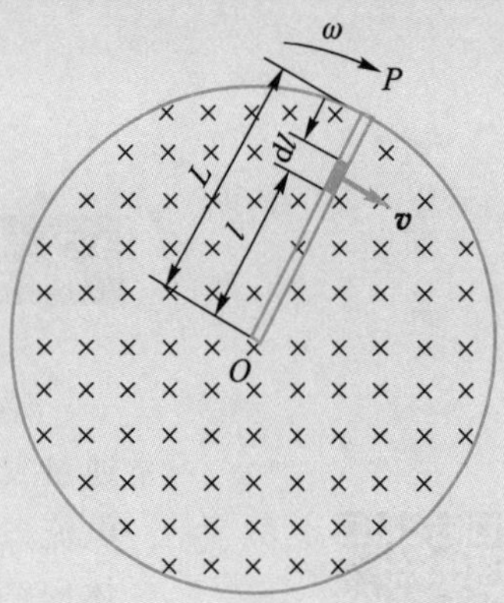

图 12-4　例 12.2 图

例 12.3

如图 12-5 所示，无限长载流直导线通有电流为 I，现有一导体棒 ab 与无限长电流共面，

并且相互垂直。已知导体棒 ab 的长度为 l,a 点与电流距离为 d,导体棒以速度 $\boldsymbol{v}$ 沿着平行于直电流的方向运动,求导体棒 ab 中的动生电动势。

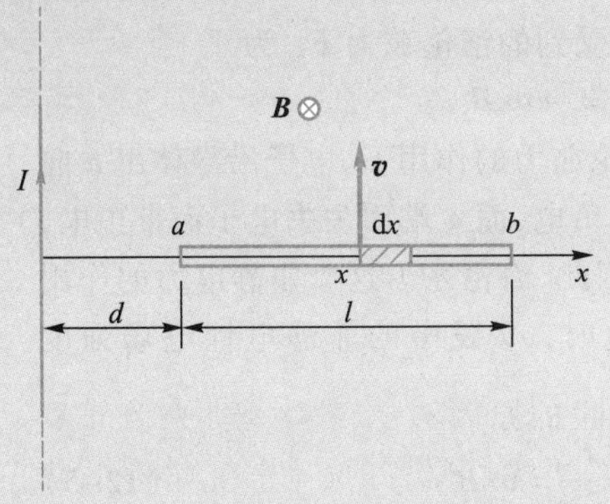

图 12-5 例 12.3 图

解 由安培环路定理,可以计算出与无限长直电流的距离为 x 处磁感应强度 $\boldsymbol{B}$ 的大小为

$$B=\frac{\mu_0 I}{2\pi x}$$

其方向垂直于纸面向里。在导体棒 ab 上取一小段导体线元 dx,则其产生的动生电动势为

$$d\mathscr{E}=(\boldsymbol{v}\times\boldsymbol{B})\cdot d\boldsymbol{l}$$

由于磁感应强度 $\boldsymbol{B}$ 的方向垂直于纸面向里,$\boldsymbol{v}\times\boldsymbol{B}$ 的方向由 b 指向 a,与积分路径 $d\boldsymbol{l}$ 方向相反,dl 即为 dx,则有

$$\begin{aligned}d\mathscr{E}&=(\boldsymbol{v}\times\boldsymbol{B})\cdot d\boldsymbol{l}=vBdx\cos\pi\\&=-vBdx\end{aligned}$$

导体棒 ab 产生的动生电动势为

$$\mathscr{E}=\int_d^{d+l}-vBdx=-\int_d^{d+l}v\frac{\mu_0 I}{2\pi x}dx=-\frac{\mu_0 Iv}{2\pi}\ln\frac{d+l}{d}$$

负号表示电动势的方向与积分路径 $d\boldsymbol{l}$ 的方向相反,电动势的方向由低电势指向高电势,所以 a 点的电势高。

12.2.2 感生电动势

阅读材料:

麦克斯韦电磁场理论的提出

感生电动势是由磁场变化引起穿过闭合回路所围面积的磁通量发生变化而产生的。感生电动势在导体回路中将引起感应电流,这是由于导体内自由电子受力作定向运动的结果。由于导体回路没有运动,这个力不是洛伦兹力,也不是静电力。

麦克斯韦假设,由磁场变化产生了一种电场,是这个电场使导体中自由电子定向运动而形成电流。麦克斯韦还认为,即使没有导体,这种电场同样存在。这种由变化磁场产生的电场称为感生电场。

感生电场的电场强度是非静电性电场强度,用 $\boldsymbol{E}_k$ 表示。单

位正电荷沿闭合回路 L 运动一周时，感生电场对其所做的功等于回路 L 内产生的感生电动势，即

$$\mathscr{E}=\oint_L \boldsymbol{E}_{\mathrm{k}} \cdot \mathrm{d}\boldsymbol{l} \tag{12-7}$$

由法拉第电磁感应定律可得

$$\oint_L \boldsymbol{E}_{\mathrm{k}} \cdot \mathrm{d}\boldsymbol{l}=-\frac{\mathrm{d}\Phi}{\mathrm{d}t} \tag{12-8}$$

式(12-8)表明，感生电场的电场强度沿任一闭合回路的线积分不等于零，即感生电场不是保守场，而是有旋场。

与静电场相同，感生电场对置于其中的静止电荷也有作用力。它们的不同之处，一是产生的原因不同，静电场是由静止电荷产生的，而感生电场则是由变化磁场激发的；二是性质不同，静电场是保守场，而且有源，它的电场线起始于正电荷（或无限远），终止于负电荷（或无限远）。感生电场则是有旋场，它的电场线为闭合曲线，无头无尾。

例 12.4

无限长通电直导线与一矩形线框共面（尺寸如图 12-6 所示），电流为 $I=I_0\sin\omega t$，求线框中的感生电动势。

解 无限长通电直导线在周围产生的磁场的磁感应强度为

$$B=\frac{\mu_0 I}{2\pi x}$$

取图示阴影部分为面积元 $\mathrm{d}S=l\mathrm{d}x$，方向垂直纸面向内，则穿过矩形线框的磁通量为

$$\Phi=\int_S B \cdot \mathrm{d}S=\int_d^{d+b}\frac{\mu_0 I}{2\pi x}l\mathrm{d}x$$

$$=\frac{\mu_0 Il}{2\pi}\ln\frac{d+b}{d}$$

根据法拉第电磁感应定律

$$\mathscr{E}=-\frac{\mathrm{d}\Phi}{\mathrm{d}t}=-\frac{\mu_0 l}{2\pi}\ln\frac{d+b}{d}\frac{\mathrm{d}I}{\mathrm{d}t}$$

$$=-\frac{\mu_0 l}{2\pi}\ln\left(\frac{d+b}{d}\right)I_0\omega\cos\omega t$$

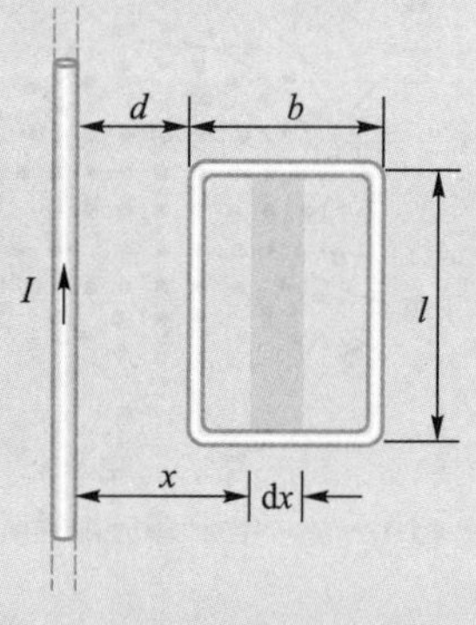

图 12-6 例 12.4 图

例 12.5

如图 12-7 所示，有一半径为 r、电阻为 R 的细圆环，放在与圆环平面相垂直的均匀磁场中。设磁场的磁感应强度随时间变化，且 $\mathrm{d}B/\mathrm{d}t=k$，求圆环上感应电流的大小。

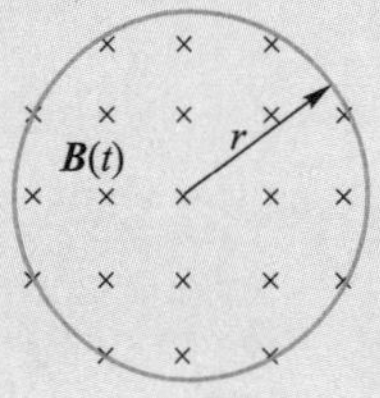

图 12-7 例 12.5 图

解 由题意可知，通过细圆环的磁场在任意的某一时刻，其磁场的空间分布是均匀的，但是磁场的磁感应强度又是随时间变化的。由变化的磁场形成感生电场，为

$$E_k=\frac{dB}{dt}$$

根据式(12-7)可得，圆环上的感应电动势的大小为

$$\mathscr{E}=\oint_l \boldsymbol{E}_k\cdot d\boldsymbol{l}=\int_S\frac{d\boldsymbol{B}}{dt}\cdot d\boldsymbol{S}$$

由于磁感应强度垂直于圆环平面，圆环的半径为 r，则有

$$\mathscr{E}=\frac{dB}{dt}\int_S dS=\frac{dB}{dt}\pi r^2=k\pi r^2$$

根据欧姆定律，可求得圆环内的电流为

$$I=\frac{\mathscr{E}}{R}=k\frac{\pi r^2}{R}$$

12.2.3 感生电场的应用

1. 电子感应加速器

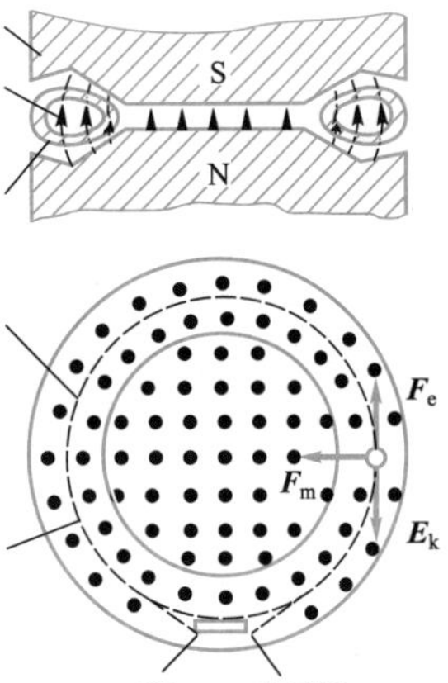

图 12-8 电子感应加速器

电子感应加速器是利用感生电场加速电子以获得高速电子束的装置。如图 12-8 所示是电子感应加速器的原理图。N 和 S 是横截面为圆形电磁铁的两极。两极中间装有环形真空室，电磁铁在频率为数十赫兹的强大正弦交流电激励下，在两磁极间产生关于磁极的圆心对称的交变磁场，从而在真空室内形成同样关于圆心对称的感生电场。因此由式(12-8)可得此感生电场的电场强度为

$$E_k=\frac{1}{2\pi R}\frac{d\Phi}{dt} \qquad (12-9)$$

由电子枪沿真空室圆周切向注入的电子，既在磁场中受洛伦兹力的作用而作圆周运动，又在感生电场作用下不断沿切向获得加速。圆周运动的半径

$$R=\frac{mv}{eB} \qquad (12-10)$$

由式(12-10)可知，要使电子沿环形真空室(半径为 R 不变)运动，就要求其所处磁场的磁感应强度 $\boldsymbol{B}$ 必须随电子的动量的增加而成比例地增加，即得到

$$B=\frac{1}{eR}mv \qquad (12-11)$$

式(12-11)两边对 t 求导得

$$\frac{dB}{dt}=\frac{1}{eR}\frac{d}{dt}(mv) \qquad (12-12)$$

因为电子动量大小的时间变化率等于作用在电子上的电场力 eE_k，所以上式可写成

$$\frac{\mathrm{d}B}{\mathrm{d}t}=\frac{E_{\mathrm{k}}}{R} \tag{12-13}$$

将式(12-9)代入式(12-13)得

$$\frac{\mathrm{d}B}{\mathrm{d}t}=\frac{1}{2\pi R^{2}}\frac{\mathrm{d}\Phi}{\mathrm{d}t} \tag{12-14}$$

通过电子圆形轨道所围面积的磁通量为 $\Phi=\pi R^{2}\overline{B}$,其中 $\overline{B}$ 是整个圆形区域内的磁感应强度的平均值,将其代入式(12-14)得

$$\frac{\mathrm{d}B}{\mathrm{d}t}=\frac{1}{2}\frac{\mathrm{d}\overline{B}}{\mathrm{d}t} \tag{12-15}$$

式(12-15)说明 B 和 $\overline{B}$ 都随时间变化,但应保持 $B=\overline{B}/2$,这是使电子维持在恒定的圆形轨道上加速时磁场必须满足的条件。在设计电子感应加速器时,两极间的空隙从中心向外逐渐增大,就是为了使磁场的分布满足这一要求。

由于磁场和感生电场都是交变的,所以在交变电流的一个周期内,只有当感生电场的方向与电子绕行的方向相反时,电子才能得到加速。因而,要求每次注入电子束并使它加速后,在感生电场尚未改变方向前就将已加速的电子束从加速器中引出。由于用电子枪注入真空室的电子束已经具有很大速度,在感生电场方向改变前的短时间内,电子束已经在环内绕行几十万圈,并且一直受到电场加速,所以可获得能量相当高的电子。例如一个 100 MeV 的电子感应加速器,能使电子速度加速到 0.999 986c(c 是光在真空中的速度)。这种加速运动的高能电子束能产生射线,可用于工业探伤及医学中的癌症治疗等。电子感应加速器中感生电场对电子的加速作用,表明麦克斯韦提出的感生电场是客观存在的。

2. 涡电流

感生电场可以在整块金属内部引起闭合涡旋状的感应电流。这种电流称为涡电流,简称涡流。如图 12-9 所示,当线圈中通过交变电流时,在铁芯内部有变化的磁场,因而产生感生电场,引起涡流。涡流在通过电阻时也要放出焦耳热。利用涡电流的热效应进行加热的方法称为感应加热。如图 12-10 所示是感应炉的示意图,当线圈中通有高频交变电流时,感应炉中被冶炼的金属内出现很大的涡流,它所产生的热能很快熔化金属。这种冶炼的方法升温快,并且易于控制温度,还可避免其他杂质混入炉内,适用于冶炼特种钢。

变压器、电机铁芯中的涡流热效应不仅损耗能量,严重时还会使设备烧毁。为减少涡流,变压器、电机中的铁芯都是用很薄且彼此绝缘的硅钢片叠压而成。

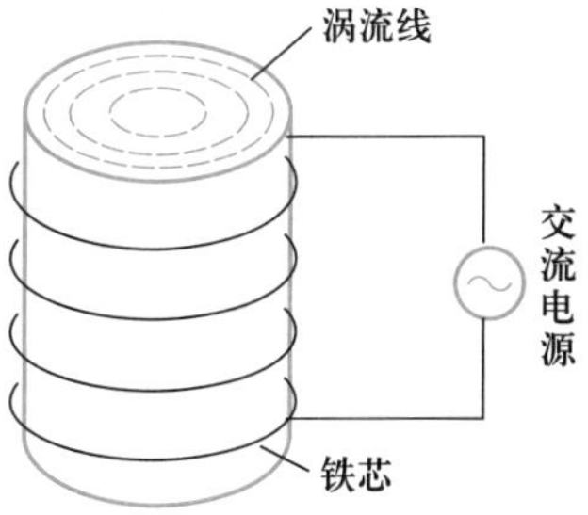

图 12-9 铁芯中的涡流

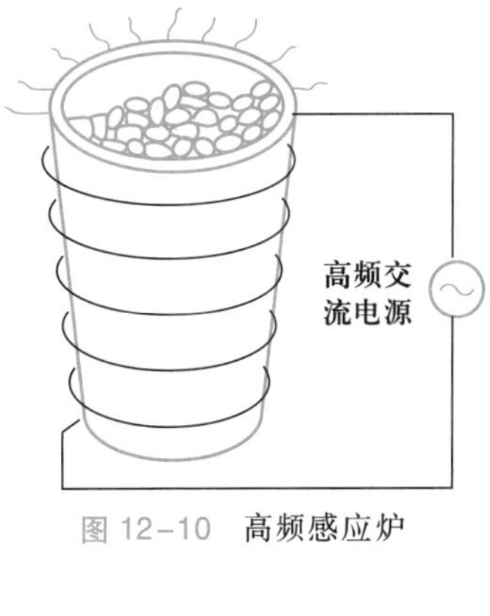

图 12-10 高频感应炉

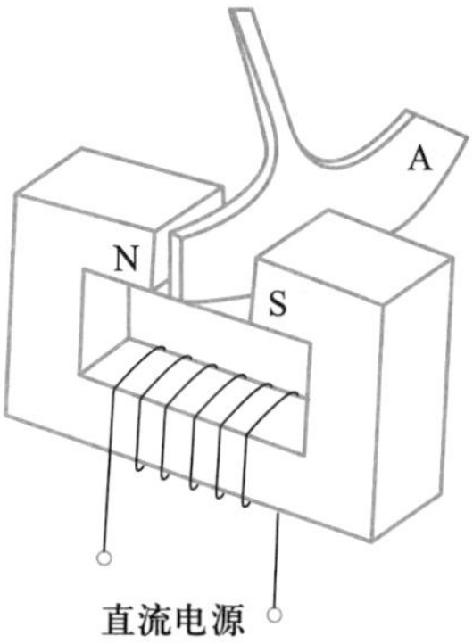

图 12-11 电磁阻尼

如图 12-11 所示，在电磁铁未通电时，由铜板 A 做成的摆要往复多次，摆才能停止下来。如果电磁铁通电，磁场在摆动的铜板 A 中产生涡流。涡流受磁场作用力的方向与摆动方向相反，因而增大了摆的阻尼，摆很快就能停止下来，这种现象称为**电磁阻尼**。

电磁仪表中的电磁阻尼器就是根据涡流磁效应制成的，它可使仪表指针很快地稳定在应指示的位置上。此外，电气机车的电磁制动器也是根据这一效应制成的。

交变磁场会在导体内部引起涡流，使电流在导体横截面上的分布不再是均匀的，这时，电流将主要地集中到导体表面。这种效应称为**趋肤效应**。电流的频率越高，趋肤效应越明显。根据趋肤效应，在高频电路中可用空心铜导线代替实心铜导线以节约铜材。架空输电线中心部分改用抗拉强度大的钢丝。虽然其电阻率大一些，但是并不影响输电性能，又可增大输电线的抗拉强度。利用趋肤效应还可对金属表面淬火，使某些钢件表皮坚硬、耐磨，而内部却有一定柔性，防止钢件脆裂。

12.3 自感和互感

12.3.1 自感

在图 12-12 所示的实验装置中，当开关 S 闭合时，灯泡 A 立刻就亮了，而相同的灯泡 B 却要慢慢地亮起来；当断开开关 S 时，两灯泡则要慢慢地熄灭。这是由电路中线圈 L 的电磁感应现象引起的。

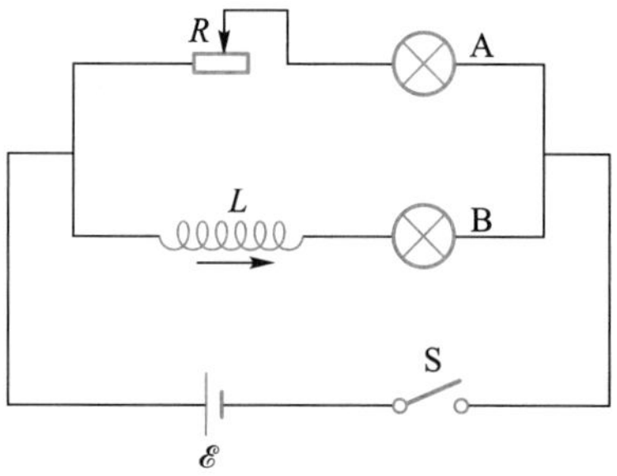

图 12-12 自感现象实验

任何导体回路通有电流时，此电流产生的磁场的磁感线，必然穿过回路本身所围面积。如果回路中的电流发生变化,通过回路本身所围面积的磁通量也将变化。根据法拉第电磁感应定律,在该回路中同样会产生感生电动势。由于回路中电流变化而在回路自身中引起感应电动势的现象,称为自感现象。由此引起的电动势称为自感电动势。

在上述实验中,开关 S 闭合时,流过线圈 L 的电流由零增大,使穿过线圈所围面积的磁通量也由零增大,根据楞次定律,回路中要产生阻碍磁通量增大的与原电流方向相反的感应电流,阻碍线圈中电流的增大,故灯泡 B 慢慢地亮起来。当断开开关 S 时,线圈中的感应电流要阻碍电流的减小,所以两灯泡要慢慢地熄灭。

若只有一个闭合回路,设通过导体回路的电流为 I,由毕奥-萨伐尔定律可知,该电流在空间任一点激发的磁感应强度与电流 I 成正比,因此穿过回路的磁通量也与 I 成正比,即

$$\Phi = LI \tag{12-16}$$

式(12-16)中比例系数 L 称为回路的自感系数,简称自感,工程上常称为电感。L 的数值与回路的大小、形状、线圈匝数及周围磁介质的磁导率有关,在没有铁磁质的情况下,与电流 I 无关。

若闭合回路是由 N 匝线圈组成的,则回路的磁链 Ψ 为

$$\Psi = N\Phi = LI \tag{12-17}$$

式(12-17)表明,N 匝线圈回路的自感系数在数值上等于该回路中通过单位电流时穿过线圈回路面积的磁链。由法拉第电磁感应定律,自感电动势为

$$\mathscr{E}_L = -\frac{\mathrm{d}\Psi}{\mathrm{d}t} = -\frac{N\mathrm{d}\Phi}{\mathrm{d}t} = -\left(L\frac{\mathrm{d}I}{\mathrm{d}t} + I\frac{\mathrm{d}L}{\mathrm{d}t}\right)$$

如果线圈回路的几何形状、大小及周围磁介质的磁导率都不变,L 为一常量,即 $\mathrm{d}L/\mathrm{d}t = 0$,于是

$$\mathscr{E}_L = -L\frac{\mathrm{d}I}{\mathrm{d}t} \tag{12-18}$$

线圈回路的自感系数越大,自感的作用越强,回路中的电流越不容易改变。回路的自感具有使回路保持原有电流不变的性质。这与力学中物体的惯性有些相似。因此,自感也可看成回路“电磁惯性”的量度。

在 SI 中,自感的单位是 H(亨[利])。$1\ \mathrm{H} = 1\ \mathrm{Wb\cdot A^{-1}}$,常用的单位是 mH 或 μH,$1\ \mathrm{H} = 10^3\ \mathrm{mH} = 10^6\ \mu\mathrm{H}$。

例 12.6

一长直螺线管的长度为 l,横截面积为 S,线圈的总匝数为 N,螺线管内充满磁导率为 μ 的非铁磁介质,求其自感。

解 设有电流 I 通过长直螺线管，忽略漏磁和端点处磁场的不均匀性，管内磁感应强度的大小为

$$B=\mu nI=\mu \frac{N}{l}I$$

通过螺线管的磁链为

$$\Psi=N\Phi=NBS=\mu \frac{N^2S}{l}I$$

由于 $\Psi=N\Phi=LI$，所以

$$L=\mu \frac{N^2}{l}S \qquad (12-19a)$$

如果螺线管内的体积用 $V=Sl$ 表示，绕制密度（单位长度内的匝数）用 n 表示，则式(12-19a)可改写为

$$L=\mu\left(\frac{N}{l}\right)^2 lS=\mu n^2 V \qquad (12-19b)$$

由式(12-19b)可见，增加单位长度内的匝数 n 是增大线圈自感 L 的有效方法。

12.3.2 互感

设有两个邻近的回路 1 和 2，分别通有电流 I_1 和 I_2，如图 12-13 所示。I_1 激发的磁场，有一部分磁感线通过回路 2 所围面积；同样，I_2 激发的磁场也有一部分通过回路 1 所围面积。当其中一个回路中的电流变化时，通过另一个回路的磁通量也跟着变化，从而在回路中产生感应电动势。这种现象称为**互感现象**，所产生的电动势称为**互感电动势**。

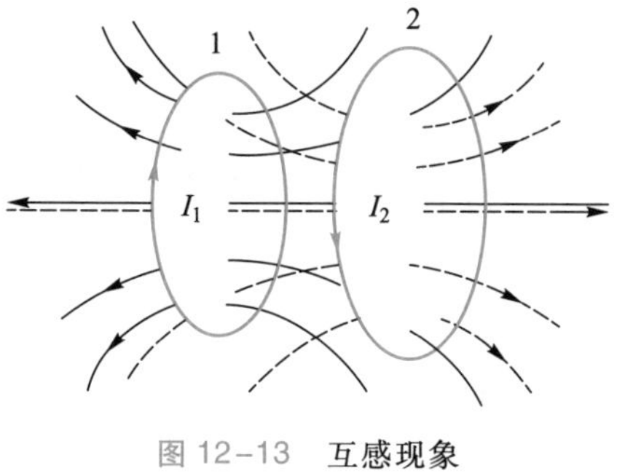

图 12-13 互感现象

设回路 1 中电流 I_1 产生的磁场穿过回路 2 的磁通量为 Φ_{21}，回路 2 中电流 I_2 产生的磁场穿过回路 1 的磁通量为 Φ_{12}。根据毕奥-萨伐尔定律，在没有铁磁质的情况下，Φ_{21} 正比于 I_1，Φ_{12} 正比于 I_2，写成等式为

$$\Phi_{21}=M_{21}I_1 \qquad (12-20a)$$

$$\Phi_{12}=M_{12}I_2 \qquad (12-20b)$$

可以证明，以上两式中的比例系数 M_{21} 和 M_{12} 相等。一般用符号 M 表示，即

$$M_{21}=M_{12}=M \tag{12-21}$$

把式(12-21)中 M 称为两个回路的互感系数,简称互感。它的数值由两回路的几何形状、大小、匝数、两回路的相对位置以及周围磁介质的磁导率决定。在没有铁磁质的情况下,其数值与电流无关. 这样,前面的式(12-20a)、式(12-20b)可改写为

$$\Phi_{21}=MI_1 \tag{12-22a}$$

$$\Phi_{12}=MI_2 \tag{12-22b}$$

式(12-22a)、式(12-22b)表明,两回路的互感系数在数值上等于其中一个回路为单位电流时,其磁场穿过另一个回路的磁通量。

如果两回路的形状、大小、匝数、相对位置和周围磁介质都保持不变,则 M 为常量。根据法拉第电磁感应定律,当回路 1 中的电流 I_1 变化时,在回路 2 中引起的互感电动势为

$$\mathscr{E}_{21}=-\frac{\mathrm{d}\Phi_{21}}{\mathrm{d}t}=-M\frac{\mathrm{d}I_1}{\mathrm{d}t} \tag{12-23a}$$

同理,当回路 2 中的电流 I_2 变化时,在回路 1 中引起的互感电动势为

$$\mathscr{E}_{12}=-\frac{\mathrm{d}\Phi_{12}}{\mathrm{d}t}=-M\frac{\mathrm{d}I_2}{\mathrm{d}t} \tag{12-23b}$$

由此可见,当一个回路中的电流随时间的变化率一定时,互感系数越大,在另一个回路中引起的互感电动势也越大。因此,互感系数是表示两个回路互感强弱的物理量。

互感系数的单位与自感系数相同,其值可由实验测定。

例 12.7

一密绕螺绕环的横截面积为 S,单位长度上绕制的匝数为 n,另一个匝数为 N 的小线圈套绕在螺绕环上,如图 12-14 所示。设螺绕环内外半径远大于环截面半径。

(1) 求两个线圈间的互感系数;

(2) 当螺绕环通过的电流变化率为 $\mathrm{d}I/\mathrm{d}t$ 时,求小线圈中感应的互感电动势的大小。

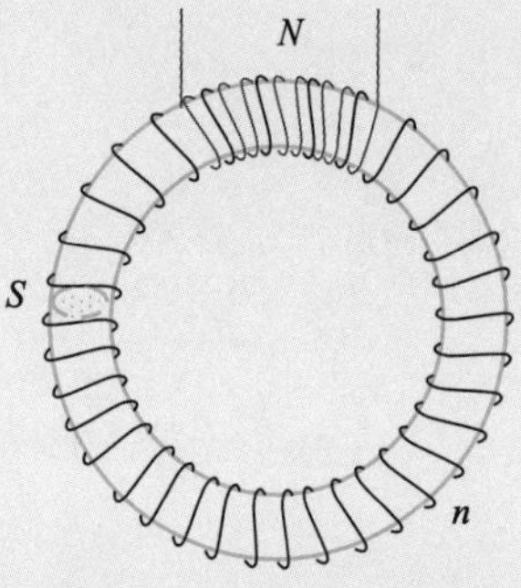

图 12-14 例 12.7 图

解 (1) 由磁场中安培环路定理可得螺绕环内磁感应强度的大小为

$$B=\mu_0 nI$$

通过小线圈的磁链为

$$\Psi=N\Phi=NBS=N\mu_0 nIS$$

根据互感的定义可得到

$$M=\frac{\Psi}{I}=\mu_0 nNS$$

(2) 由式(12-23a)可得小线圈的互感电动势为

$$\mathscr{E}_{21}=\left|-M\frac{\mathrm{d}I_1}{\mathrm{d}t}\right|=\mu_0 nNS\frac{\mathrm{d}I}{\mathrm{d}t}$$

例 12.8

一矩形线圈长为 a，宽为 b，匝数为 N，放置在一根通入电流为 I 的长直载流导线附近，并且与长直载流导线共面，如图 12-15 所示。若载流导线和矩形线圈所在的空间充满磁导率为 μ 的均匀磁介质，求矩形线圈与长直载流导线之间的互感系数。

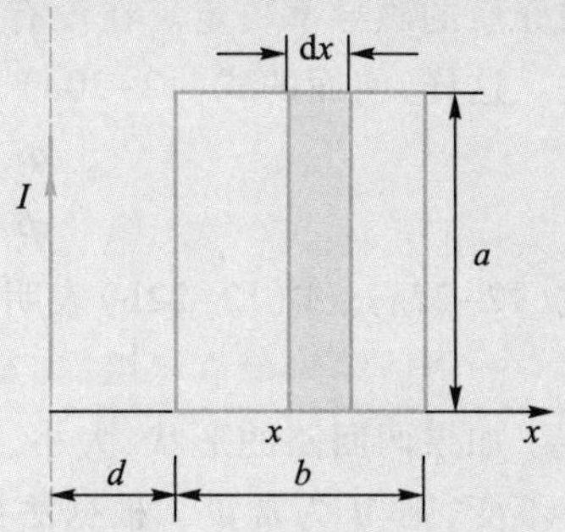

图 12-15 例 12.8 图

解 已知长直载流导线外距离 x 处，磁感应强度的大小为

$$B=\frac{\mu I}{2\pi x}$$

电流的磁场通过矩形线圈的磁链为

$$\Psi=N\Phi=N\int_S \boldsymbol{B}\cdot \mathrm{d}\boldsymbol{S}$$

$$=N\int_d^{d+b}\frac{\mu I}{2\pi x}a\mathrm{d}x$$

$$=\frac{\mu NIa}{2\pi}\ln\frac{d+b}{d}$$

则其互感系数为

$$M=\frac{\psi}{I}=\frac{\mu Na}{2\pi}\ln\frac{d+b}{d}$$

若将载流导线向右移动到矩形线圈的中心轴位置，则线圈磁链为零，互感系数也为零，从而通过位置变化消除了互感。

12.3.3 自感与互感的应用

自感和互感现象在科学技术、生产实践及日常生活中的应用很广泛。

利用线圈自感具有阻碍电流变化的特性，人们可以稳定电路中的电流。电工、电子技术中常用的扼流圈、日光灯电路中的镇流器就是利用了这一特性。电子电路中还常利用线圈的自感作用，与电容器或电阻器构成谐振电路或滤波电路。利用自感储存的能量在短时间内释放而转化成的热能，可使金属工件熔化并进行焊接，这种能量还可用于受控热核反应实验，提供强脉冲磁场。

利用互感可以将电能或电信号由一个回路转移到另一个回路。电工和电子技术中使用的变压器，如电力变压器、中周变压器、输入和输出变压器等都是互感器件。工业生产和实验室中，用直流电源获得高压电的感应圈也是根据互感原理制成的。互感器是互感现象的又一应用实例，其原理与变压器一样，根据用途不同又可将互感器分为电压互感器和电流互感器，如图 12-16 所示。电压互感器实际上是一个降压变压器，常在测量交流高压时与小量程电压表配合使用；电流互感器实际上是一个升压变压器，常在测量大电流时与小量程电流表配合使用；工厂中常用的钳形电流表，如图 12-17 所示，就是一种电流互感器。

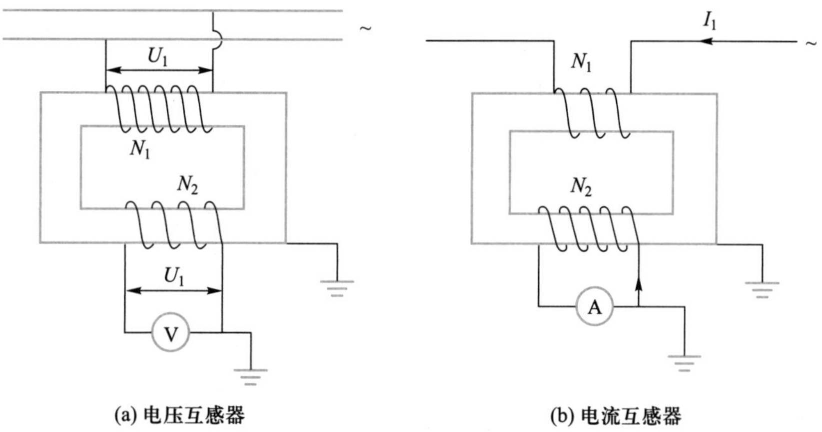

图 12-16 电压互感器和电流互感器原理图

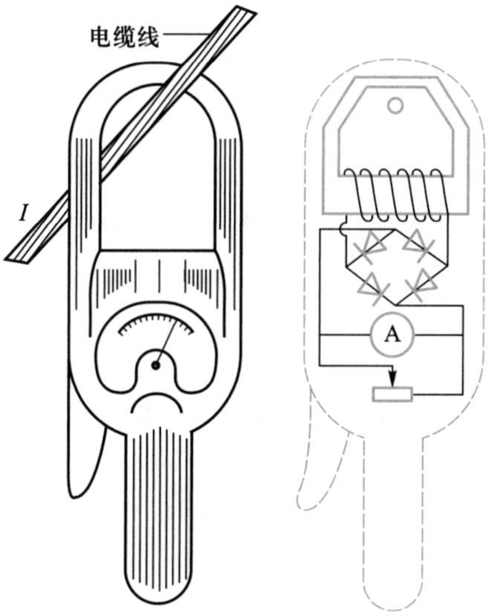

图 12-17 钳形电流表

在有些情况下，自感与互感是有害的。例如，电路中存在自感系数较大的线圈，当电路断开时，由于电流变化快，会在电路中产生很大的自感电动势而产生大电流，以至带来各种危害；在有线电话或无线电设备中，互感会引起串音，造成信号间的相互干扰。以上情况都应设法避免。

12.4 磁场能量

磁场和电场一样，也具有能量。这可用上节讨论的自感现象实验加以验证。

在如图 12-12 所示的电路中，当开关 S 闭合时，灯泡 A 立刻变亮，灯泡 B 缓慢变亮。这是由于线圈 L 中电流增大的过程中，将在线圈中产生自感电动势，阻碍电流的增大，也阻碍了线圈中磁场的建立。因此，在线圈中电流达到稳定值前，亦即在线圈中磁场的建立过程中，电源供给的能量除一部分转化为灯泡的热能和光能外，还有一部分要用于克服自感电动势做功，并转化为线圈中磁场的能量，储存起来，直到线圈中的电流达到稳定值，自感电动势消失，磁场能量不再增加。

当开关 S 断开时，灯泡并不立即熄灭，而是要慢慢地熄灭。说明断开电源后，线圈中储存的磁场的能量释放出来，使灯泡继续发光一段时间。

12.4.1　自感磁能

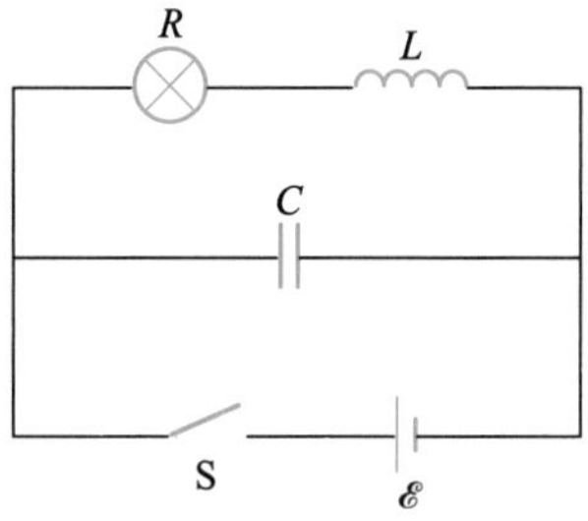

图 12-18　自感线圈能量储存过程

如图 12-18 所示，当电路中开关 S 闭合后，设在线圈中电流从零增加到 I 的过程中，在某时刻 t，线圈中的电流为 i，则该时刻线圈中的自感电动势为

$$\mathscr{E}_L=-L\frac{\mathrm{d}i}{\mathrm{d}t}$$

在 t 到 $t+\mathrm{d}t$ 时间内，电源克服自感电动势所做的功为

$$\mathrm{d}A=-\mathscr{E}_L i\mathrm{d}t=Li\mathrm{d}i$$

线圈中的电流从零增大到稳定值 I 的过程中，电源克服自感电动势所做的功为

$$A=\int_0^I Li\mathrm{d}i=\frac{1}{2}LI^2$$

这就是储存在通电线圈中的能量。因而电流达到稳定值 I 时，线圈中磁场的能量为

$$W_\mathrm{m}=\frac{1}{2}LI^2 \qquad (12-24)$$

12.4.2　磁场的能量

微课视频：磁场的能量

单位体积内的磁场能量称为磁场能量密度，简称磁能密度。下面我们用长直螺线管的磁场能量导出磁能密度公式。

在如图 12-18 所示的电路中，如果长直电感线圈的体积为

V,内部充满磁导率为 μ 的磁介质,通有电流 I,则管内磁感应强度 $B=\mu nI$,其自感系数为 $L=\mu n^2V$,式(12-24)改写为

$$W_m=\frac{1}{2\mu}B^2V \tag{12-25}$$

由于长直螺线管的磁场集中于管内,并且管内是均匀磁场,所以管内的磁能密度为

$$w_m=\frac{W_m}{V}=\frac{1}{2\mu}B^2=\frac{1}{2}BH=\frac{1}{2}\mu H^2 \tag{12-26}$$

式(12-26)虽然是在均匀磁场这种特殊情况下导出的,但是对非均匀磁场也适用。体积为 V 的有限空间内磁场能量为

$$W_m=\int_V \mathrm{d}w_m=\int_V\frac{1}{2\mu}B^2\mathrm{d}V \tag{12-27}$$

例 12.9

一密绕在铁芯上的螺绕环的横截面积为 S,环的平均半径为 r,单位长度上绕制的匝数为 n,线圈中通有电流为 I,铁芯的相对磁导率为 μ_r,如图 12-19 所示。设螺绕环内外半径远大于环截面半径。

(1) 求铁芯内磁场的总能量和平均磁能密度;

(2) 求螺绕环的自感系数。

解 (1) 选取与螺绕环同心的圆周作为安培积分回路 l,根据有介质时的安培环路定理求出螺绕环内任意点的磁场强度为

$$\oint_l \boldsymbol{H}\cdot\mathrm{d}\boldsymbol{l}=H\cdot 2\pi r=NI$$

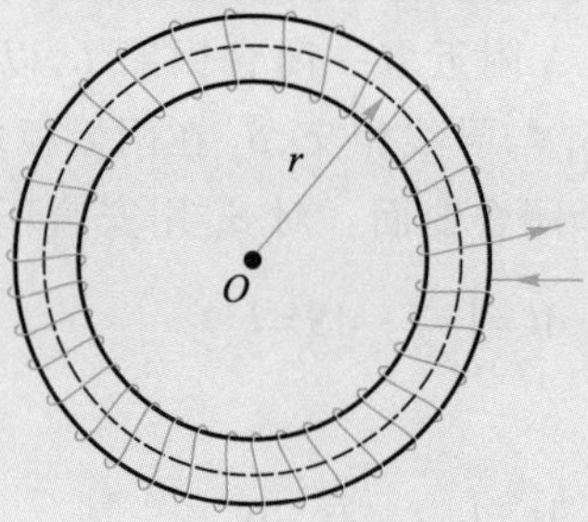

图 12-19 例 12.9 图

可解出

$$H=\frac{NI}{2\pi r}$$

由式(12-26)可求出铁芯内的平均磁能密度,为

$$w_m=\frac{1}{2}\mu H^2=\frac{1}{2}\mu_0\mu_r\left(\frac{NI}{2\pi r}\right)^2=\frac{1}{2}\mu_0\mu_r n^2I^2$$

铁芯内磁场的总能量为

$$W_m=\int_V w_m\mathrm{d}V=w_m\cdot 2\pi r\cdot S=\pi\mu_0\mu_r rSn^2I^2$$

螺绕环的中心轴线周长为 $l=2\pi r$, $V=lS$,则上式中的磁场总能量为

$$W_m=\frac{1}{2}\mu_0\mu_r n^2I^2V$$

(2) 由式(12-24)可知,磁场总能量与电流的关系为

$$W_m=\frac{1}{2}LI^2$$

所以螺绕环的自感系数为

$$L=\frac{2W_m}{I^2}=\mu_0\mu_r n^2V$$

12.5 位移电流 麦克斯韦方程组

12.5.1 位移电流

微课视频：
位移电流

为细致描述导体内各点的电流分布情况，引入电流密度 j。其方向与该点正电荷运动方向相同，$\boldsymbol{e}_n$ 为该方向的单位矢量，大小等于通过垂直于电流方向的单位面积的电流，记为

$$\boldsymbol{j}=\frac{\mathrm{d}I}{\mathrm{d}S_{\perp}}\boldsymbol{e}_n$$

那么，通过导体中任一面积的电流为

$$I=\int_S \boldsymbol{j}\cdot\mathrm{d}\boldsymbol{S}$$

在 11.7 节，我们讨论了恒定电流磁场的安培环路定理，结合上式有

$$\oint_l \boldsymbol{H}\cdot\mathrm{d}\boldsymbol{l}=\sum I=\int_S \boldsymbol{j}\cdot\mathrm{d}\boldsymbol{S} \tag{12-28}$$

式(12-28)表明，磁场强度沿任意闭合回路的环流等于该回路包围的传导电流的代数和。在非恒定电流的磁场中该定理还成立吗？

例如，在电容器充放电过程中，电路导线中的电流 I 随时间变化，是非恒定电流。而且在电容器两极板之间没有传导电流。如图 12-20 所示，若在极板 A 附近取一闭合回路 L，以 L 为边界作两个曲面 S_1 和 S_2，其中 S_1 与导线相交，S_2 在两极板之间，不与导线相交；S_1 和 S_2 构成一个闭合曲面。对 S_1 用安培环路定理得

$$\oint_L \boldsymbol{H}\cdot\mathrm{d}\boldsymbol{l}=\int_S \boldsymbol{j}\cdot\mathrm{d}\boldsymbol{S}=I$$

对 S_2 用安培环路定理则有

$$\oint_L \boldsymbol{H}\cdot\mathrm{d}\boldsymbol{l}=\int_S \boldsymbol{j}\cdot\mathrm{d}\boldsymbol{S}=0$$

显然，这两式是矛盾的，说明在非恒定电流的磁场中安培环路定理不成立。需要寻找新规律。

我们对此过程进行进一步分析。当电容器充放电时，两极板上的电荷量 q 和电荷面密度 σ 都随时间变化，设极板面积为 S。按照电荷守恒定律，在充放电过程中的任一时刻，极板中的传导电流应等于极板上电荷量的变化率，即

$$I_c = \frac{dq}{dt} = \frac{d(S\sigma)}{dt} = S\frac{d\sigma}{dt}$$

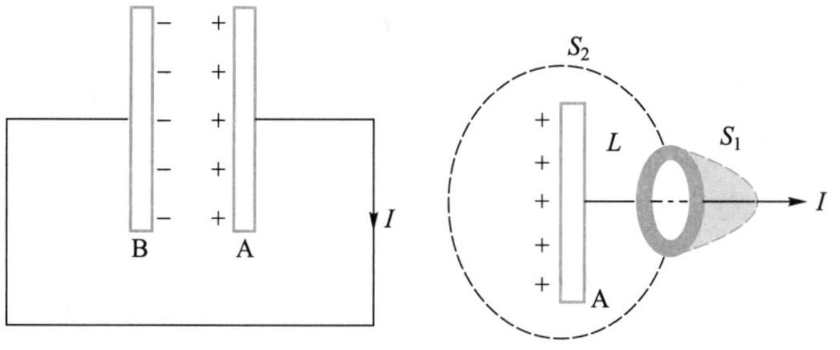

图 12-20 传导电流的不连续性

传导电流密度为

$$j_c = \frac{d\sigma}{dt}$$

导线中的传导电流在电容器两极板之间中断。因此,对整个电路来说,传导电流是不连续的。

与此同时,两极板间的电位移 $D=\sigma$ 和通过整个截面的电位移通量 $\Psi=SD$ 也随时间变化。它们随时间的变化率分别为

$$\frac{dD}{dt} = \frac{d\sigma}{dt}, \frac{d\Psi}{dt} = S\frac{d\sigma}{dt}$$

从上述结果可以看出:极板间电位移随时间的变化率等于极板中的传导电流密度;极板间电位移通量随时间的变化率等于极板中的传导电流。并且当电容器放电时,极板上电荷面密度 σ 减小,极板间的电位移 $\boldsymbol{D}$ 减小,所以 $d\boldsymbol{D}/dt$ 的方向与 $\boldsymbol{D}$ 的方向相反,但与极板内传导电流的方向相同。当电容器充电时,极板上电荷面密度 σ 增大,极板间的电位移 $\boldsymbol{D}$ 增大,所以 $d\boldsymbol{D}/dt$ 的方向与 $\boldsymbol{D}$ 的方向相同,与极板内传导电流的方向也相同,如图 12-21 所示。因此,我们可以设想,如果以 $d\boldsymbol{D}/dt$ 表示某种电流密度,则它可以代替在两板间中断的传导电流,从而恢复电流的连续性。

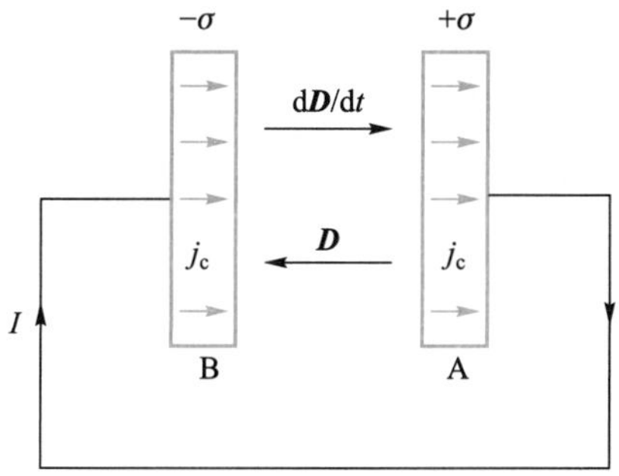

图 12-21 位移电流

麦克斯韦把电位移 $\boldsymbol{D}$ 的时间变化率 $\mathrm{d}\boldsymbol{D}/\mathrm{d}t$ 称为位移电流密度，把电位移通量的时间变化率 $\mathrm{d}\Psi/\mathrm{d}t$ 称为位移电流，即

$$\boldsymbol{j}_{\mathrm{d}}=\frac{\partial \boldsymbol{D}}{\partial t},\quad I_{\mathrm{d}}=\frac{\mathrm{d}\Psi}{\mathrm{d}t} \tag{12-29}$$

麦克斯韦假设位移电流和传导电流一样，也会在其周围空间激发磁场，并认为电路中可同时存在传导电流和位移电流，它们的和称为全电流 I_{s}，则

$$I_{\mathrm{s}}=I_{\mathrm{c}}+I_{\mathrm{d}}$$

位移电流的引入不仅使全电流保持连续，麦克斯韦还据此把安培环路定理推广到非恒定电流的磁场中，得到全电流安培环路定理：磁场强度 $\boldsymbol{H}$ 沿任意闭合回路的环流等于穿过以该闭合回路为边线的任意曲面的全电流，即

$$\oint_{l}\boldsymbol{H}\cdot \mathrm{d}\boldsymbol{l}=\sum(I_{\mathrm{c}}+I_{\mathrm{d}})=\int_{S}\left(\boldsymbol{j}_{\mathrm{c}}+\frac{\partial \boldsymbol{D}}{\partial t}\right)\cdot \mathrm{d}\boldsymbol{S} \tag{12-30}$$

12.5.2 麦克斯韦方程组

麦克斯韦关于有旋电场的假设指出，除静止电荷激发无旋电场外，变化的磁场还将激发涡旋电场；位移电流假设指出，变化的电场和传导电流一样能激发出涡旋磁场。这说明变化的电场和变化的磁场是相互联系的，它们相互激发形成一个统一的电磁场。下面分别介绍麦克斯韦方程组。

1. 电场的高斯定理

自由电荷激发的电场和变化磁场激发的电场性质不同，但高斯定理普遍适用。这是由于变化的磁场激发涡旋电场，其电位移线是闭合的，对闭合曲面的通量无贡献。因此，电场的高斯定理为：在任何电场中，通过任何闭合曲面的电位移通量等于该闭合曲面内自由电荷的代数和，即

$$\oint_{S}\boldsymbol{D}\cdot \mathrm{d}\boldsymbol{S}=\sum q=\int_{V}\rho \mathrm{d}V \tag{12-31}$$

2. 磁场的高斯定理

传导电流、磁化电流、变化的电场激发的磁场都是涡旋场，它们的磁感线都是闭合曲线。因此，在任何磁场中，通过任何闭合曲面的磁通量总是等于零。故磁场的高斯定理为

$$\oint_{S}\boldsymbol{B}\cdot \mathrm{d}\boldsymbol{S}=0 \tag{12-32}$$

3. 变化电场激发磁场

经麦克斯韦修正后的全电流安培环路定理为

$$\oint_l \boldsymbol{H}\cdot \mathrm{d}\boldsymbol{l}=\sum(I_c+I_d)=\int_S\left(\boldsymbol{j}_c+\frac{\partial \boldsymbol{D}}{\partial t}\right)\cdot \mathrm{d}\boldsymbol{S} \qquad (12-33)$$

4. 变化的磁场激发电场

法拉第电磁感应定律

$$\oint_L E\cdot \mathrm{d}l=-\frac{\mathrm{d}\Phi}{\mathrm{d}t}=-\int_S\frac{\partial B}{\partial t}\cdot \mathrm{d}S \qquad (12-34)$$

反映了变化的磁场激发电场，而且在$\frac{\partial B}{\partial t}=0$时，仍能将自由电荷的静电场包括在内。

*12.6 电磁波

麦克斯韦在总结前人研究成果的基础上提出了电磁场理论，认为变化电场与变化磁场相互依存，形成了统一的电磁场；并预言电磁场能够以波动的形式在空间传播，这种波称为电磁波。后来，赫兹用实验证实了上述论断的正确性。

12.6.1 电磁振荡

如图 12-22 所示的 *LC* 电路中，先将开关 S 扳向右边，使电源对电容器 *C* 充电，这时电容器极板上分别带有等量异号的电荷 $+Q$和$-Q$。然后将开关 S 扳向左边，电容器开始放电，由于线圈的自感作用，其中的电流将逐渐增大。当电容器放电完毕，极板上的电荷为零时，线圈中电流达到最大值 I，此时虽然电容器没有电荷了，但电流并不立即消失，由于自感作用，电流仍沿原方向继续流动，对电容器反向充电，当电流消失时，电容器上又充有电荷 Q，不过两极板上所带电荷的符号与开始时相反。然后电容器反向放电，于是电路中通有反向电流，线圈再借其自感作用，使电容器充电到开始状态。以后又重复上述过程。

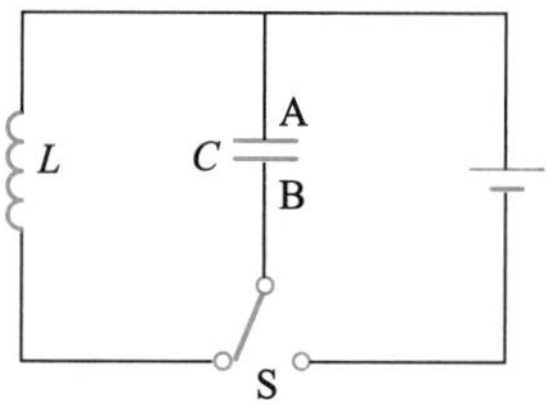

图 12-22 *LC* 电路

显然，电容器在充电完毕时储有电能 $W_e=Q^2/2C$，继而转化为线圈中的磁能 $W_m=LI^2/2$，接着磁能又转化为电能，电能再转化为磁能，磁能再转化为电能，使电容器恢复到原来的充电状态。随着电能和磁能的交替转化，电路中的电荷或电流将随时间从零变到最大，又从最大变为零，沿正、反方向一直往复地这样变化下去，形成电磁振荡。产生电磁振荡的电路称为振荡电路。在上述

LC 振荡电路中，由于未考虑电路的电阻和辐射等阻尼，故在电能和磁能的转化过程中，总能量是守恒的。这种振荡称为无阻尼自由振荡。我们可以证明，在无阻尼自由振荡的电路中，电荷或电流按简谐振动规律作周期性变化，其固有频率为

$$\nu=\frac{1}{2\pi}\sqrt{\frac{1}{LC}} \tag{12-35}$$

12.6.2 电磁波的产生与传播

在 *LC* 振荡电路中，电容器极板上的电荷和线圈中的电流都在作周期性变化，极板间的电场和线圈内的磁场也随之作周期性变化。根据麦克斯韦电磁场理论，这种变化的电场与磁场形成统一的电磁场，要向外传播，辐射电磁波。可是，在上述振荡电路中，振荡频率很低，且电场和磁场被分别局限在电容器和自感线圈内，不利于电磁波的辐射。为此，我们把电容器两个极板的间距逐渐增大，并把两极板缩成两个球，同时减小线圈匝数使之逐渐变成一条直线，如图 12-23 所示。

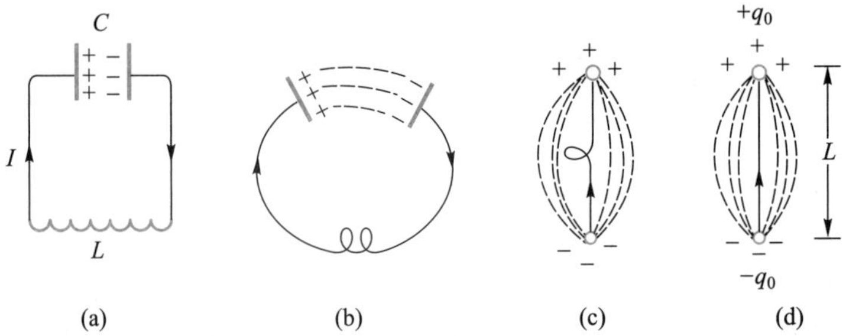

图 12-23 增高振荡频率和开放电磁场

这样，电场和磁场就分散到周围空间，并且这时因 L, C 值减小，由式(12-34)可知，振荡频率亦大为提高。在这种直线形振荡电路中，电流往复振荡，导线两端出现正负交替的等量异种电荷，这样的电路便成为一个振荡电偶极子。以它为波源，便能有效地发射电磁波。其发射电路如图 12-24 所示。

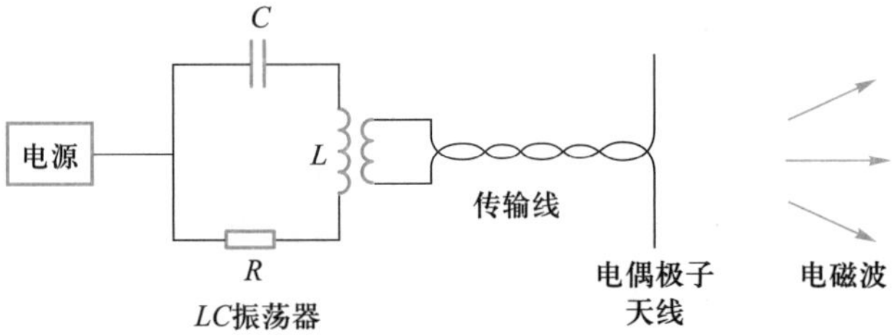

图 12-24 发射无线电短波的电路示意图

12.6.3 电磁波的性质

根据麦克斯韦方程组，我们可以得到平面电磁波在无限大均匀介质中传播的特性：

(1) 电磁波是横波，电矢量 $\boldsymbol{E}$ 和磁矢量 $\boldsymbol{H}$ 都与传播方向相垂直；

(2) 电矢量 $\boldsymbol{E}$ 与磁矢量 $\boldsymbol{H}$ 垂直，并与传播方向 $\boldsymbol{k}$ 满足右手螺旋关系，如图 12-25 所示；

(3) 电矢量 $\boldsymbol{E}$ 和磁矢量 $\boldsymbol{H}$ 的振动同相位；

(4) 电矢量 $\boldsymbol{E}$ 和磁矢量 $\boldsymbol{H}$ 的振幅成比例，波线上同一点瞬时值之间满足同样的比例，它们的关系式为

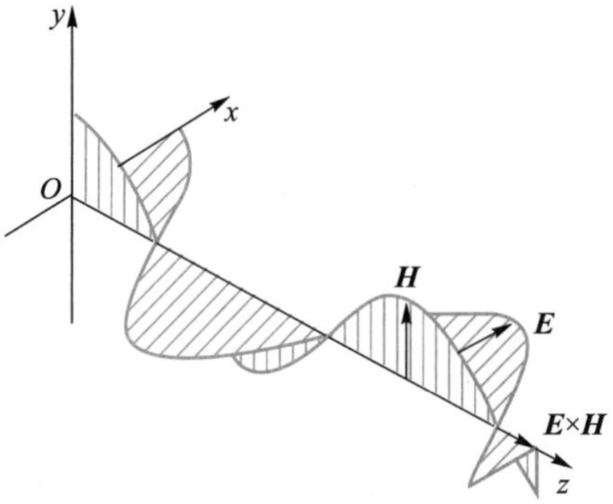

图 12-25 平面电磁波的传播

$$\frac{E}{H}=\sqrt{\frac{\mu}{\varepsilon}} \tag{12-36}$$

(5) 电磁波的传播速度为

$$v=\frac{1}{\sqrt{\varepsilon\mu}} \tag{12-37}$$

在真空中为

$$c=\frac{1}{\sqrt{\varepsilon_0\mu_0}} \tag{12-38}$$

与真空中的光速相同，实验测定结果为 $c=2.997\,924\,58\times10^8$ m/s。

12.6.4 电磁波谱

自从赫兹用实验证实了电磁波的性质与光波的性质相同之

后，人们陆续发现不仅光是电磁波，X 射线、γ 射线等都是电磁波。所有这些电磁波的性质完全相同，在真空中的传播速度都是 c，仅波长和频率有差别。把它们按照波长或频率的大小排列起来，就成为电磁波谱，如图 12-26 所示。

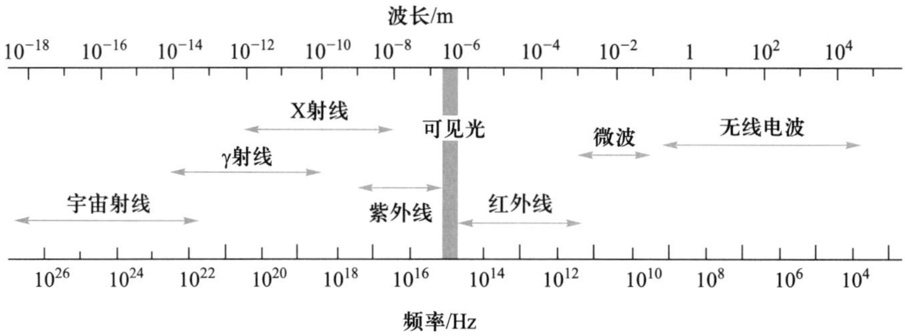

图 12-26 电磁波谱

无线电波：它主要是由振荡电路通过天线发射出去的。按其波长的不同又可分为长波、中波、短波、超短波、微波等波段。其中，长波、中波、短波多用于广播、通信等方面；电视台使用的频率在超短波段；雷达、无线电导航等使用的频率为微波段。

红外线：它主要是由炽热物体辐射出来的。其特点是热效应显著，能穿透浓雾而不易被吸收。可用于工业探伤、加热烘烤、医学诊断、报警侦破等方面；特别是利用红外线遥感技术，可在飞机或卫星上勘测地形、地貌，监察森林火情和环境污染，预报台风、寒潮，寻找水源或地热等。在军事上进行夜战时，借装备于飞机或坦克上的红外夜视仪，可侦查对方目标，便于袭击。

可见光：它在电磁波谱中仅占很小的一部分波段（400 ~ 760 nm），能使人眼产生光的感觉，故称光波。人眼所见的不同颜色的光，乃是不同频率的电磁波。白光则是各种颜色（红、橙、黄、绿、青、蓝、紫）的可见光混合而成的。

紫外线：它是一种比可见光中的紫光波长还要短的射线。太阳等温度很高的炽热物体发射的电磁波中就含有紫外线。紫外线具有较强的杀菌作用，且具有强烈的化学作用，能使照相底片感光。

X 射线：又称伦琴射线，其波长比紫外线更短，一般由 X 射线管产生。X 射线具有很强的穿透能力，能使照相底片感光，医疗上广泛用于透视和病理检查，工业上用于检测金属部件内部的缺陷和分析晶体结构等。

γ 射线：它是比伦琴射线波长还要短的电磁波，乃是宇宙射线或某些放射性元素在衰变过程中放射出来的。它的穿透能力比 X 射线更强，也可用于金属探伤等。

习题

12.1 一闭合圆形铜线圈在均匀磁场中运动，在下列情况下会产生感应电流的是（　　）。

A. 线圈沿磁场方向平移

B. 线圈沿垂直于磁场方向平移

C. 线圈以自身的直径为轴转动，轴与磁场方向垂直

D. 线圈以自身的直径为轴转动，轴与磁场方向平行

12.2 关于螺线管的自感系数，下列说法正确的是（　　）。

A. 螺线管中电流越大，自感系数越大

B. 螺线管单位长度的匝数越多，自感系数越大

C. 螺线管的半径越小，自感系数越大

D. 螺线管匝数不变时，长度越大，自感系数越大

12.3 两个闭合铜环，间隔较小距离穿在一光滑的水平塑料杆上，当条形磁铁极沿杆自右向左插入两圆环时，两环的运动方式是（　　）。

A. 边向左移动边分开　　B. 边向左移动边合拢

C. 边向右移动边分开　　D. 边向右移动边合拢

12.4 对于位移电流，下列说法正确的是（　　）。

A. 与电荷的定向运动有关 B. 与传导电流一样

C. 产生焦耳热　　D. 能激发磁场

12.5 如图 12-27 所示，一连有电阻 R 的矩形线框，其上放一导体棒 AB，均匀磁场 $\boldsymbol{B}$ 垂直线框平面向下，今给 AB 以向右的初速度 $\boldsymbol{v}_0$，并设棒与线框之间无摩擦，则此后棒的运动状态为（　　）。

A. 水平向右作匀速运动

B. 水平向右作加速运动

C. 水平向右作减速运动，最后停止

D. 水平向右作减速运动，停止后又向左运动

12.6 如图 12-28 所示，M 和 N 是两条在同一水平面内且互相平行的光滑导轨，其上放有两根与导轨垂直的导体棒 ab 和 cd，整个装置处于垂直纸面向里的均匀磁场 $\boldsymbol{B}$ 中。cd 在水平外力 $\boldsymbol{F}$ 的作用下沿导轨向右运动时，导体 ab 中感应电流的方向和运动方向分别是（　　）。

A. $a \to b$，向右　　B. $a \to b$，向左

C. $b \to a$，向右　　D. $b \to a$，向左

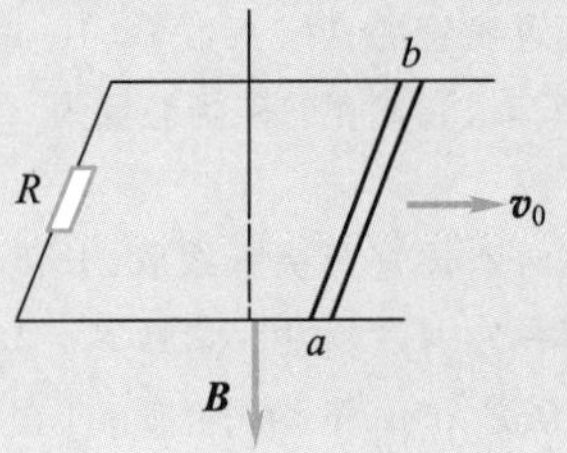

图 12-27　习题 12.5 图

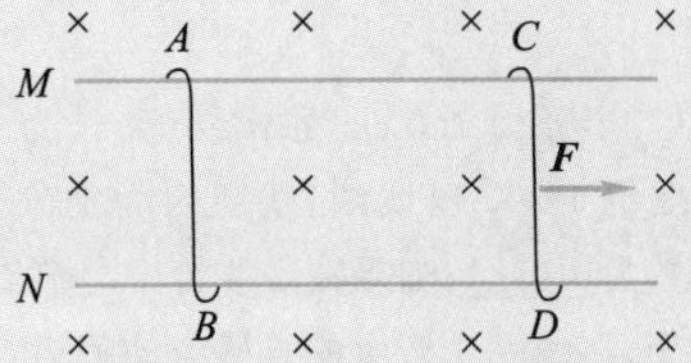

图 12-28　习题 12.6 图

12.7 下列关于电磁波的叙述错误的是（　　）。

A. 电磁波是横波

B. 电场强度矢量 $\boldsymbol{E}$ 与磁场强度矢量 $\boldsymbol{H}$ 平行

C. 电场强度矢量 $\boldsymbol{E}$ 和磁场强度矢量 $\boldsymbol{H}$ 的振动同相位

D. 光是电磁波

12.8 引起动生电动势的非静电力是________力，其非静电场的电场强度是________；引起感生电动势的非静电力是________，其相应的非静电场是________激发的。

12.9 感生电场和静电场的主要区别是________。

12.10 一个检测微小振动的电磁传感器原理如图 12-29 所示，在振动杆的一端固定接一个 N 匝的矩形线圈，线圈宽为 b，线圈的一部分在均匀磁场 $\boldsymbol{B}$ 中，设杆的微小振动规律为 $x = A\cos\omega t$，线圈随杆振动时，

线圈中的感应电动势为__________。

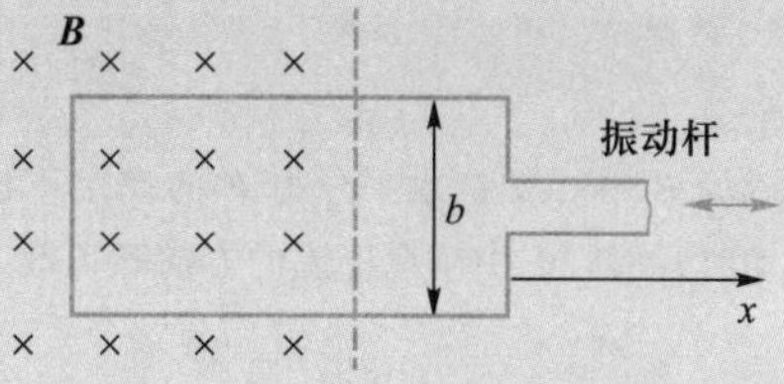

图 12-29 习题 12.10 图

12.11 螺线管的自感系数 $L=10$ mH，当通过它的电流 $I=4$ A 时，它储存的磁场能量为__________。

12.12 两个长直密绕螺线管，长度及匝数都相等，横截面半径分别为 R_1 和 R_2，且 $R_1=2R_2$，管内充满磁导率分别为 μ_1 和 μ_2 的均匀介质，且 $\mu_1=2\mu_2$。将它们串联在一个电路中并通电，则两线圈自感系数的关系为__________，磁场能量关系为__________。

12.13 半径为 2.0 cm 的螺线管，长为 30.0 cm，上面均匀密绕 1 200 匝线圈，线圈内为空气。该螺线管自感系数为______；如果在螺线管中电流以 300 A/s 的速率改变，在线圈中产生的自感电动势为______。

12.14 利用 LC 振荡电路向空间发射电磁波必须______________，______________。

12.15 在通有电流 $I=5$ A 的长直导线近旁有一导线段 ab。长 $l=20$ cm，与长直导线距离 $d=10$ cm，如图 12-30 所示。当它沿平行于长直导线的方向以速度 $v=10$ m/s 平移时，导线段中的感应电动势多大？a，b 哪端的电势高？

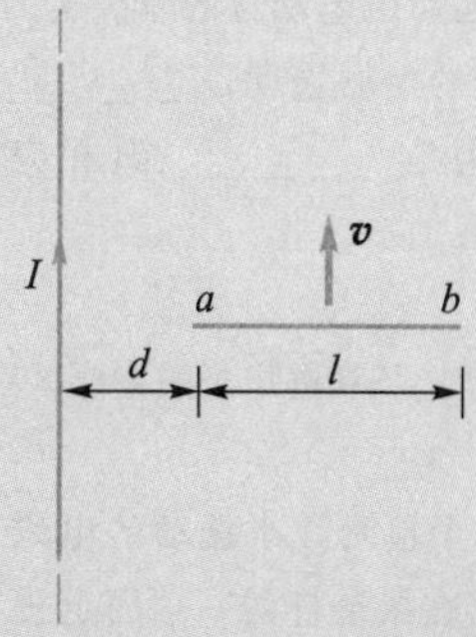

图 12-30 习题 12.15 图

12.16 如图 12-31 所示，长直导线中通有电流 $I=5$ A，另一矩形线圈共 1×10^3 匝，宽 $a=10$ cm，长 $L=20$ cm，以 $v=2$ m/s 的速度向右平动，求当 $d=10$ cm 时线圈中的感应电动势。

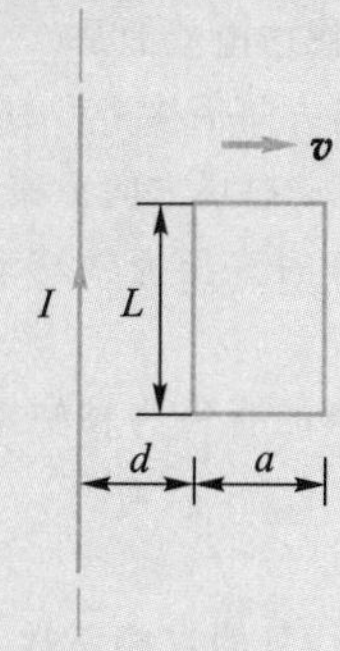

图 12-31 习题 12.16 图

12.17 上题中若线圈不动，而长导线中通有交变电流 $i=5\sin 100\pi t$(A)，线圈内的感生电动势将为多大？

12.18 如图 12-32 所示，长 $l=1$ m 的金属棒 OA 绕通过 O 端的 Oz 轴旋转，棒与 Oz 轴夹角 $\theta=30°$，棒的角速度 $\omega=60$ rad/s，磁场 $\boldsymbol{B}$ 的方向与 Oz 轴相同，大小为 $B=0.2$ T。求 OA 上的感应电动势的大小和方向。

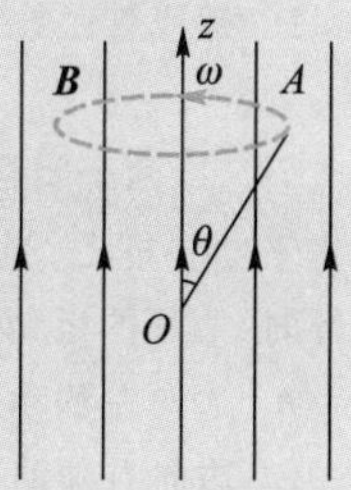

图 12-32 习题 12.18 图

12.19 一长直螺线管的导线中通入 10.0 A 的恒定电流时，通过每匝线圈的磁通量是 20 μWb；当电流以 4.0 A/s 的速率变化时，产生的自感电动势为 3.2 mV。求此螺线管的自感系数与总匝数。

12.20 实验室中一般可获得的强磁场约为 2.0 T，强电场约为 1×10^6 V/m。求相应的磁场能量密度和电场能量密度。哪种场更有利于储存能量？

本章习题答案

第五篇　光　学

光学是物理学的一个重要组成部分，其研究内容大致可以划分为几何光学、波动光学、量子光学、现代光学。概括地说，以光的直线传播性质为基础，研究光在透明介质中的传播问题的光学，称为几何光学。以光的波动性质为基础，研究光的传播及其规律的光学理论，称为波动光学。波动光学主要包括光的干涉、光的衍射和光的偏振理论。以光和物质相互作用时显示的粒子性和量子性为基础而建立的光学理论，称为量子光学。波动光学与量子光学又统称为物理光学。

本篇介绍波动光学。

第十三章 波动光学

本章将分别从光的干涉、衍射和偏振等方面介绍波动光学的基本理论。

13.1 光源 光的相干性

13.1.1 光源

光波是由光源辐射出来的。任何一种发光的物体都可以称为光源。按照光的激发方式，通常将光源分为两大类：热光源和冷光源。利用热能激发的光源称为热光源，如太阳、白炽灯等；利用化学能、电能或光能激发的光源称为冷光源，如日光灯、气体放电管等。光源发光源于物体内原子或分子的运动。各种光源的激发方式不同，辐射机理也不相同。以热光源为例，大量分子和原子在热能的激发下处于高能量的激发态，当它们从激发态返回到较低能量的状态时，多余的能量就以光波的形式辐射出来，原子或分子每次发光持续的时间极短，仅有 $10^{-11}\sim10^{-8}$ s，原子所发出的一列光波的波列长度为 $10^{-3}\sim1$ m。这些光波实质上是一些短的波列，如图 13-1 所示。一个物体所发出的光是该物体内大量原子发出的光的总和，在任一瞬间，总是一批原子发光，各原子所发出的光波的频率和振动方向一般来说是不同的，各原子所发出的光波之间也没有确定的相位关系。

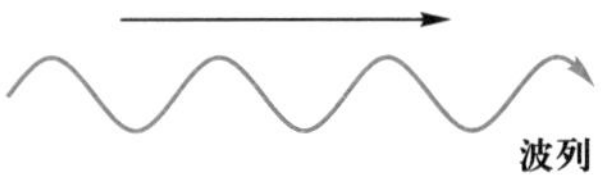

图 13-1 光波波列示意图

13.1.2 单色光与复色光

具有单一频率的光称为单色光，包含多种频率的光称为复色光。光源中一个原子在某一瞬间发出的光具有一定的频率,但总是有一定的频率范围的,并不是严格的单色光。大部分光源中有大量的原子或分子,所发出的光含有各种不同的频率成分,因而是复色光(如太阳光、白炽灯光等)。但也有一些光源发出的光的频率范围较窄,接近单色光,如钠灯光、汞灯光等。

通常我们用光谱曲线来描述光的频率和强度(图 13-2)。光谱曲线是以波长为横坐标,以强度为纵坐标绘出的强度与波长的关系曲线。

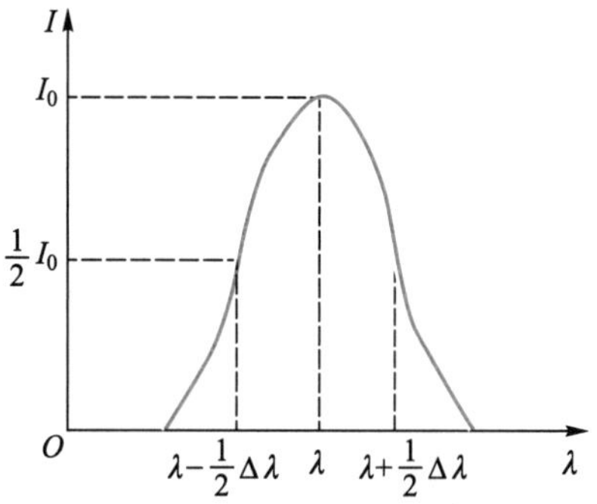

图 13-2 光谱曲线

光的单色性一般用谱线宽度来定量表示。如果谱线对应的波长范围越窄,则称光的单色性越好。设谱线中心的波长为 λ,强度为 I_0,则强度下降至中心波长强度的一半时,谱线的两点之间的波长范围 $\Delta\lambda$ 称为谱线宽度。一般情况下把谱线宽度较窄的光称为普通的单色光,如汞灯光、钠灯光等。激光具有非常好的单色性,自从 20 世纪 60 年代人类首次获得激光以来,激光通常用于对光源单色性要求较高的实验中。

13.1.3 光的相干性

干涉现象是波动过程的基本特征之一。与机械波的干涉现象相类似,两列波只有在满足一定条件下,在相遇的空间区域才能产生干涉现象,满足的条件称为相干条件。光的相干条件是:两束光的频率相同,振动方向相同或相近,在相遇点有恒定的振动相位差。当两列相干波相遇叠加时,在叠加区域会有稳定的明暗相间的干涉条纹,这种现象称为相干叠加。如果参与叠加的两列光波不满足干涉条件,通常这种干涉称为非相干叠加。

接下来,我们将从相干叠加和非相干叠加两种情形来讨论光波的叠加差异。如图 13-3 所示，假设在 S_1 和 S_2 处有相同振动方向的两束同频率光在真空中传播，且在 S_1 和 S_2 处的光振动分别为

$$E_{S_1}=E_1\cos(\omega t+\varphi_{10})$$
$$E_{S_2}=E_2\cos(\omega t+\varphi_{20})$$

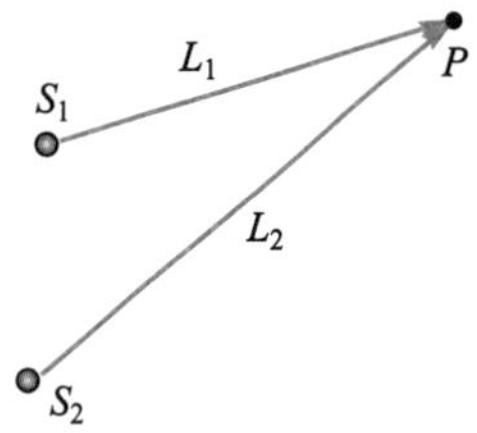

图 13-3 光波的叠加

当两束光传到 P 点时，在 P 点引起的振动分别为

$$E_{P_1}=E_1\cos\left[\omega\left(t-\frac{r_1}{c}\right)+\varphi_{10}\right]=E_1\cos(\omega t+\varphi_1)$$

$$E_{P_2}=E_2\cos\left[\omega\left(t-\frac{r_2}{c}\right)+\varphi_{20}\right]=E_2\cos(\omega t+\varphi_2)$$

其中

$$\varphi_1=\varphi_{10}-\frac{\omega r_1}{c},\varphi_2=\varphi_{20}-\frac{\omega r_2}{c}。$$

按照同频率同方向的简谐振动的合成公式，P 点的合振动为

$$E_P=E\cos(\omega t+\varphi) \qquad (13-1)$$

其中合振动的振幅是

$$E=\sqrt{E_1^2+E_2^2+2E_1E_2\cos\Delta\varphi} \qquad (13-2)$$

此振幅主要取决于两光波的相位差 $\Delta\varphi$，即

$$\Delta\varphi=\varphi_1-\varphi_2=(\varphi_{10}-\varphi_{20})+\frac{2\pi}{\lambda}(r_2-r_1) \qquad (13-3)$$

通常情况下，由于人眼或光探测仪器的感光时间都远大于光的振动周期，所以人眼看到或仪器监测到的光波都是一段时间内的平均光强（简称光强）。与机械波相似，在观测点光波的强度 I 正比于 $\overline{E}^2$，即

$$I\propto\overline{E}^2=E_1^2+E_2^2+2E_1E_2\left(\frac{1}{T}\int_0^T \mathrm{d}t\cos\Delta\varphi\right) \qquad (13-4)$$

下面分两种情形对上式进行分析。

1. 非相干叠加

如果这两束光波间的初始相位差 $\Delta\varphi$ 是随机变化的（即 $\Delta\varphi$ 是时间 t 的随机函数），在一个周期的时间内，

$$\frac{1}{T}\int_0^T \mathrm{d}t\cos\Delta\varphi=\frac{1}{T}\int_0^T \mathrm{d}t\cos\left[(\varphi_{10}-\varphi_{20})+2\pi\frac{r_2-r_1}{\lambda}\right]=0$$

因而

$$\overline{E^2}=\overline{E_1^2}+\overline{E_2^2}$$

或

$$I=I_1+I_2$$

上式表明两束光重合后光强等于两束光分别照射时的光强之和，我们把这种情况称为光的非相干叠加。

2. 相干叠加

如果这两束光的初始相位差 $\Delta\varphi$ 始终保持恒定(即 $\Delta\varphi$ 是与时间无关的常量),这两束光满足相干条件,则

$$\frac{1}{T}\int_0^T \mathrm{d}t\cos\Delta\varphi=\frac{1}{T}\cos\Delta\varphi\int_0^T \mathrm{d}t=\cos\Delta\varphi$$

因而

$$\overline{E}^2=E_1^2+E_2^2+2E_1E_2\cos\Delta\varphi$$

即合成后的光强为

$$I=I_1+I_2+2\sqrt{I_1I_2}\cos\Delta\varphi \tag{13-5}$$

我们把 $2\sqrt{I_1I_2}\cos\Delta\varphi$ 称为干涉项,把这种情况称为相干叠加。

当 $\Delta\varphi=2k\pi(k=0,\pm1,\pm2,\cdots)$ 时,$\cos\Delta\varphi=1$,有

$$I=I_1+I_2+2\sqrt{I_1I_2}$$

在这些位置的光强最大,称为干涉相长。

当 $\Delta\varphi=(2k'+1)\pi(k'=0,\pm1,\pm2,\cdots)$ 时,$\cos\Delta\varphi=-1$,有

$$I=I_1+I_2-2\sqrt{I_1I_2}$$

在这些位置的光强最小,称为干涉相消。

若 $I_1=I_2=I_0$,则式(13-5)简化为

$$I=I_0+I_0+2I_0\cos\Delta\varphi=2I_0(1+\cos\Delta\varphi)=4I_0\cos^2(\Delta\varphi/2) \tag{13-6}$$

说明:对于相干性问题,关键是分析两光波的相位差 $\Delta\varphi$。在以下各节中,我们将限于讨论 $\varphi_{10}-\varphi_{20}=0$ 的情形,在这种情形下,两光波的相位差 $\Delta\varphi$ 的表达式是

$$\Delta\varphi=\frac{2\pi}{\lambda}(r_2-r_1)\quad(\text{在真空中传播}) \tag{13-7}$$

或者一般地

$$\Delta\varphi=\frac{2\pi}{\lambda}(L_2-L_1)\quad(\text{在介质中传播}) \tag{13-8}$$

即相位差为

$$\Delta\varphi=\frac{2\pi}{\lambda}\delta \tag{13-9}$$

式(13-9)中,δ 为光程差,$\delta=L_2-L_1$。

而对相位差的分析,则注重于两个极端的情形,这就是:

(1) 当相位差 $\Delta\varphi=2k\pi(k=0,\pm1,\pm2,\cdots)$ 时,干涉相长(干涉加强);

(2) 当相位差 $\Delta\varphi=(2k'+1)\pi(k'=0,\pm1,\pm2,\cdots)$ 时,干涉相消(干涉减弱)。

13.2 杨氏双缝实验

13.2.1 获得相干光的方法

干涉现象是波动的基本特征之一。如果能在实验中实现光的干涉,就能证实光的波动性。然而普通光源发出的光波由各个原子发出的波列组成,这些波列具有随机性,彼此之间没有固定的相位联系,振动方向与频率也不一定相同。

为了获得相干光波,只能利用同一个光源,或者确切地说利用同一个发光原子发出的光波,并通过具体干涉装置分成两个光波。这样的两个光波才能满足相干条件。将同一光源发出的光分成两个光束的常用方法有两种:一种称为分波阵面法,即将同一波阵面的不同部分作为发射次波的波源,这些次波是相干的,下面即将介绍的杨氏双缝干涉就是典型的分波阵面干涉,其分波示意图如图 13-4 所示。另一种称为分振幅法,即将同一光束分成两个能量不等的光束,然后使这两束光在空间经不同的路径传播后相遇,发生干涉。由于能流密度(光强)正比于振幅的平方,因此,光束的这种分割方式称为分振幅法,如图 13-5 所示的薄膜干涉就是分振幅法的一个实例。

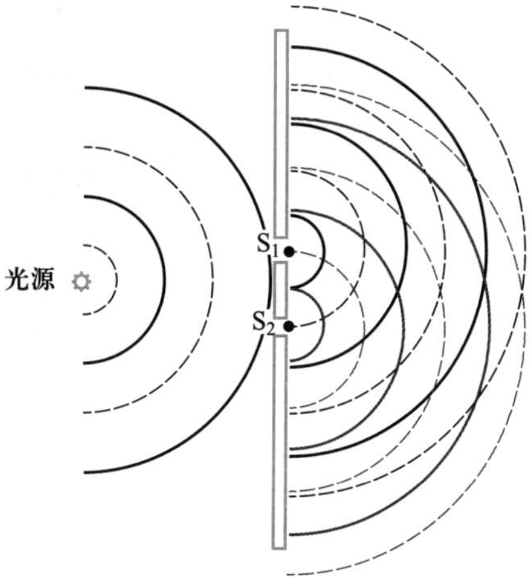

图 13-4 分波阵面法示意图

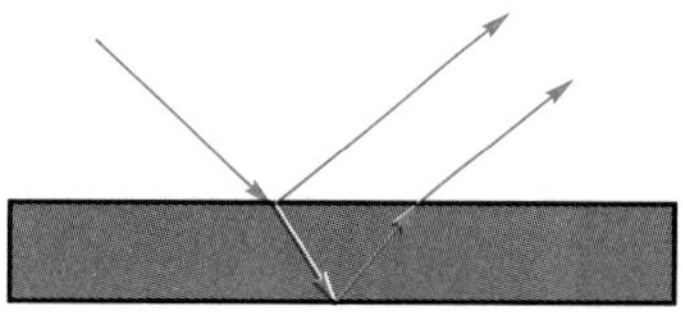

图 13-5 分振幅法示例图

13.2.2 杨氏双缝实验

杨氏双缝干涉是英国物理学家托马斯·杨（T. Young）在1801年首次提出，并成功实现的光的干涉现象。该实验是最早利用单一光源形成两束相干光，从而获得干涉现象的典型实验。如图13-6所示，在单色平行光前放一狭缝S，在狭缝S前放有两条平行狭缝S_1和S_2，均与S平行且等间距。当一束单色平行光照射到狭缝S上时，由惠更斯原理可知S为发射次波的波源，该次波照射到S_1和S_2上时，S_1和S_2是两个新的次波波源，由于S_1，S_2位于由S发出的次波的同一波面上，所以它们初相位相同，即$\varphi_{10}=\varphi_{20}$，因而从$S_1$，$S_2$发出的光波具有相同频率、相近的振动方向和有固定的相位差，所以是一对相干光。S_1和S_2构成一对相干光源。双缝的间距为d，在双缝后放一屏幕，屏幕与双缝的距离为$D(D\gg d)$，屏的中心区域出现一系列明暗相间的条纹，称为干涉条纹，这些条纹都与狭缝平行，条纹的间距彼此相等。这就是杨氏双缝实验，显然它是通过波阵面分割法来获得相干光的。

物理学家简介：惠更斯

微课视频：杨氏双缝干涉

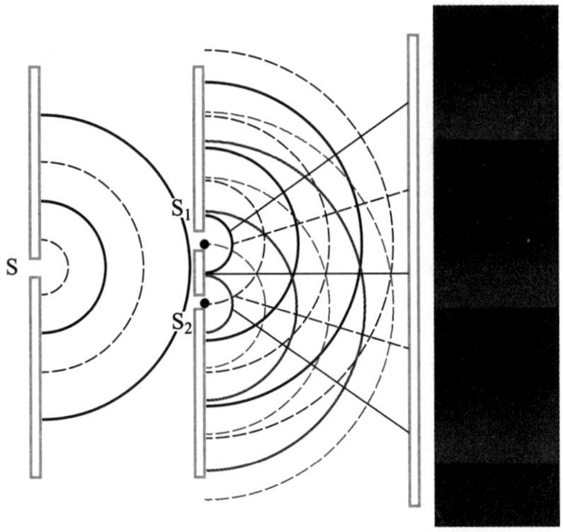

图13-6 杨氏双缝实验装置原理图

由对相干叠加的讨论可知，两光波相遇点P的合振动加强和减弱的条件是

$$\Delta\varphi=\varphi_{10}-\varphi_{20}+\frac{2\pi(r_2-r_1)}{\lambda}=\begin{cases}2k\pi & (k=0,\pm1,\pm2,\cdots)\quad \text{加强}\\(2k'+1)\pi & (k'=0,\pm1,\pm2,\cdots)\quad \text{减弱}\end{cases}$$

由于 $\varphi_{10}-\varphi_{20}=0$，所以上式简化为

$$\Delta\varphi=\frac{2\pi\delta}{\lambda}=\begin{cases}2k\pi & (k=0,\pm1,\pm2,\cdots)\quad \text{加强}\\(2k'+1)\pi & (k'=0,\pm1,\pm2,\cdots)\quad \text{减弱}\end{cases}$$

其中 $\delta=r_2-r_1$ 是两光波的波程差。上式也可以表示为

$$\delta=r_2-r_1=\begin{cases}k\lambda & (k=0,\pm1,\pm2,\cdots)\quad \text{加强}\\\frac{1}{2}(2k'+1)\lambda & (k'=0,\pm1\pm2,\cdots)\quad \text{减弱}\end{cases}\tag{13-10}$$

下面对此式作进一步讨论。如图 13-7 所示，狭缝中心点 S_1，S_2 到屏幕上 P 点的距离分别为

$$r_1=\sqrt{D^2+(x-a)^2}=D\sqrt{1+\left(\frac{x-a}{D}\right)^2}$$

$$r_2=\sqrt{D^2+(x+a)^2}=D\sqrt{1+\left(\frac{x+a}{D}\right)^2}$$

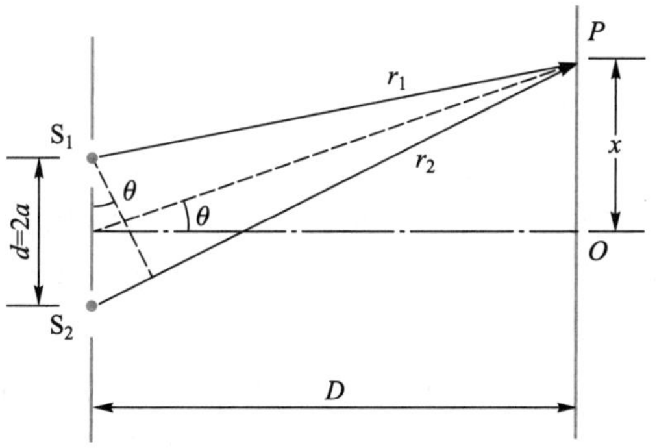

图 13-7 杨氏双缝干涉计算用图

在通常的实验条件下，有 $x\pm a\ll D$，利用 $z\ll1$ 时，有

$$\sqrt{1+z}=1+\frac{1}{2}z-\frac{1}{8}z^2+\cdots\approx1+\frac{1}{2}z$$

狭缝 S_1，S_2 处到屏幕上 P 点的路程差 δ 为

$$\delta=r_2-r_1=D\left[1+\frac{1}{2}\left(\frac{x+a}{D}\right)^2\right]-D\left[1+\frac{1}{2}\left(\frac{x-a}{D}\right)^2\right]=\frac{2ax}{D}\tag{13-11}$$

由式(13-11)可知，P 点的位置不同，即 x 的取值不同时，δ 的值不同，P 点的光强也不同。利用式(13-10)，我们有

$$\delta=\frac{2ax}{D}=\begin{cases}k\lambda & (k=0,\pm1,\pm2,\cdots)\quad \text{加强}\\\frac{1}{2}(2k'+1)\lambda & (k'=0,\pm1,\pm2,\cdots)\quad \text{减弱}\end{cases}$$

或者

$$x=\begin{cases}\dfrac{kD\lambda}{2a} & (k=0,\pm1,\pm2,\cdots) \quad 加强(明条纹)\\ \dfrac{(2k'+1)D\lambda}{4a} & (k'=0,\pm1,\pm2,\cdots) \quad 减弱(暗条纹)\end{cases} \tag{13-12}$$

干涉加强处称为明条纹的中心,干涉减弱处称为暗条纹的中心,式(13-12)决定明暗条纹中心位置的公式。$k=0$ 时,$x=0$,对应于 O 点处的中央明条纹,$k=\pm1,\pm2,\cdots$ 的明条纹分别称为第一级明条纹、第二级明条纹等。相邻明条纹间的间距与相邻暗条纹间距都相等,实际上,明条纹间距为

$$\Delta x=x_{k+1}-x_k=(k+1)\frac{D\lambda}{2a}-k\frac{D\lambda}{2a}=\frac{D\lambda}{2a}$$

暗条纹间距为

$$\Delta x'=x'_{k'+1}-x'_{k'}=[2(k'+1)+1]\frac{D\lambda}{4a}-(2k'+1)\frac{D\lambda}{4a}=\frac{D\lambda}{2a}$$

所以

$$\Delta x=\Delta x'=\frac{D\lambda}{2a} \tag{13-13}$$

由式(13-13)可知:

(1) 若单色光的波长确定不变,双缝之间的距离 $d=2a$ 增大或者双缝至屏幕的距离 D 减小,则条纹间距 Δx 减小,即条纹变密集。通常实验中总是使 $d=2a$ 减小,或者使屏幕放置于足够远处,不至于使条纹过密而不易分辨。

(2) 若双缝至屏幕的距离 D 和双缝间距 $d=2a$ 确定不变,则入射光的波长 λ 越长,条纹的间距越大,即短波长的紫光的条纹比长波长的红光的条纹要密集。因此,若用白光作为入射光也可以看到干涉现象,但此时中央明条纹是白色的,中央明条纹附近的次级明条纹由于不同波长的光形成的位置不同而呈现彩色的条纹,各级干涉条纹中紫色条纹靠近中央明条纹一侧,红色条纹在远离中央明条纹的一侧。当条纹级次 k 增大时,彩色条纹相互重叠。

(3) 若已知 D,a,又能测出 Δx,则由式(13-13)可以计算出单色光的波长。因此杨氏双缝实验可以用于测光波波长。

例 13.1

一单色光照射到相距为 0.2 mm 的双缝上,双缝与屏幕的垂直距离为 1 m。

(1) 若屏幕上第一级干涉明条纹到同侧的第三级明条纹中心的距离为 6.28 mm,求单

色光的波长；

（2）若入射光波长为 532 nm，求相邻两暗条纹中心间的距离。

解 根据双缝干涉明条纹的条件，第 k 级明条纹中心的坐标为

$$x=\pm\frac{kD\lambda}{2a}$$

（1）取同一侧的第一级和第三级明条纹，即 $k=1$ 和 $k=3$ 代入上式，得

$$\Delta x_{13}=x_3-x_1=\frac{D\lambda}{2a}(3-1)$$

$$\lambda=\frac{\Delta x_{13}(2a)}{2D}=\frac{6.28\times10^{-3}\times0.2\times10^{-3}}{2\times1}\ \text{m}$$

$$=6.28\times10^{-7}\ \text{m}$$

（2）当 $\lambda=532$ nm 时，相邻明条纹间的距离为

$$\Delta x=\frac{D\lambda}{2a}=\frac{1\times532\times10^{-9}}{0.2\times10^{-3}}\ \text{m}=2.66\times10^{-3}\ \text{m}$$

例 13.2

用白光作光源观察双缝干涉，设双缝的间距为 d，试求能观察到的清晰可见的光谱的级次。

解 白光的波长范围为 400～760 nm，由于第 k 级明条纹中心的位置为

$$x=\pm\frac{kD\lambda}{2a}$$

各种波长的光的零级条纹在屏幕上 $x=0$ 处重叠，形成中央明条纹。在中央明条纹的两侧，由于不同波长光波形成同一级次的条纹的位置不同而错开。当 k 级红色明条纹的位置坐标 $x_{k红}$ 大于 $k+1$ 级紫色明条纹位置坐标 $x_{(k+1)紫}$ 时，光谱就开始发生了重叠。从紫色到红色、清晰可见的光谱的临界情况是

$$x_{k红}=x_{(k+1)紫}$$

则有

$$k\lambda_{红}=(k+1)\lambda_{紫}$$

可见光谱的级次为

$$k=\frac{\lambda_{紫}}{\lambda_{红}-\lambda_{紫}}=\frac{400\ \text{nm}}{760\ \text{nm}-400\ \text{nm}}=1.11$$

由于 k 只能取整数，所以应取 $k=1$。说明在中央明条纹两侧，只有正负各一级彩色光谱是清晰可见的。

13.3 光程和光程差

对于上一节讨论的杨氏双缝干涉，两束相干光是在同一种介质中传播，只需要计算出两相干光到达相遇点的几何路程差，即波程差，就可以确定两相干光的相位差。若两束相干光通过的是不同介质，由于传播速度和波长在不同介质中都发生了变化，此时两相干光间的相位差不能单纯由它们的几何路程差决定，为此

我们需要建立光程和光程差的概念。

13.3.1 光程和光程差

设有一频率为 ν 的单色光，在真空中的波长为 λ，传播速度为 c，当它在折射率为 n 的介质中传播时，传播速度变为 $\boldsymbol{v}=c/n$，波长变为 $\lambda_n=c/(n\boldsymbol{v})=\lambda/n$。当波行进一个波长距离时，其相位变化为 2π，设光波在介质中传播的几何路程为 L，此时相位变化为

$$\Delta\varphi=2\pi\frac{L}{\lambda_n}=2\pi\frac{nL}{\lambda} \tag{13-14}$$

式(13-14)表明，光波在介质中传播时，其相位的变化与光波传播的几何路程、真空中的波长及介质的折射率均有关。当光波在任意介质中传播时，若用真空中波长 λ 计算相位变化，需要将光波在介质中的几何路程 L 乘以介质折射率 n。通常将折射率 n 和几何路程 L 的乘积定义为光程。如果光在传播过程中，经历了几种介质，则光程为 $\sum\limits_i n_iL_i$。

假设有两个同相位的相干光源 S_1 和 S_2 发出的光波在不同介质中传输，并相遇于 P 点，两光源到 P 点的距离分别为 r_1 和 r_2. 则在相遇点，两相干光的相位差为

$$\Delta\varphi=2\pi\frac{L_1}{\lambda_{n1}}-2\pi\frac{L_2}{\lambda_{n2}}=\frac{2\pi}{\lambda}(n_1L_1-n_2L_2) \tag{13-15}$$

式(13-15)中，n_1L_1 为光程，$n_1L_1-n_2L_2$ 为两同相位相干光的光程差。若用 $\Delta=n_1L_1-n_2L_2$ 表示两束光到达 P 点的光程差，则两相干光在 P 点的相位差为

$$\Delta\varphi=\frac{2\pi}{\lambda}\Delta \tag{13-16}$$

式(13-16)只考虑了两束相干光在不同介质中不同路程引起的相位差，如果两相干光源不是同相位的，则需要加上两光源的初相位差。同时，相干光在各处干涉加强或减弱取决于两束光的光程差。

例 13.3

如图 13-8 所示，将折射率为 $n=1.58$ 的云母片覆盖在杨氏双缝实验的一条狭缝 S_1 上，使屏幕上的中央明条纹向上移动到原第五级明条纹的位置，若入射光的波长为 750 nm，试求

云母片的厚度。

解 设屏幕上原第五级明条纹在 P 点处，覆盖云母片前两束光在 P 点的光程差为

$$\Delta_1=r_2-r_1=k\lambda=5\lambda$$

若云母片的厚度为 d，则狭缝 S_1 覆盖云母片后，两束光在 P 点相遇时的光程差为零，即

$$\Delta_2=r_2-[r_1+(n-1)d]=0, r_2-r_1=(n-1)d$$

则云母片的厚度 d 为

$$d=\frac{k\lambda}{n-1}=\frac{5\times7.5\times10^{-7}}{1.58-1}\ \text{m}=6.5\times10^{-6}\ \text{m}=6.5\ \mu\text{m}$$

若已知介质的厚度，也可应用于测量介质材料的折射率。

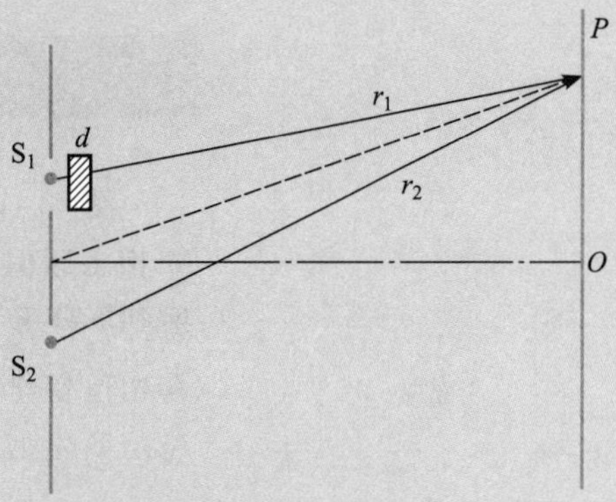

图 13-8 例 13.3 图

13.3.2 透镜的等光程性

在光学实验中，人们要观察干涉、衍射现象通常需要借助薄透镜，不同光线通过透镜会改变传播方向，会不会引起附加的光程差？

如图 13-9(a)所示，一束平行光垂直入射到薄凸透镜上，波阵面上各点发出的与透镜主光轴平行的平行光，经透镜后会聚于焦平面 F 上的 P 点。当光线斜入射到波透镜上时，如图 13-9(b)所示，从波阵面发出的与透镜副光轴平行的平行光，经透镜后会聚于焦平面 F 上的 P'点。这说明平行光的同一波阵面上的各点有相同的相位，经透镜会聚于焦平面上仍具有相同的相位，也就是说薄透镜不会引起附加的光程差。

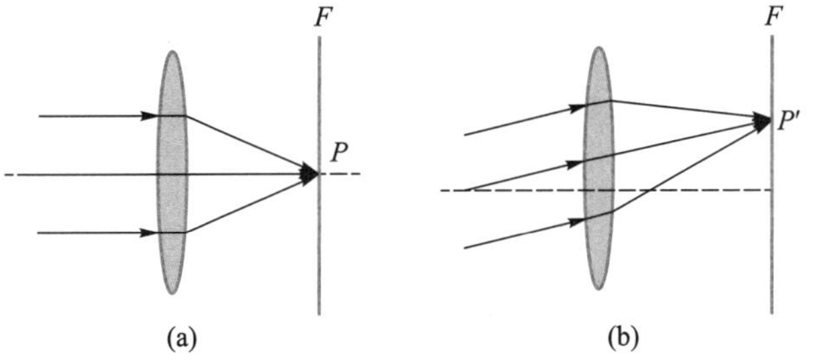

图 13-9 平行光线经过透镜后的光程相等

13.3.3 劳埃德镜 半波损失

图 13-10 是劳埃德镜实验装置图。缝光源 S_1 放在离平面镜 M 相当远但接近镜平面的地方，S_1 发出的光波一部分光线直接射到屏幕 E 上，另一部分光线射向平面镜 M，然后反射到屏幕 E 上。S_2 是 S_1 在镜中的虚像，S_2 与 S_1 构成一对相干光源。

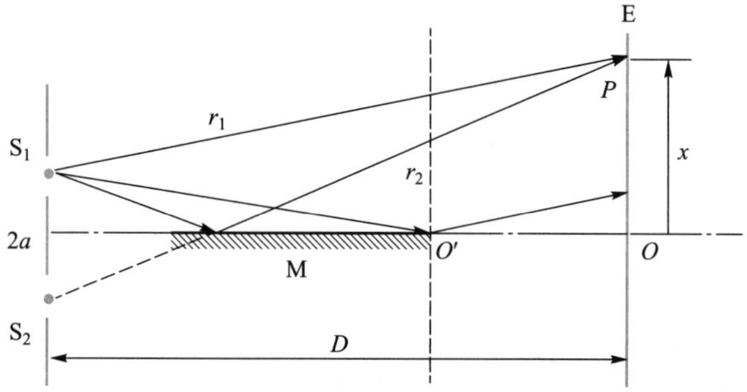

图 13-10 劳埃德镜实验装置简图

劳埃德镜实验的光路与杨氏双缝实验相似，然而观察到的实验现象与杨氏双缝干涉有所不同。特别是，当屏幕 E 移到平面镜 M 的右端（图中用虚线表示）时，$O'(O)$ 点处是暗条纹（在杨氏双缝实验图样中，此位置是明条纹）。这一现象与光在平面镜 M 上的反射有关。当光线由光疏介质（折射率小的介质）射向光密介质（折射率大的介质）并在光密介质表面上反射时，在反射点，电场强度矢量 $\boldsymbol{E}$ 突然反向，或者说 $\boldsymbol{E}$ 的振动相位产生数值为 π 的相位突变。这种相位突变相当于光波少走了（或多走了）半个波长的路程，称为半波损失。考虑相位突变因素后，劳埃德镜实验中两光束在 P 点的相位差是

$$\Delta\varphi=\frac{2\pi\Delta}{\lambda}+\pi=\frac{2\pi}{\lambda}\left(\Delta+\frac{\lambda}{2}\right)=\frac{2\pi\Delta'}{\lambda} \qquad (13-17)$$

其中

$$\Delta'=\Delta+\frac{\lambda}{2}$$

$$\Delta=r_2-r_1=\frac{2ax}{D} \qquad (13-18)$$

13.4 薄膜干涉

第二节中我们讨论了杨氏双缝干涉,其相干光源是由点光源波阵面上分出的两束光。本节我们将介绍相干光源通过分振幅法所获得的几种干涉。

13.4.1 薄膜干涉

雨后阳光下的油膜会呈现彩色条纹,阳光下的肥皂泡色彩斑斓,这些都是薄膜在光照下产生的干涉现象,称为薄膜干涉。薄膜干涉是常见的光的干涉现象,劈尖、牛顿环等装置呈现的也是薄膜干涉条纹。

我们先讨论光线照射在厚度均匀的薄膜上产生的干涉现象。如图 13-11 所示,从面光源上 S 点发出的光线 a 以入射角 i 射到薄膜的上表面,在 A 点处将产生反射和折射,使光线被分为反射光线和折射光线两部分,入射光线 a 在 A 点经反射后形成反射光线 a_1;同时,入射光线在 A 点经折射后进入薄膜内,到达薄膜的下表面 C 点,在 C 点经反射后射到上表面 B 点,再次折射进入原介质中成为光线 a_2。两条光线 a_1 和 a_2 来自同一点光源 S 的同一束光线 a,因此,满足相干条件,它们在薄膜上表面 P 处相遇时可以产生干涉现象。由于反射光的能量来自入射光,能流正比于光振动振幅的平方,这种产生相干光的方法称为分振幅法。P 处到底

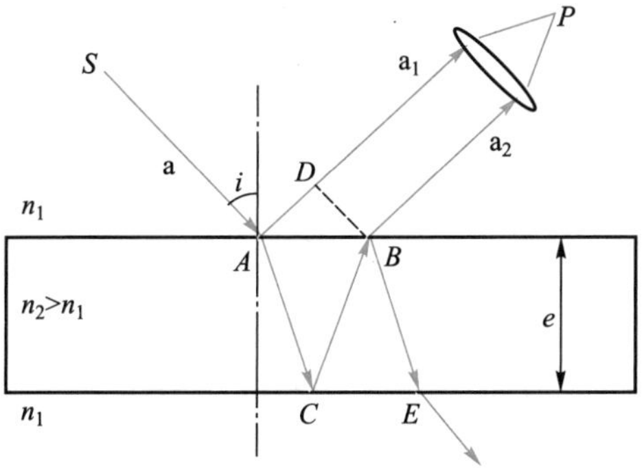

图 13-11 薄膜表面干涉光路图

是干涉加强还是干涉减弱,取决于两光束的光程差。下面我们用光程差概念来分析薄膜干涉的加强和减弱条件。

当薄膜的厚度为 e,上下表面平行时,光线 a_1 和光线 a_2 相互平行。从光线 a_2 的 B 点和光线 a_1 的 D 点之后两束光的光程相等,所以光程差是入射光从 A 点经过两个路径到 BD 面的光程之差。此部分光程差表示为

$$\Delta_0=[n_2(|AC|+|CB|)-n_1|AD|]$$

上一节中,我们知道当光从光疏介质入射到光密介质界面时,在反射过程中产生半波损失。但从光密介质射向光疏介质时不存在半波损失。因此计算两束光线的光程差还需考虑是否存在半波损失。在 $n_2>n_1$ 情况下,图 13-11 中反射光线 a_1 在 A 点产生半波损失,光线 a_2 在 C 点没有半波损失。此时两条光线的光程差需要增加一项由于光线 a_1 反射产生半波损失而引起的额外光程差$\lambda/2$。光线 a_1 和光线 a_2 从 A 点分开到 P 点的光程差为

$$\Delta=[n_2(|AC|+|CB|)-n_1|AD|]+\frac{\lambda}{2} \tag{13-19}$$

从图 13-11 所示的几何关系中可以得到

$$|AC|=|CB|=\frac{e}{\cos r},\ |AD|=|AB|\sin i,\ |AB|=2e\tan r$$

由折射定律 $n_1\sin i=n_2\sin r$,得到

$$\begin{aligned}\Delta&=2n_2\frac{e}{\cos r}-2n_1 e\tan r\cdot\sin i+\frac{\lambda}{2}=\frac{2n_2 e}{\cos r}-\sin^2 r\cdot\frac{2n_2 e}{\cos r}+\frac{\lambda}{2}\\&=2n_2 e\cos r+\frac{\lambda}{2}=2n_2 e\sqrt{1-\sin^2 r}+\frac{\lambda}{2}=2e\sqrt{n_2^2-n_1^2\sin^2 i}+\frac{\lambda}{2}\end{aligned}$$

即有

$$\Delta=2e\sqrt{n_2^2-n_1^2\sin^2 i}+\frac{\lambda}{2} \tag{13-20}$$

因而 P 点干涉加强或减弱的条件为(注意 $\Delta>\frac{1}{2}\lambda$)

$$\Delta=2e\sqrt{n_2^2-n_1^2\sin^2 i}+\frac{\lambda}{2}=\begin{cases}k\lambda & (k=1,2,3,\cdots)\quad \text{加强}\\ \frac{1}{2}(2k'+1)\lambda & (k'=0,1,2,\cdots)\quad \text{减弱}\end{cases} \tag{13-21}$$

一般说,薄膜表面的不同点处,有些点满足干涉加强条件成为明点,另一些点成为暗点,相连的明点组成明条纹,相连的暗点组成暗条纹。整个表面出现明暗相间的干涉条纹。如果是复色光,就出现彩色条纹。定量计算不规则膜厚分布产生的干涉条纹的形状及位置很复杂,本课程对此不作进一步讨论。

当光线垂直入射时(用平行光或用透镜),$i=0$,式(13-20)简

化为

$$\Delta=2n_2e+\frac{\lambda}{2} \tag{13-22}$$

本课程主要讨论这种情况，在这种情况下，光程差 Δ 由薄膜的折射率 n_2、薄膜的厚度 e 和入射光的波长 λ 决定。如果薄膜的厚度 e 是均匀的，则：

（1）当 $\Delta=2n_2e+\frac{\lambda}{2}=k\lambda$ 时，干涉加强，整个膜的上表面是明亮的；

（2）当 $\Delta=2n_2e+\frac{\lambda}{2}=(2k'+1)\frac{\lambda}{2}$时，干涉减弱，整个膜的上表面是暗的。

如果膜厚 e 是非均匀（膜厚呈规则分布）的，则需要另行讨论，见下节（劈尖干涉和牛顿环）。如果薄膜两边的介质不同，折射率分别为 n_1 和 n_3，且 $n_1<n_2<n_3$，则由于光线在薄膜上表面上反射产生半波损失，光线在薄膜下表面上反射也产生半波损失，因而总体来说，无半波损失，光程差为 $\Delta=2n_2e$。

透射光的干涉情况可以用同样的方法分析。如图 13-12 所示，透射光束在 C 点被“一分为二”形成相干的透射光束 1′,2′,3′等，相邻透射光线之间的光程差可表示为

$$\Delta=n_2(|CB|+|BE|)-n_1|CF|=2e\sqrt{n_2^2-n_1^2\sin^2 i} \tag{13-23}$$

当 $i=0$ 时，$\Delta=2n_2e$，干涉条件为

$$\Delta=2n_2e=\begin{cases}k\lambda & (k=1,2,3,\cdots) \quad \text{加强} \\ \frac{1}{2}(2k'+1)\lambda & (k'=0,1,2,\cdots) \quad \text{减弱}\end{cases}$$

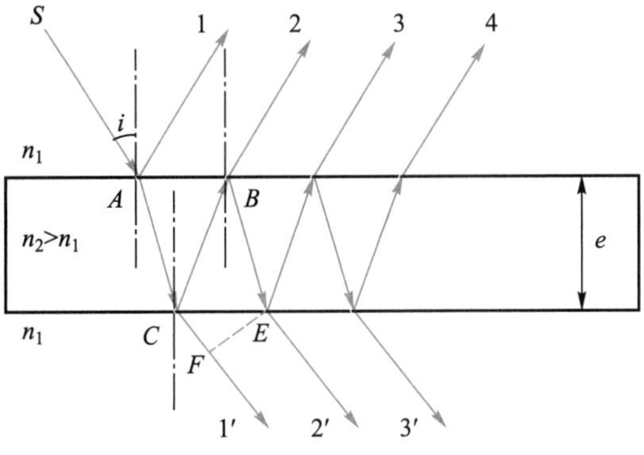

图 13-12　薄膜的透射光干涉

应当注意到：当反射光满足干涉加强的条件时，透射光满足

干涉减弱条件。从能量守恒来分析,不考虑光与介质间的相互作用,反射光与透射光能量总和等于入射光能量,是互补关系。所以反射光与透射光的干涉情况相反。

从光程差公式(13-20)可知,对于厚度均匀的薄膜来说,光程差随入射光的入射倾角而变,因此不同的干涉明条纹和暗条纹,对应不同的入射角;相同级次的干涉条纹上各点对应相同的入射角。所以,在厚度均匀的薄膜上产生的干涉现象又称为等倾干涉。

在现代光学仪器中还常常利用薄膜干涉的原理来提高光学仪器的透射率或反射率,由于光从空气中正射进入玻璃板的过程中大约有 4% 的光能在反射中损失,而实际的光学系统为了矫正像差或其他原因往往由多个透镜组成。例如一般高级照相机的物镜由 6 个透镜组成,其光能在反射过程的损失近 50%;潜水艇的潜望镜约由 20 个透镜组成,其光能在反射过程的损失近 90%。为了减少这种光学元件表面的反射损失,常在光学元件的表面镀一层厚度均匀的透明薄膜,利用薄膜干涉使反射光干涉相消。根据能量守恒定律,反射光干涉相消,透射光干涉增强,这样的膜称为增透膜。

然而,在实际中往往还会存在相反的要求,即要求减少透射光强,增大反射光强度。例如激光器谐振器的反射镜,就要求对特定波长光的反射率很高,有时高达 99.9%,则可以在反射镜的反射面镀一层增反膜,使反射光干涉加强。

例 13.4

一平面单色光垂直照射在厚度均匀的薄油膜上,油膜盖在玻璃板上,油的折射率为 $n_2=1.30$,玻璃的折射率为 $n_g=1.50$,若单色光的波长连续可调,可观察到 500 nm 与 700 nm 这两个波长的单色光在反射中消失,试求油膜的最小厚度。

解 如图 13-13 所示(为了图示看得清楚,图中入射角画得较大),由于 $n_1<n_2<n_g$,反射过程中半波损失抵消,因而 $\Delta=2n_2e$。

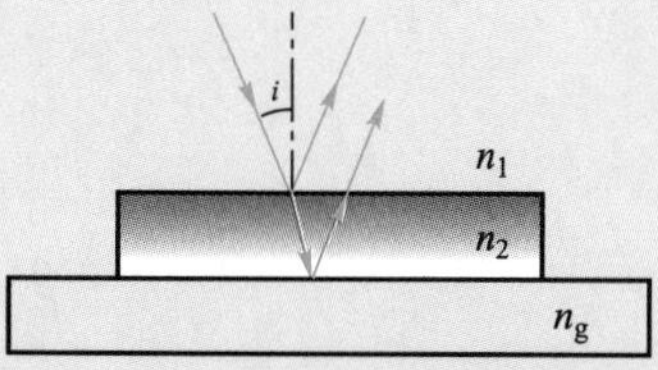

图 13-13 例 13.4 图

由于 $\lambda_1=500$ nm 和 $\lambda_2=700$ nm 的光在反射中消失,即这两种波长的光都在反射中干涉相消,因此有

$$2n_2e=(2k_1+1)\frac{\lambda_1}{2},2n_2e=(2k_2+1)\frac{\lambda_2}{2}$$

由此可得

$$\frac{2k_1+1}{2k_2+1}=\frac{\lambda_2}{\lambda_1}=\frac{7}{5},5k_1-7k_2=1$$

因为 k_1 和 k_2 都是大于 0 的整数,此方程的

通解为

$$k_1=3+7N, k_2=2+5N \quad (N=0,1,2,\cdots)$$

与油膜的最小厚度所对应的解是 $k_1=3, k_2=2$，且

$$e_{\min}=\frac{(2k_1+1)\lambda_1}{2\times2n_2}=\frac{7\lambda_1}{4n_2}=\frac{7\times5\times10^{-7}}{4\times1.3}\ \text{m}$$

$$=6.73\times10^{-7}\ \text{m}$$

例 13.5

如图 13-14 所示，已知照相机镜头的折射率为 $n_3=1.5$，其上镀一层折射率 $n_2=1.38$ 的氟化镁增透膜，若用波长 $\lambda=550$ nm 的黄绿光线垂直入射。

（1）求所镀的薄膜的最小厚度；

（2）此增透膜在可见光范围内有没有增反？

解 （1）因为 $n_1<n_2<n_3$，所以反射光在上下表面各经历一次半波损失，无附加光程差。则反射光干涉相消的条件为

$$\Delta=2n_2d=(2k+1)\frac{\lambda}{2} \quad (k=0,1,2,\cdots)$$

则薄膜的厚度应满足

$$d=\frac{\lambda}{4n_2}(2k+1)$$

当取 $k=0$ 时，薄膜的厚度具有最小值：

$$d=\frac{\lambda}{4n_2}=\frac{550}{4\times1.38}\ \text{nm}=100\ \text{nm}$$

（2）此膜对反射光干涉增强的条件为

$$\Delta=2n_2d=k\lambda$$

因此，增反时，波长应满足的条件为

$$\lambda=\frac{2n_2d}{k} \quad (k=1,2,3,\cdots)$$

则有

$$k=1, \lambda_1=\frac{2n_2d}{k}=\frac{2\times1.38\times100}{1}\ \text{mm}=276\ \text{nm}$$

$$k=2, \lambda_2=\frac{2n_2d}{k}=\frac{2\times1.38\times100}{2}\ \text{mm}=138\ \text{nm}$$

$$k=3, \lambda_3=\frac{2n_2d}{k}=\frac{2\times1.38\times100}{3}\ \text{mm}=92\ \text{nm}$$

所以，此膜在可见光范围内没有增反。

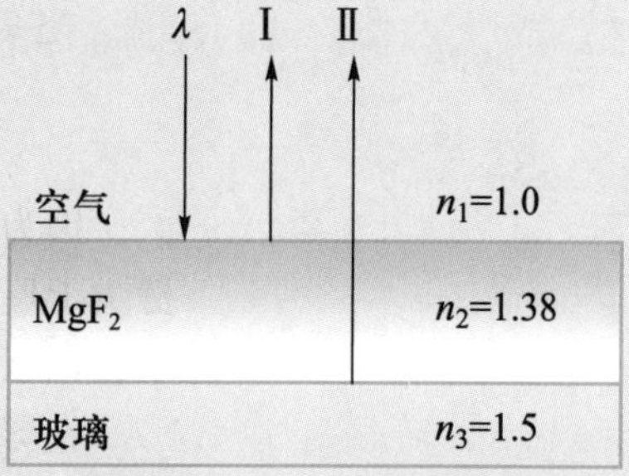

图 13-14 例 13.5 图

前面我们讨论了厚度均匀的薄膜干涉现象，现在我们来讨论光线垂直入射到厚度非均匀的薄膜表面上而产生的两种常见的干涉现象：劈尖干涉和牛顿环。

13.4.2 劈尖干涉

如图 13-15 所示，两块平面玻璃片一端互相叠合，另一端夹一薄片，在两玻璃片之间形成一劈尖形空气薄膜，该薄膜称为空

气劈尖，两玻璃片的交线称为棱边，平行于棱边的直线上各点的厚度是相等的。一般地，我们将形状与劈尖形空气薄膜相似的非均匀薄膜统称为介质劈尖，θ 表示劈尖的夹角，n_2 表示劈尖的折射率，n_1 表示劈尖外的介质的折射率。

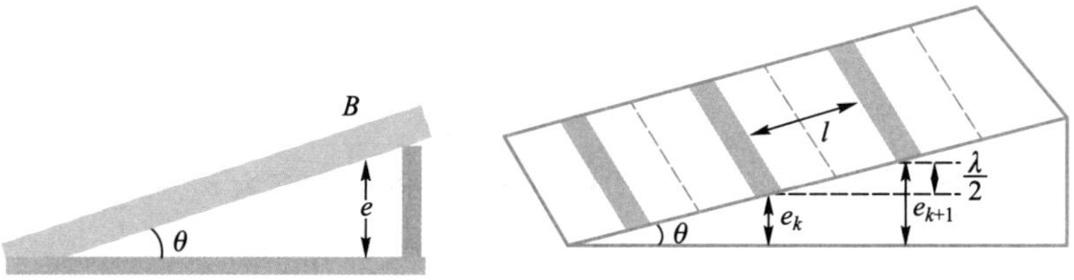

图 13-15 劈尖干涉原理图

与薄膜干涉相似，在劈尖干涉中，劈尖厚度为 e 处，上下表面反射的两相干光的光程差可以表示为

$$\Delta=2e\sqrt{n_2^2-n_1^2\sin^2 i}+\frac{\lambda}{2} \qquad (13-24)$$

当平行光垂直入射时，即 $i=0$ 时，有

$$\Delta=2n_2e+\frac{\lambda}{2} \qquad (13-25)$$

对于给定的波长 λ，Δ 由 B 点处的厚度 e 决定，B 点处的干涉条件为

$$\Delta=2en_2+\frac{\lambda}{2}=\begin{cases}k\lambda & (k=1,2,3,\cdots) \quad 加强\\ \frac{1}{2}(2k'+1)\lambda & (k'=0,1,2,\cdots) \quad 减弱\end{cases} \qquad (13-26)$$

因为 Δ 由 e 决定，干涉条纹是与棱边平行的一组平行直线，劈尖上厚度相等的地方，两反射光的光程差也相等，干涉条纹属于相同级次，所以劈尖干涉又称为等厚干涉。

在劈尖尖端处，$e=0$，$\Delta=\lambda/2$，是 $k'=0$ 级暗条纹的位置，实验结果正是如此，这是半波损失的又一例证。若在第 k 级明条纹处，膜的厚度为 e_k，第 $k+1$ 级明条纹处，膜的厚度为 e_{k+1}，则相邻两条明条纹（或暗条纹）间膜的厚度差为

$$\Delta e=e_{k+1}-e_k=\frac{\lambda}{2n_2}$$

在劈尖干涉明暗相间的直条纹中，任何两条相邻明条纹或暗条纹之间的距离都相同，即条纹间距相等。这是因为

$$l\sin\theta=\Delta e=e_{k+1}-e_k=\frac{\lambda}{2n_2} \quad (\theta 用弧度表示)$$

又有

$$l=\frac{\lambda}{2n_2\theta} \qquad (13-27)$$

式(13-27)说明,对一定波长的单色光入射,劈尖的干涉条纹间隔 l 仅与夹角 θ 有关。θ 越小,则 l 越大,干涉条纹越稀疏;θ 越大,则 l 越小,干涉条纹越密集. 因此,只能在 θ 很小的劈尖上方可观察到清晰的干涉条纹。

利用劈尖干涉原理,可测量细丝直径或纸张厚度、薄膜厚度、折射率等,也可以检测工件表面的平整程度。

例 13.6

有一劈尖,折射率 $n=1.4$,夹角 $\theta=10^{-4}$ rad,在某一单色光的垂直照射下,测得两相邻明条纹之间的距离为 0.25 cm,试求:

(1) 此单色光在空气中的波长;

(2) 如果劈尖斜边的长度为 $L=3.5$ cm,那么总共可出现多少条明条纹?

解 (1) 由相邻两条纹间距公式 $l=\dfrac{\lambda}{2n_2\theta}$,可求出波长为

$$\lambda=2n_2\theta l=2\times1.4\times10^{-4}\times0.25\times10^{-2}\ \text{m}=7\times10^{-7}\ \text{m}=7\ 000\ \text{Å}$$

(2) 由于劈尖的最大厚度是

$$e_{\max}=L\sin\theta\approx L\theta=3.5\times10^{-2}\times10^{-4}\ \text{m}=3.5\times10^{-6}\ \text{m}$$

因此明条纹的最大级数为

$$k_{\max}=\frac{2n_2e_{\max}}{\lambda}+\frac{1}{2}=\frac{2\times1.4\times3.5\times10^{-6}}{7\ 000\times10^{-10}}+\frac{1}{2}=14.5$$

取整数为 $k_{\max}=14$,即总共可出现 14 条明条纹。

类似地,暗条纹的最大级数为 $k'_{\max}=\dfrac{2n_2e_{\max}}{\lambda}=14$,暗条纹的总条数为 $k'_{\max}+1=15$。

例 13.7

利用劈尖干涉可以测量薄膜厚度. 在半导体元件生产过程中,为了精确测量硅片上 SiO_2 薄膜的厚度,将膜的一端腐蚀成劈尖状,如图 13-16 所示。已知硅的折射率为 3.42,二氧化硅的折射率为 1.46。现用波长为 $\lambda=589.3$ nm 的钠黄光垂直照射膜的劈尖部分,观察到劈尖上共出现 7 条暗条纹,且第 7 条暗条纹在劈尖的上端点 P 处,求此 SiO_2 薄膜的厚度。

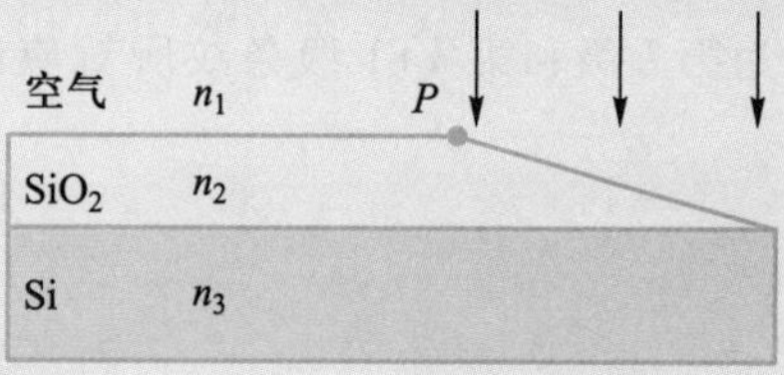

图 13-16 例 13.7 图

解 设薄膜的厚度为 e。已知空气折射率为 1,二氧化硅的折射率为 1.46,硅折射率为 3.42,因此上下表面反射光均有半波损失,无附加光程差,则

$$\Delta=2n_2e=(2k+1)\frac{\lambda}{2}\quad(k=0,1,2,\cdots)$$

在上端点 P 处出现第 7 条暗条纹,则 P 点处 $k=6$,有

$$2n_2e=\frac{13\lambda}{2}$$

$$e=\frac{13\lambda}{4n_2}=\frac{13\times589.3}{4\times1.46}\ \text{nm}=1.31\ \mu\text{m}$$

所以二氧化硅薄膜的厚度为 1.31 μm。

例 13.8

利用劈尖干涉条纹可以检测精密加工工件表面的质量。在待测工件上放置一标准的平板玻璃，使其形成空气劈尖，如图 13-17(a)所示。现用波长为 λ 的光垂直照射，可观察到的干涉条纹如图 13-17(b)所示。

(1) 根据干涉条纹，试判断工件表面瑕疵是凹陷还是凸起；

(2) 求凹陷或凸起的尺度。

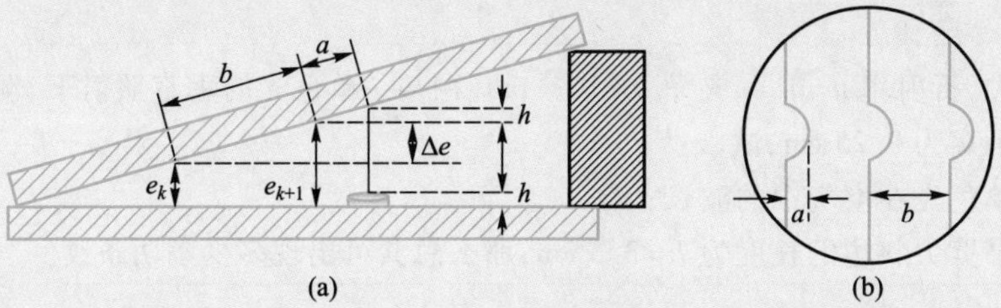

图 13-17 例 13.8 图

解 (1) 空气劈尖的等厚干涉条纹应为平行于棱边的明暗相间的直条纹。现观察到条纹局部背离棱边方向弯曲，说明工件表面并不平整，出现瑕疵。由于同一条干涉条纹对应于相同的膜的厚度，所以条纹背离棱边方向弯曲部分对应膜的厚度与同一条纹的直线部分对应膜的厚度相等，说明弯曲部分工件表面有凸起存在。

(2) 如图 13-17(b)所示，条纹的间距为 b，弯曲部分的变形量为 a，e_k 和 e_{k+1} 分别为第 k 级和第 $k+1$ 级条纹所对应的空气膜的厚度；Δe 表示相邻两级条纹对应空气膜的厚度差，h 为工件凸起的高度。由劈尖干涉相邻两条纹厚度差公式，有

$$\Delta e=\frac{\lambda}{2n}=\frac{\lambda}{2}$$

而由图中的相似三角形关系可得到

$$\frac{h}{\Delta e}=\frac{a}{b},h=\frac{a}{b}\Delta e$$

所以有

$$h=\frac{\lambda a}{2b}$$

13.4.3 牛顿环

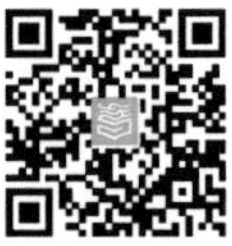

微课视频：
牛顿环及其应用

图 13-18 是牛顿环实验装置的示意图。在一块平板玻璃上，放一曲率半径 R 很大的平凸透镜，在平凸透镜与玻璃之间形成一劈形空气薄层，在以接触点为圆心、以 r 为半径的圆周上，空气层各点的厚度相等。当平行光束垂直地射向平凸透镜时，由于透镜下表面所反射的光和平板玻璃的上表面所反射的光发生干涉，将出现干涉条纹，这也是一种等厚干涉条纹，这些干涉条纹是以接触点为中心的许多同心环，称为牛顿环，如图 13-19 所示。

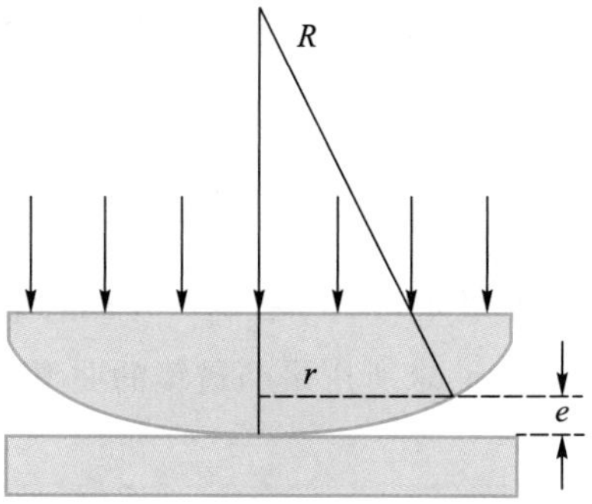

图 13-18 牛顿环干涉计算用图

图 13-19 牛顿环

下面我们先推导干涉条纹的半径 r、光波波长 λ 与平凸透镜曲率半径 R 之间的关系。如图 13-18 所示，在空气膜的厚度为 e 处，两相干光的光程差为

$$\Delta=2e+\frac{\lambda}{2}$$

利用图中的几何关系可以得到

$$r^2=R^2-(R-e)^2=2eR-e^2$$

由于 $R\gg e$，相应地 $2eR\gg e^2$，因此有

$$e=\frac{r^2}{2R} \tag{13-28}$$

利用反射光的相干条件

$$\Delta=2e+\frac{\lambda}{2}=\begin{cases}k\lambda & (k=1,2,3,\cdots) \quad \text{明条纹}\\ \frac{1}{2}(2k+1)\lambda & (k=0,1,2,\cdots) \quad \text{暗条纹}\end{cases} \tag{13-29}$$

将式(13-29)代入式(13-28)得第 k 级明环和第 k 级暗环的半径分别为

$$r_k=\sqrt{\frac{(2k-1)R\lambda}{2}} \quad (k=1,2,3,\cdots) \quad \text{明环} \tag{13-30}$$

$$r_k=\sqrt{kR\lambda} \quad (k=0,1,2,\cdots) \quad \text{暗环} \tag{13-31}$$

在接触点，即 $r=0$ 处，是 $k=0$ 的暗环的位置，也就是说，牛顿环中心是个暗点。另外 $r_k\propto\sqrt{\lambda}$，因此，对于波长不同的入射光，同一级明环的半径是不同的。实际测量平凸透镜的曲率半径 R 的方法是分别测出两个相差较大级次的暗环半径 r_k 和 r_{k+m}，代入式(13-31)后，即可联立导出

$$R=\frac{r_{k+m}^2-r_k^2}{m\lambda}$$

在透射光中我们也可以观察到牛顿环，因为透射时没有半波

损失，所以透射光中干涉条纹的明暗情况与反射时恰好相反，在透射光中，牛顿环的中心是亮点。

例 13.9

用钠灯的黄色光观察牛顿环现象时，看到第 k'级暗环的半径 $r_k'=4\ \text{mm}$，第 $k'+5$ 级暗环的半径 $r_{k'+5}=6\ \text{mm}$。已知钠黄光的波长 $\lambda=589.3\ \text{nm}$，求所用平凸透镜的曲率半径 R，并确定 k'的值。

解 根据牛顿环的暗环公式 $r_{k'}=\sqrt{k'R\lambda}$ $(k'=0,1,2,\cdots)$，我们有

$$r_{k'}=\sqrt{k'R\lambda},\ r_{k'+5}=\sqrt{(k'+5)R\lambda}$$

由此得到

$$\frac{k'+5}{k'}=\left(\frac{r_{k'+5}}{r_{k'}}\right)^2=\frac{9}{4}$$

于是

$$k'=\frac{5}{\dfrac{9}{4}-1}=4,$$

$$R=\frac{r_{k'}^2}{k'\lambda}=\frac{16\times10^{-6}}{4\times5.893\times10^{-7}}\ \text{m}=6.79\ \text{m}$$

13.4.4 迈克耳孙干涉仪

微课视频：迈克耳孙干涉仪

物理学家简介：迈克耳孙

光的干涉现象在科学研究和工程技术上的应用很广，可以测定长度、长度的微小改变以及检验表面的磨光程度。根据不同要求，可以设计出不同式样的干涉仪。迈克耳孙干涉仪和法布里-珀罗干涉仪就是一种近代应用的精确度极高的干涉仪。它们可以准确而详细地测定谱线的波长及其精细结构。

迈克耳孙干涉仪的结构和原理如图 13-20 所示。M_1 与 M_2 是两面精细磨光的平面反射镜，分别安装在相互垂直的两臂上，其中 M_1 是固定的，M_2 由螺丝控制，可在导轨上作微小移动。G_1 和 G_2 是两块材料相同、厚薄均匀而且相等的平行玻璃片，分别与 M_1 和 M_2 倾斜成 45°角，G_1 背面镀有半透明的薄银层，使照射在 G_1 上的光线一半反射、一半透射。G_1 又称为分光板。

面光源 S 发出的光线经过透镜后变成平行光射向 G_1，射入 G_1 的光线被分成两部分，一部分在薄银层上反射，向 M_2 传播，如图中所示的光线 2，经 M_2 反射后，再穿过 G_1 向 E 处传播，如图中的光线 2′所示；另一部分穿过薄银层和 G_2，向 M_1 传播，如图中的光线 1 所示，经 M_1 反射后，再穿过 G_2，经薄银层反射，也向 E 处传播，如图 13-20 中的光线 1′所示。显然，1′，2′是两条相干光线，在 E 处可以看到干涉条纹。装置中 G_2 又称为补偿板，其目的

是使光线 1 和 2 穿过等厚的玻璃片的次数相同，避免光线所经路程不相等，而引起的较大的光程差。

如图 13-20 所示，M_1'是 M_1 对 G_1 镀银层所形成的虚像，来自 M_1 的反射光线 1′可看作从 M_1'处反射的。当 M_1 与 M_2 严格地相互垂直时，相应地 M_1'与 M_2 也严格地相互平行，M_1'与 M_2 之间形成一厚度均匀的空气膜，此时我们可以观察到等倾干涉现象。当 M_1 与 M_2 并不严格地相互垂直时，M_1'与 M_2 之间形成一空气劈尖，此时我们可以观察到等厚干涉现象。

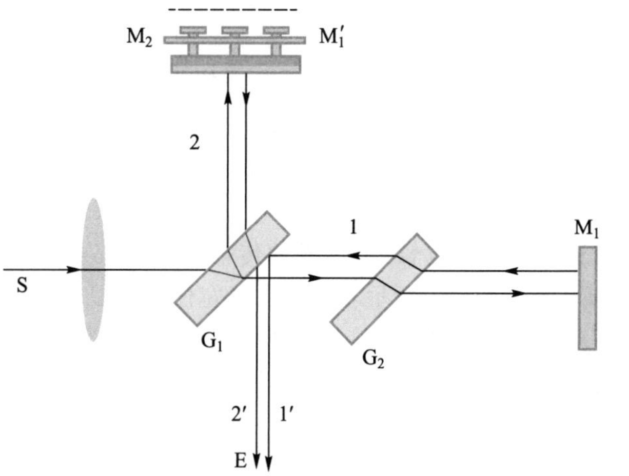

图 13-20 迈克耳孙干涉仪

上述干涉条纹的位置取决于光程差。只要光程差有微小的变化，即使变化的数量级为光波波长的十分之一，干涉条纹也将发生可分辨的移动。当 M_2 平移 $\lambda/2$ 的距离时，视场中将看到移过一级条纹。所以数出视场中明条纹或暗条纹移动的数目 Δn，就可算出 M_2 平移的距离

$$\Delta d = \Delta n \frac{\lambda}{2} \tag{13-32}$$

式(13-32)指出，用已知波长的光波可以测定长度，也可用已知的长度来测定波长，迈克耳孙曾用自己的干涉仪测定了红镉线的波长，同时也用红镉线的波长作为单位，表示出标准尺“米”的长度。测定的结果如下：在温度 $t=15$ ℃和压强 $p=1.013\times10^5$ Pa 时，红镉线在干燥空气中的波长是

$$\lambda_1 = 643.847\ 22\ \text{nm}$$

因此

$$1\ \text{m} = 1\ 553\ 163.5\lambda_1$$

13.5 惠更斯-菲涅耳原理

13.5.1 光的衍射

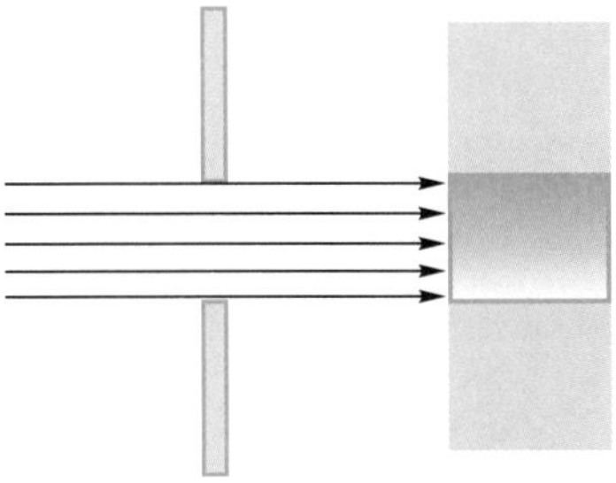
图 13-21 光的直线传播

在杨氏双缝实验中，两束光经相干叠加后在屏上出现明暗相间的干涉条纹，且各级明条纹的强度近似相等，当将杨氏双缝装置中的一条缝挡住，只留一条单缝时，在单缝后的屏上依然能观察到明暗相间的条纹，但各级明条纹的强度不相等。当把缝宽增大到一定的宽度时，这种实验现象消失，在屏上只能观察到一条明条纹，这表明当缝宽较大时，光的传播将遵守几何光学的直线传播规则，如图 13-21 所示。若缩小缝宽使它可以与光波波长相比较，在屏幕上将出现如图 13-22 所示的衍射条纹。

光偏离直线传播、绕过单缝或圆孔等障碍物后出现的光强非均匀分布的现象，称为光的衍射现象。这种现象是不能用几何光学（直线传播）原理去解释的，它是光的波动性的一种表现。为了解释这一现象，我们先介绍惠更斯-菲涅耳原理。

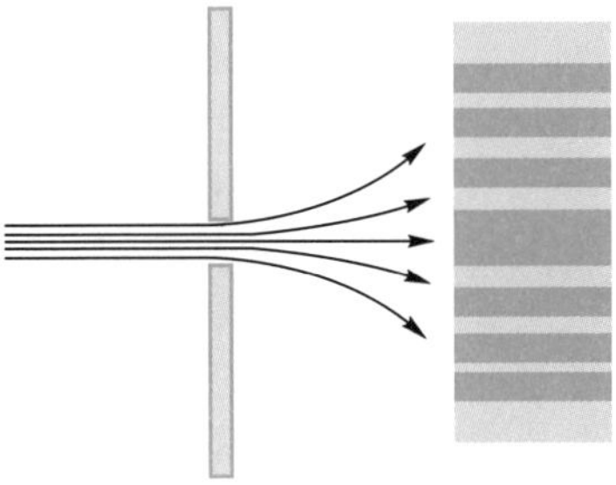
图 13-22 光的衍射

13.5.2 惠更斯-菲涅耳原理

波的衍射现象可以用惠更斯原理作定性说明，但用惠更斯原理不能解释光的衍射图样中光强的分布。菲涅耳发展了惠更斯原理，建立了惠更斯-菲涅耳原理，从而为光的衍射现象的分析奠定了理论基础。惠更斯-菲涅耳原理的具体内容是：在光的传播过程中，任一波阵面上的各点都可以看作发射球面子波的波源，该波阵面前任一点的光振动是各子波在此点引起的分振动的合成，惠更斯原理的子波波面如图 13-23 所示。

如图 13-24 所示，设光波在某时刻的波阵面为 S，S 上的每一个微小的面积元 $\mathrm{d}S$ 都可看作发射球面子波的波源，$\mathrm{d}S$ 在波阵面前方任一点 P 处引起的光振动为

$$\mathrm{d}E=\frac{K\mathrm{d}S}{r}\cos\left[\omega\left(t-\frac{r}{c}\right)\right]=\frac{K\mathrm{d}S}{r}\cos\left(\omega t-\frac{2\pi r}{\lambda}\right) \quad (13-33)$$

式(13-33)中$\frac{K\mathrm{d}S}{r}$是 dS 在 P 点引起的光振动的振幅。K 与 α 角有关,称为倾斜因子,当 $\alpha=0$ 时 K 最大,当 $\alpha\geqslant\frac{\pi}{2}$时 $K=0$,即子波不向后传播,r 为 dS 到 P 点的光程,P 点的合振动为

$$E_P=\int \mathrm{d}E=\int_S \frac{K\mathrm{d}S}{r}\cos\left(\omega t-\frac{2\pi r}{\lambda}\right) \tag{13-34}$$

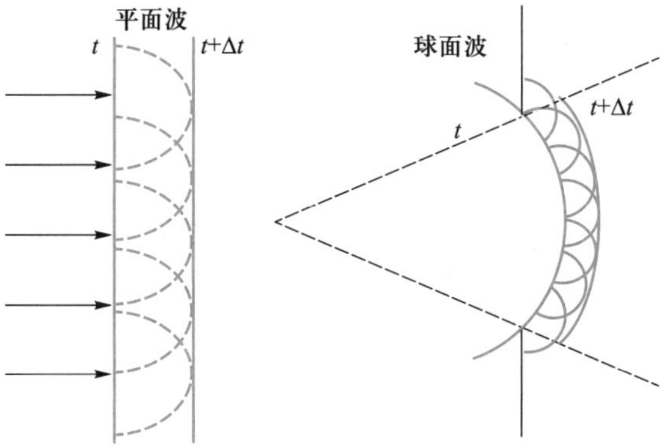

图 13-23　惠更斯原理的子波波面

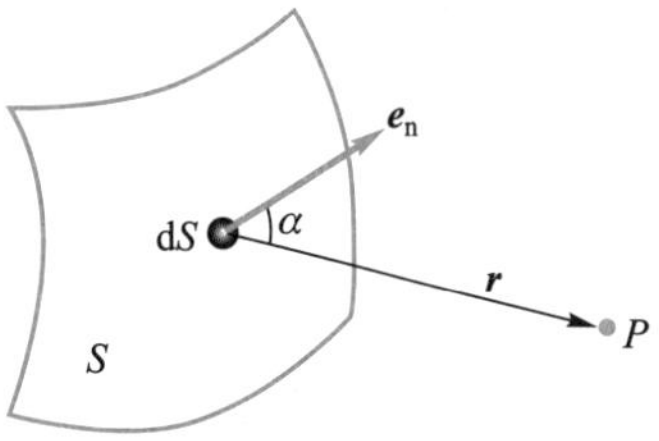

图 13-24　惠更斯-菲涅耳原理

13.6　光的衍射

13.6.1　菲涅耳衍射和夫琅禾费衍射

衍射系统一般由光源 S、衍射屏(单缝或圆孔等)和接收屏 P 三部分组成。按它们相互间距离的不同,通常将衍射分为两类:一类是衍射屏与光源或接收屏的距离为有限时的衍射,称为菲涅耳衍射,如图 13-25(a)所示;另一类是衍射屏与光源和接收屏的距离都是无限远的衍射,也就是照射到衍射屏上的入射光和离开衍射屏的衍射光都是平行光的衍射,称为夫琅禾费衍射,如图 13-25(b)所示。在实验中,夫琅禾费衍射可以利用两个会聚透镜来实现,光路示意图如图 13-25(c)所示,其中光源位于透镜 L_1 的焦平面上,接收屏位于透镜 L_2 的焦平面上。夫琅禾费衍射可以简化为平行光入射和平行光干涉的问题。本节将重点讨论夫琅禾费衍射。

物理学家简介:菲涅耳

物理学家简介:夫琅禾费

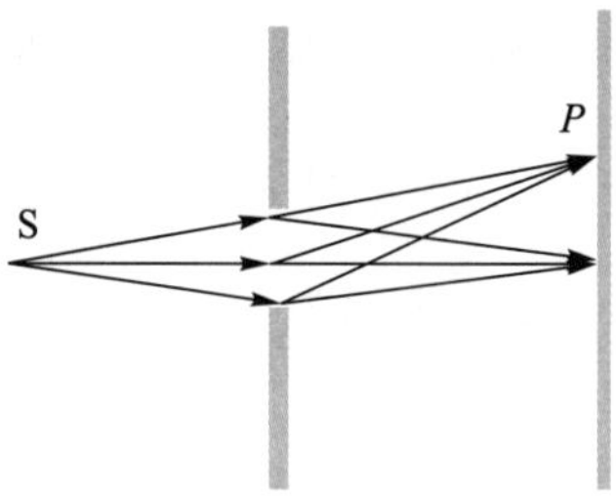

(a) 菲涅耳衍射

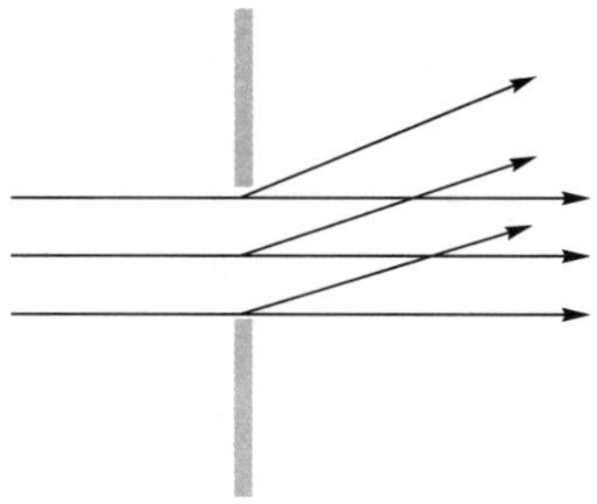

(b) 夫琅禾费衍射

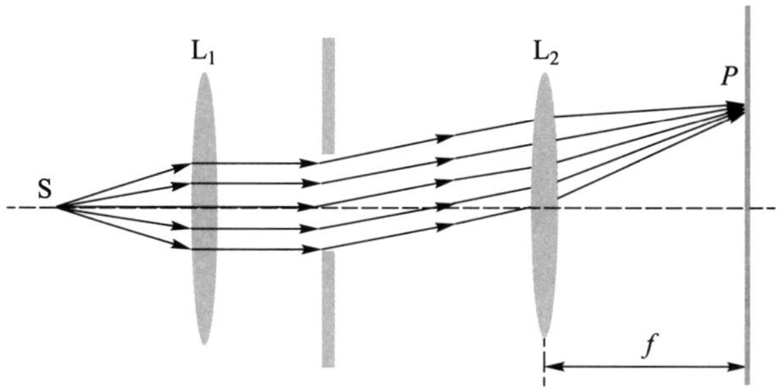

(c) 实验室中的夫琅禾费衍射

图 13-25 衍射的分类

13.6.2 单缝夫琅禾费衍射

微课视频：
单缝夫琅禾费衍射

如图 13-26 所示是单缝夫琅禾费衍射的光路图。单色光源 S 在透镜 L_1 物方焦点处，经透镜 L_1 成为平行光，垂直入射在宽度为 a 的单缝 AB 上。根据惠更斯原理，单缝 AB 面上各点将成为次波波源向各个方向发射次波，其中衍射角相同的平行光将在无限

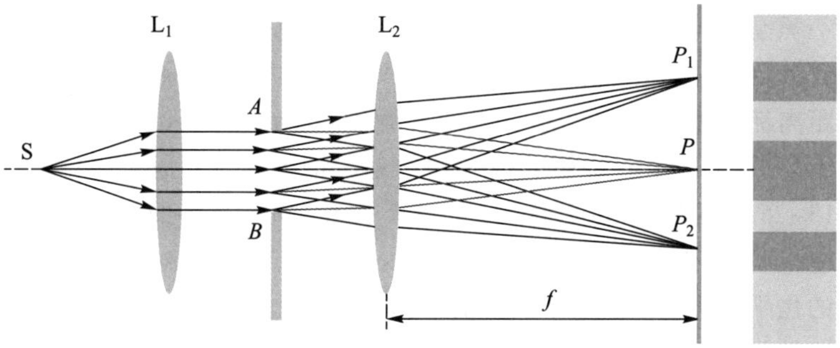

图 13-26 单缝夫琅禾费衍射图

远处相遇，经过透镜 L_2 后会聚在焦平面上，会聚点 P 的位置由坐标 y 或方位角 θ（亦称衍射角）确定。会聚到 P 点的平行光与透镜的副光轴（即过透镜中心的一条直线）平行。根据菲涅耳的思想，单缝 AB 面上的所有次波波源是相干波源，发射的次波在焦平面相遇处会发生干涉。由于在相遇处所经历的光程各不相同，因此在焦平面上会形成一系列平行于单缝的明暗相间的干涉条纹。

对于单缝衍射的明暗条纹分布，我们可以用半波带法作半定量的解释，如图 13-27 所示。将波阵面 AB 分割成一个个与单缝平行的横条形面元 dS，称之为波带，若分割时使得相邻波带发射的子波在接收屏上 P 点的光程差等于 $\lambda/2$（即振动相位差为 π），则这些波带称为半波带。P 点的合振动是各半波带发出的子波在 P 点引起的振动的叠加，由于相邻半波带在 P 点的振动相位相反，所以相邻半波带在 P 点引起的合振动为零，因此，若 AB 只能分割成偶数个半波带，则 P 点为暗条纹位置；若 AB 能分割成奇数个半波带，则 P 点为明条纹位置。AB 的分割完全由光程差 $|BC| = a\sin\theta$ 决定：

$$a\sin\theta=\begin{cases}2k(\lambda/2)=k\lambda & (k=\pm1,2,\cdots) \quad \text{偶数个半波带，暗条纹}\\(2k+1)(\lambda/2) & (k=\pm1,2,\cdots) \quad \text{奇数个半波带，明条纹}\end{cases} \tag{13-35}$$

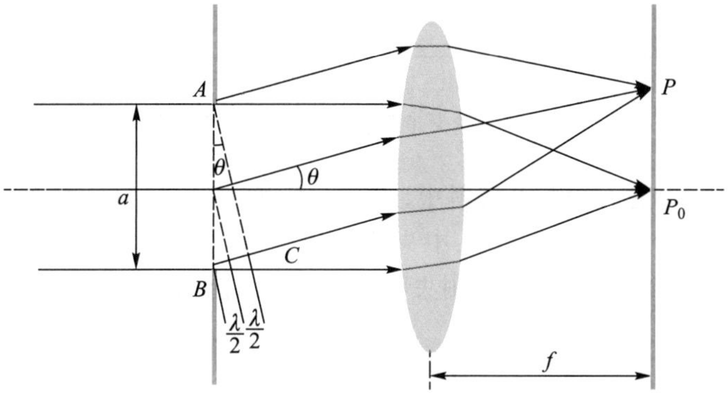

图 13-27 单缝菲涅耳衍射半波带图

若衍射角 θ 很小，$|a\sin\theta| < 2(\lambda/2) = \lambda$，则 AB 不足以分成两个半波带，即 AB 只是一个半波带，因此 P_0 点为明条纹位置，此即中央明条纹位置，这时 P_0 点光强最大，称为中央主极大。

若衍射角 θ 增大，AB 面划分的半波带数目增多越多，当偶数个半波带相互抵消后，剩下的一个半波带在 P 点形成明条纹，称为次极大。由于半波带数目越多，每个半波带的面积越小，其子波数越少，所以次级明条纹的亮度越小，远小于中央明条纹。

由式（13-35）可知，第 k 级明条纹应满足方程

$$a\sin\theta_k \approx \pm(2k+1)\frac{\lambda}{2}(k=1,2,3,\cdots) \tag{13-36}$$

具体有第一级明条纹的位置是

$$\sin\theta_1 \approx \pm\frac{3}{2}\frac{\lambda}{a} \quad \left(\sin\theta_1 = \pm 1.43\frac{\lambda}{a}\right)$$

第二级明条纹的方位是

$$\sin\theta_2 \approx \pm\frac{5}{2}\frac{\lambda}{a} \quad \left(\sin\theta_2 = \pm 2.46\frac{\lambda}{a}\right)$$

第三级明条纹的方位是

$$\sin\theta_3 \approx \pm\frac{7}{2}\frac{\lambda}{a} \quad \left(\sin\theta_3 = \pm 3.47\frac{\lambda}{a}\right)$$

通过计算可以得到结果：中央明条纹强度的峰值是 I_0，第一级明条纹强度的峰值是 0.047 I_0，第二级明条纹强度的峰值是 0.017 I_0……其相对光强分布曲线如图 13-28 所示。

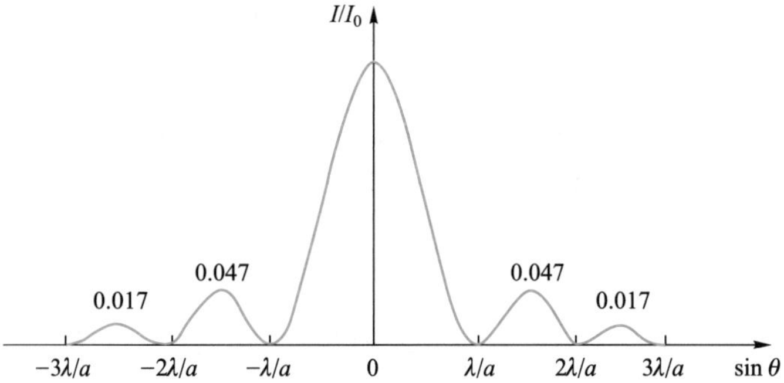

图 13-28 单缝夫琅禾费衍射相对光强度分布图

在单缝夫琅禾费衍射中，中央明条纹不仅强度最大，而且最宽。由式(13-35)可知，中央明条纹的宽度即正负第一级($k=\pm1$)暗条纹之间的宽度，中央明条纹区域的范围是

$$-\frac{\lambda}{a}<\sin\theta<\frac{\lambda}{a}$$

第一级暗条纹的方位角 θ_1 称为中央明条纹的半角宽度，由于 $\sin\theta_1=\lambda/a$，且 θ_1 通常很小($\sin\theta_1\approx\theta_1$，$\tan\theta_1\approx\theta_1$)，因而近似地有 $\theta_1=\lambda/a$。中央明条纹的角宽度是半角宽度的两倍，即

$$\Delta\theta_0=2\theta_1=\frac{2\lambda}{a} \tag{13-37}$$

中央明条纹的线宽度是

$$\Delta x=2f\tan\theta_1\approx 2f\theta_1=2f\frac{\lambda}{a} \tag{13-38}$$

其中 f 为透镜的焦距，其他各级明条纹的角宽度是

$$\Delta\theta \approx (k+1)\frac{\lambda}{a} - k\frac{\lambda}{a} = \frac{\lambda}{a} \qquad (13-39)$$

它们是中央明条纹角宽度的一半。

由式(13-37)和式(13-39)可知,对于给定波长 λ 的单色光来说,a 越小,与各级明条纹相对应的 θ 角就越大,亦即衍射作用越显著。反之,a 越大,与各级明条纹相对应的 θ 角就越小,亦即衍射作用就越不显著。如果 a 与 λ 相比很大(即 $a \gg \lambda$),各级衍射条纹全部并入中央明条纹附近,形成单一的明条纹,这就说明垂直入射于单缝的平行光经过单缝后依然是沿原方向的平行光,并经透镜而聚焦,这意味着从单缝射出的光是入射光按直线传播的结果。由此可知,通常所说的光的直线传播现象,只是光的波长较障碍物的线度很小,亦即衍射现象不显著时的情况。

例 13.10

在单缝夫琅禾费衍射中,已知 $a=0.1$ mm,$f=50$ cm,$\lambda=546$ nm。

(1) 求中央明条纹的宽度;

(2) 若将此装置放入水中,中央明条纹的角宽度如何变化?

解 (1) 中央明条纹的半角宽度为

$$\theta_1 = \frac{\lambda}{a}$$

线宽度为

$$\Delta x = 2f\theta_1 = 5.46 \text{ mm}$$

(2) 未放入水中时,中央明条纹角宽度为

$$\Delta\theta_0 = 2\theta_1 = \frac{2\lambda}{a} = 2\times 5.46\times 10^{-3} \text{ rad}$$

放入水中后,角宽度为

$$\Delta\theta_0' = 2\theta_1' = \frac{2\lambda'}{a} = \frac{2\lambda}{an_{水}} = 2\times 4.11\times 10^{-3} \text{ rad}$$

因此,若将此装置放入水中,则中央明纹的角宽度减小。

例 13.11

一束单色平行可见光垂直照射宽度为 $a=0.50$ mm 的单缝。经过单缝后焦距为 $f=1$ m 的透镜在焦平面形成衍射条纹,观察到屏上与中央明条纹中心距离为 $x=1.50$ mm 的 P 点为明条纹。求:

(1) 入射光的波长;

(2) 中央明条纹的宽度。

解 (1) 设 P 点对应的衍射角为 θ,由

$$\tan\theta = \frac{x}{f} = \frac{1.50\times 10^{-3}}{1.00} = 1.50\times 10^{-3}$$

由于衍射角 θ 很小,则有

$$\theta \approx \sin\theta \approx \tan\theta = \frac{x}{f}$$

由单缝夫琅禾费衍射明条纹公式

$$a\sin\theta = (2k+1)\frac{\lambda}{2} \quad (k=1,2,\cdots)$$

得到

$$\lambda=\frac{2a\sin\theta}{2k+1}=\frac{2ax}{(2k+1)f}$$

当 $k=1$ 时，有

$$\lambda_1=\frac{2ax}{3f}=\frac{2\times 0.5\times 10^{-3}\times 1.5\times 10^{-3}}{3}\ \text{m}$$

$$=5\times 10^{-7}\ \text{m}=500\ \text{nm}$$

当 $k=2$ 时，有

$$\lambda_2=\frac{2ax}{5f}=\frac{2\times 0.5\times 10^{-3}\times 1.5\times 10^{-3}}{5}\ \text{m}=3\times 10^{-7}\ \text{m}$$

$$=300\ \text{nm}$$

在可见光的范围内，入射光的波长应为 $\lambda_1=500\ \text{nm}$。

(2) 中央明条纹的宽度为

$$\Delta x=2f\frac{\lambda}{a}=2\times 1.00\times\frac{5.0\times 10^{-7}}{0.50\times 10^{-3}}\ \text{m}=2.00\ \text{mm}$$

13.6.3 圆孔夫琅禾费衍射

圆孔(圆孔半径为 R、直径为 D)夫琅禾费衍射的实验装置，如图 13-29 所示。只要将观察单缝夫琅禾费衍射的实验装置中的单缝衍射屏换成开有圆孔的衍射屏，就成了圆孔夫琅禾费衍射的实验装置。

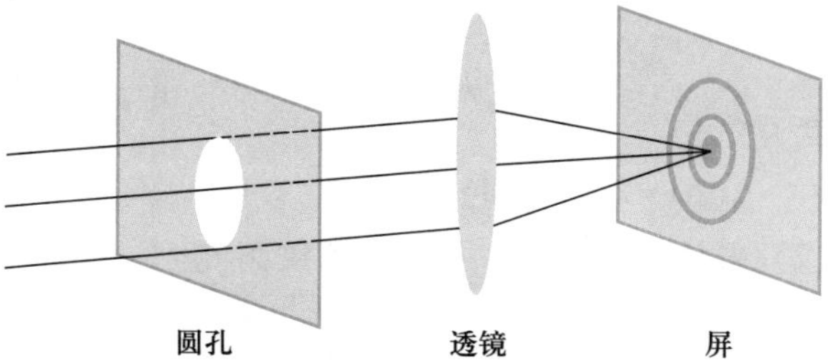

图 13-29 圆孔夫琅禾费衍射

与单缝夫琅禾费衍射类似，利用惠更斯-菲涅耳原理进行积分运算，可以求出圆孔夫琅禾费衍射的光强分布及确定各级条纹位置的条件，主要结果如下：

第一暗环方位角(衍射角) $R\sin\theta_1=0.610\lambda$

第二暗环方位角(衍射角) $R\sin\theta_2=1.116\lambda$

相邻暗环之间为明环，中心为一明斑，称为艾里斑，艾里斑的半角宽度为

$$\theta_1\approx\sin\theta_1=\frac{0.610\lambda}{R}=\frac{1.22\lambda}{D}\qquad(13-40)$$

艾里斑的半径为

$$r=f\tan\theta_1\approx\frac{1.22\lambda f}{D}\qquad(13-41)$$

圆孔夫琅禾费衍射的光强分布示意图如图 13-30 所示。

大多数光学仪器中所用的透镜的边缘通常是圆形的，所以圆孔夫琅禾费衍射具有重要意义，对于像的质量有直接的影响。

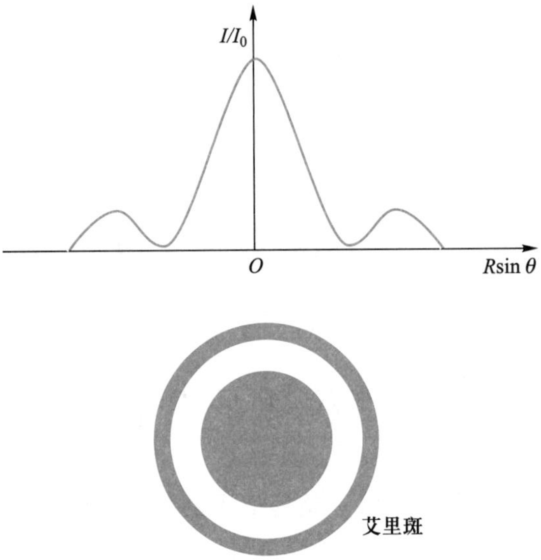

图 13-30 圆孔夫琅禾费衍射光强分布图

附录 单缝夫琅禾费衍射合振幅的计算

令 $k=\dfrac{2\pi}{\lambda}$，则有

$$E_P=\int_0^a A_0\ell\cos\left[\omega t-k\Delta-(k\sin\phi)x\right]\mathrm{d}x\text{[注意积分变量是 }x\text{]}$$

$$=\frac{A_0\ell}{k\sin\phi}\int_0^a\cos\left[(\omega t-k\Delta)-(k\sin\phi)x\right]\mathrm{d}(xk\sin\phi)$$

作积分变量变换

$$y=\left[(\omega t-k\Delta)-(k\sin\phi)x\right]$$

$$\mathrm{d}y=-\mathrm{d}\left[(k\sin\phi)x\right]=-(k\sin\phi)\mathrm{d}x$$

得到

$$E_P=-\frac{A_0\ell}{k\sin\phi}\int_{\omega t-k\Delta}^{(\omega t-k\Delta)-(k\sin\phi)a}\cos y\mathrm{d}y$$

$$=-\frac{A_0\ell}{k\sin\phi}\left\{\sin\left[(\omega t-k\Delta)-(ka\sin\phi)\right]-\sin(\omega t-k\Delta)\right\}$$

$$=\frac{A_0\ell}{k\sin\phi}\left\{\sin\left[(ka\sin\phi)-(\omega t-k\Delta)\right]+\sin(\omega t-k\Delta)\right\}$$

$$=\frac{A_0\ell a}{ka\sin\phi}2\sin\frac{ka\sin\phi}{2}\left[\cos\frac{ka\sin\phi-2(\omega t-k\Delta)}{2}\right]$$

$$=A_0\ell a\left(\frac{\sin\frac{ka\sin\phi}{2}}{\frac{ka\sin\phi}{2}}\right)\cos\left[\omega t-k\left(\Delta+\frac{a\sin\phi}{2}\right)\right]$$

$$=A_0\ell a\left(\frac{\sin\frac{\pi a\sin\phi}{\lambda}}{\frac{\pi a\sin\phi}{\lambda}}\right)\cos\left[\omega t-\frac{2\pi}{\lambda}\left(\Delta+\frac{a\sin\phi}{2}\right)\right]=E\cos\left(\omega t+\varphi\right)$$

其中

$$E=E_0\left(\frac{\sin\frac{\pi a\sin\phi}{\lambda}}{\frac{\pi a\sin\phi}{\lambda}}\right),E_0=A_0\ell a,\varphi=-\frac{2\pi}{\lambda}\left(\Delta+\frac{a\sin\phi}{2}\right)$$

13.6.4 光学仪器的分辨率

透镜(包括人的眼球)、望远镜或显微镜中的物镜等圆形光学仪器都与圆孔相似,一个点光源所发出的光经过这类光学仪器后所成的像并不是几何光学所说的一点而是一个具有一定大小的光斑(艾里斑),周围有一些明暗相间的圆形衍射条纹。两个相隔较近的点光源发出的光同时经过这类光学仪器后,所成的像主要是两个艾里斑。如果这两个光斑大部分相互重叠,则仪器对这两个点光源分辨不清。如果这两个光斑是分开的,则仪器能分辨出这两个光源。

物理学家简介:瑞利

判断光学仪器能否分辨两个点光源的依据是瑞利(J. W. S. Rayleigh)判据:对于一个光学仪器来说,若一个点光源所形成的中央亮斑的中心与另一个点光源所形成的中央亮斑的边缘重合,则这两个光源恰能被该光学仪器所分辨,如图 13-31 所示。

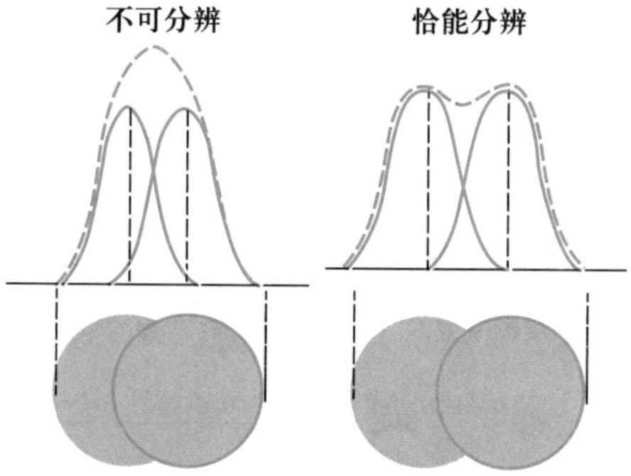

图 13-31 瑞利判据示意图

以透镜为例，恰能分辨的两点光源的两衍射光斑的中心间距，应等于艾里斑的半径。此时，两点光源在透镜处所张的夹角称为最小分辨角，用 $\Delta\theta$ 表示，如图 13–32 所示。

对于直径为 D 的圆孔衍射图样来说，$\Delta\theta$ 即艾里斑的半角宽度：

$$\Delta\theta=\theta_1=1.22\frac{\lambda}{D} \tag{13–42}$$

当 S_1，S_2 之间的夹角小于 $1.22\frac{\lambda}{D}$ 时，两光斑大部分重叠，分辨不清。因此 $\Delta\theta=1.22\frac{\lambda}{D}$ 称为最小分辨角。最小分辨角与仪器的孔径 D 和光的波长 λ 有关，对于不同孔径的光学仪器和不同的入射光波长，最小分辨角不同。

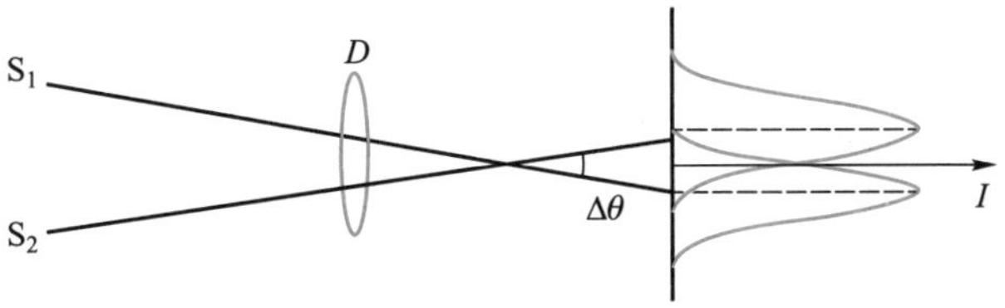

图 13–32 最小分辨角

微课视频：光学仪器的分辨本领

通常将光学仪器的最小分辨角的倒数称为仪器的分辨率，用 d 表示，即

$$d=\frac{D}{1.22\lambda} \tag{13–43}$$

由此可知，光学仪器的分辨率与仪器的孔径成正比，与所用的光的波长成反比。

例 13.12

人眼瞳孔的直径约为 $D=33$ mm，对于 $\lambda=550$ nm 的光，问人眼的最小分辨角是多大？如果黑板上面画有两根平行直线，间隔是 $l=1$ cm，那么在距黑板多远处恰能分辨这两根平行直线？

解 如图 13–33 所示，人眼的最小分辨角是

$$\Delta\theta=1.22\frac{\lambda}{D}=2.2\times10^{-4}\ \text{rad}$$

设人眼到黑板的距离为 s，则由

$$\Delta\theta\approx\tan\theta\approx\frac{l}{s}$$

有

$$s=\frac{l}{\Delta\theta}\approx45.5\ \text{m}$$

即在人眼到黑板的距离为 45.5 m 处，恰能分辨这两根平行直线。

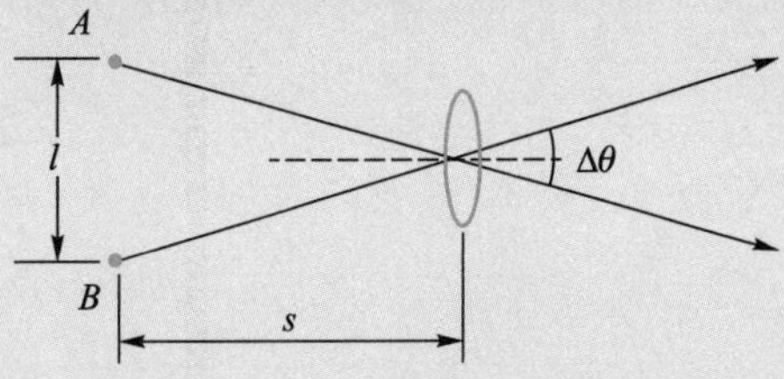

图 13–33 例 13.12 图

13.7 衍射光栅

由大量等宽度、等间距的平行狭缝所组成的光学元件称为平面衍射光栅。其制作方法之一是在一块玻璃片上刻上大量等宽度、等间距的平行刻痕，在 1 cm 长度上，可刻上万条刻痕，入射光照射在刻痕处，光向各个方向散射不容易通过，而两刻痕之间的光滑部分可以透光，等同狭缝。若透光缝的宽度用 a 表示、刻痕宽度用 b 表示，则 $a+b$ 称为光栅常量，如图 13-34(a)所示。普通光谱仪所用光栅，平均 1 cm 内的刻痕数可达 $10^3 \sim 10^4$ 条，所以一般光栅常量的数量级为 $10^{-6} \sim 10^{-5}$ m。光栅的主要作用是利用光的衍射现象把复色光分开，便于人们进行光谱分析。

13.7.1 光栅衍射的光强分布

光栅衍射实验装置如图 13-34(b)所示，光栅是由许多单缝构成的。单色点光源经凸透镜扩束成平行光，经过光栅衍射后，得到一系列平行衍射光，平行衍射光经过透镜会聚于接收屏上，其中透镜与接收屏之间的距离为透镜的焦距 f，衍射角与衍射屏上的位置一一对应。对于每一条单缝来说，前面讨论的单缝衍射的结果完全可以适用。然而大量(N 个)平行的等宽单缝所发出的光波属于相干光，彼此之间要发生干涉。因此，光栅的衍射条纹是单缝衍射与多缝干涉叠加的。

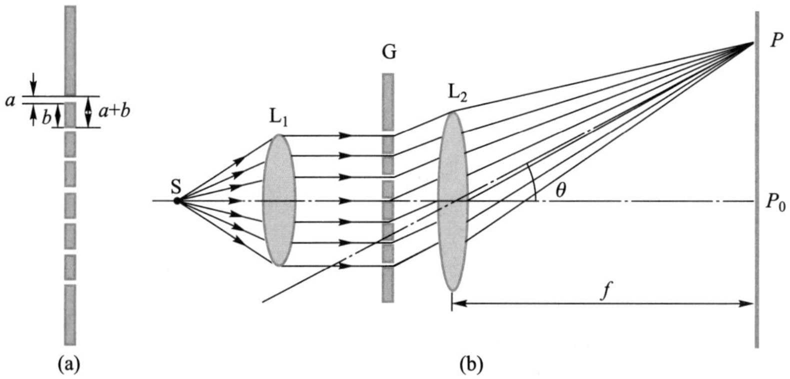

图 13-34 光栅衍射实验原理图

光栅衍射需要考虑多缝之间的干涉,同时需要考虑每条缝自身的衍射,光栅的衍射条纹是单缝衍射与多缝干涉的总效果。光栅衍射的光强分布由以下两个因素决定。

(1) 多缝干涉:决定屏上各级明条纹的位置;

(2) 单缝衍射:决定屏上各级明条纹的相对强度。

如图 13-35 所示是一个光栅光强分布示意图。图 13-35(a)是单缝衍射的光强分布;图 13-35(b)是只考虑多缝之间干涉的光强分布;图 13-35(c)是受到单缝调制后的多缝衍射光强分布,可见多缝衍射的各级明纹强度的包络线与单缝衍射明条纹相似。

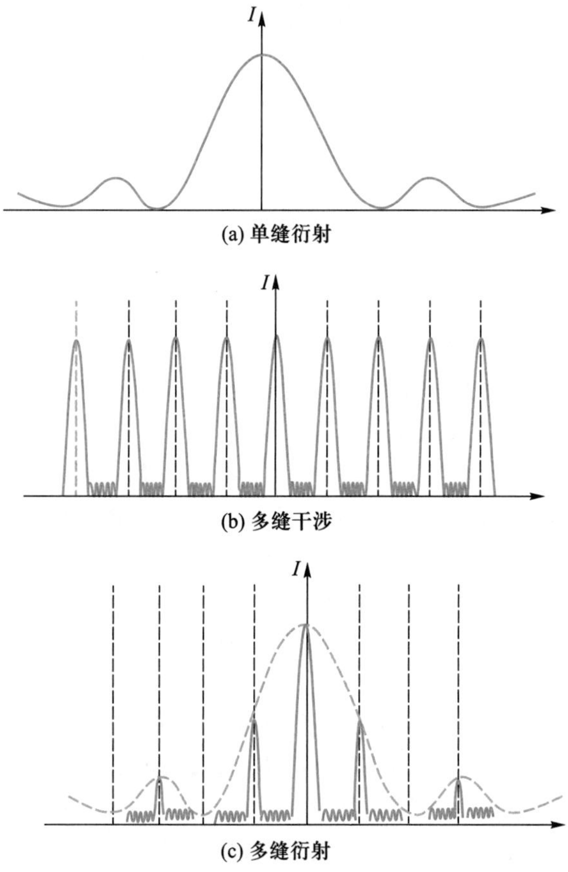

图 13-35 光栅衍射的光强分布

13.7.2 光栅方程

1. 主极大

如图 13-36 所示,单色点光源经凸透镜扩束成平行光,垂直照射在光栅上时，每条缝向各方向发射衍射光，具有相同衍射角的一组平行光经透镜会聚于接收屏上同一点 P，具有相同衍射角 θ 的衍射光在 P 点的光程差为 $(a+b)\sin\theta$，当该光程差满足相干加强条件时，P 点出现明条纹，这时 P 点合振幅是来自 N 个单缝衍射光的叠加（N 倍），则合光强为单缝光强的 N^2，因此，光栅形成的明条纹比单缝的明条纹亮度要强得多。光栅缝数越多，明条纹越亮。

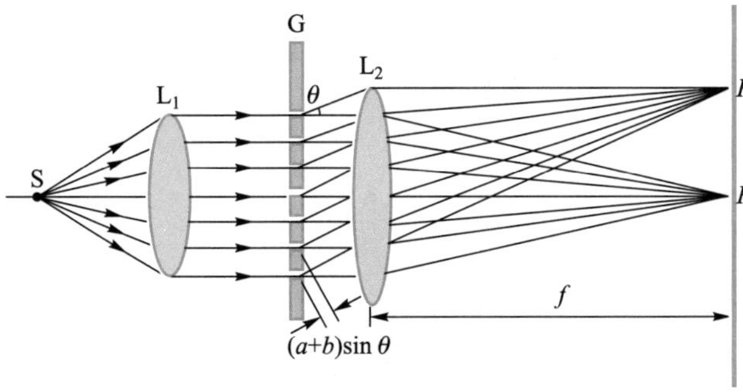

图 13-36 光栅衍射示意图

我们选取任意相邻两狭缝发出的两束光，其衍射角为 θ，当此光程差是波长的整数倍时，这两束光在 P 点相互加强。因此，光栅衍射的明条纹位置应满足条件

$$(a+b)\sin\theta=k\lambda \quad (k=0,\pm1,\pm2,\cdots) \tag{13-44}$$

式(13-44)称为光栅方程，其中 k 表示明条纹的级数，又称为主极大的级数，$k=0$ 为中央明条纹即零级主极大。式(13-44)还表明，对于给定的单色入射光波来说，光栅常量越小，即每单位长度上的狭缝条数越多，各级明条纹的位置分得越开。

以上讨论的是平行光垂直照射在光栅上的情形，当平行光倾斜入射到光栅 G 上，入射光与光栅面法线夹角为 φ 时，入射光到达相邻两缝之前已有光程差 $(a+b)\sin\varphi$，如图 13-37 所示。这时，衍射角为 θ 的平行光线之间的总光程差为 $(a+b)(\sin\varphi\pm\sin\theta)$，这时光线倾斜入射的光栅方程应改写为

$$(a+b)(\sin\varphi\pm\sin\theta)=k\lambda \quad (k=0,\pm1,\pm2,\cdots) \tag{13-45}$$

正号表示入射平行光与出射光线在光栅面法线的同侧，负号表示两光线在法线两侧。

2. 暗条纹条件

在光栅衍射中，相邻两主极大之间还分布着一些暗条纹，这些暗条纹是由各缝发射出的衍射光相干涉而形成的。可以证明，当衍射角 θ 满足条件

$$(a+b)\sin\theta=\left(k+\frac{n}{N}\right)\lambda \quad (k=0,\pm1,\pm2,\cdots) \qquad (13-46)$$

时，出现暗条纹。式(13-45)中 k 为主极大级次，N 为光栅狭缝总数，n 为正整数，取 $n=1,2,\cdots,N-1$。由式(13-46)可知在两个主极大之间，分布着 $N-1$ 个暗条纹。显然，在这 $N-1$ 个暗条纹之间的位置光强不为零，但其强度比各级主极大的强度要小得多，称之为次级明条纹，这些次级明条纹的光强仅为主极大的 4% 左右。所以，在相邻两个主极大之间分布有 $N-1$ 个暗条纹和 $N-2$ 个光强极弱的次级明条纹。由于光栅的狭缝总数 N 很大，在两个主极大之间，这些次级明条纹又多又弱，几乎是观察不到的，因此形成一片连续均匀的暗区，如图 13-38 所示。

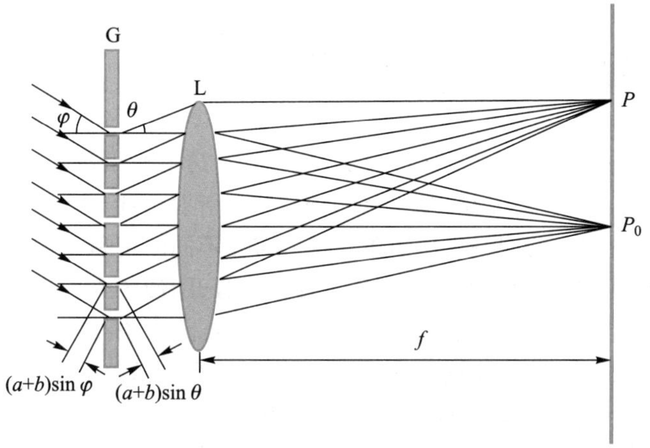

图 13-37 平行光倾斜入射时的光栅衍射示意图

图 13-38 光栅衍射图

3. 缺级

由于受单缝衍射的限制，由式(13-44)给出的各级明条纹，其光的强度是各不相同的，具体地说，对实验中常用的大多数光栅，强度按零级、一级、二级、三级等的次序逐渐减弱(这些级次假定被限制在单缝衍射的中央明条纹区范围内)。特别地，若在接收屏上 P 点时，衍射光线满足多缝干涉加强条件(对应于第 k 级明条纹)，同时又满足单缝衍射的暗条纹条件，即在 P 点时，衍射角 θ 同时满足式(13-35)和式(13-44)，既满足单缝衍射的暗条纹条件

$$a\sin\theta=k'\lambda \quad (k'=\pm1,\pm2,\cdots)$$

同时又满足多缝干涉明条纹条件(光栅方程)

$$(a+b)\sin\theta=k\lambda \quad (k=0,\pm1,\pm2,\cdots)$$

由于从各单缝射出的光在 P 点的光强为零,则按照多缝干涉的光栅方程,P 点的干涉是各个狭缝光强为零的“干涉加强”。所以在 P 点就不出现该级明条纹,这种现象称为缺级。

由单缝衍射暗条纹条件和光栅方程可得到缺级的条件为

$$k=\frac{a+b}{a}k' \quad (k'=\pm1,\pm2,\cdots) \tag{13-47}$$

例如,若 $a+b=4a$,即 $k=4k'$的各级明条纹缺级,确切地说,$k=\pm4,\pm8,\pm12,\cdots$的明条纹缺级。

13.7.3 光栅光谱

在光栅衍射中,光栅上狭缝总数越多,透射光束越强,所得明条纹也越亮。在光栅常量一定的情况下,衍射角度与入射波长相关,不同波长的同一级次明条纹将分布在不同的衍射角度上。因此光栅可以利用光的衍射现象把复色光分开,便于人们进行光谱分析,准确地测量波长。同时,由于光栅光谱明条纹窄,强度高,测量误差小,因此光栅常常作为分光元件,是光谱仪的核心器件。

$$(a+b)\sin\theta=k\lambda \quad (k=0,\pm1,\pm2,\cdots) \tag{13-48}$$

当用白光照射到光栅上时,由光栅方程式(13-48)可知,主极大级次一定的情况下,衍射角随波长的增大而增大,零级主极大与波长无关。所以,中央明条纹($k=0$)为白色,其他各级条纹($k\neq0$)是彩色的,对称地分布在零级主极大两侧。因为各种波长的光出现在不同的位置,所以会形成第一级、第二级、第三级……的光谱。由于各谱线间的距离随光谱级数的增大而增宽,所以高级数的光谱彼此将有重叠。

例 13.13

用白光(波长范围:400 ~ 760 nm)垂直照射在每毫米刻有 250 条狭缝的平面光栅上。求第二级光谱的张角。

解 光栅常量为

$$a+b=\frac{1}{250}\ \text{mm}=4\times10^{-6}\ \text{m}$$

由光栅方程 $(a+b)\sin\theta=k\lambda$,$k=2$ 时

$$\theta=\arcsin\left(\frac{2\lambda}{a+b}\right)$$

$\lambda_1=400$ nm 时，衍射角 θ_1 为

$$\theta_1=\arcsin\left(\frac{2\lambda_1}{a+b}\right)=\arcsin\left(\frac{2\times400\times10^{-9}\ \text{m}}{4\times10^{-6}\ \text{m}}\right)$$

$$=\arcsin(0.2)\approx0.2\ \text{rad}=11.46°$$

$\lambda_2=760$ nm 时，衍射角 θ_2 为

$$\theta_2=\arcsin\left(\frac{2\lambda_2}{a+b}\right)=\arcsin\left(\frac{2\times760\times10^{-9}\ \text{m}}{4\times10^{-6}\ \text{m}}\right)$$

$$=\arcsin(0.38)\approx0.38\ \text{rad}=21.77°$$

则第二级光谱张角为

$$\Delta\theta=\theta_2-\theta_1=10.31°$$

例 13.14

波长为 $\lambda=600$ nm 的单色光垂直入射在一光栅上，已知第二级和第三级明条纹分别出现在 $\sin\theta_2=0.2$ 和 $\sin\theta_3=0.3$ 处，第四级缺级。试问：

（1）光栅上相邻两缝的间距是多少？

（2）光栅上狭缝的宽度有多大？

（3）按照上述得到的 a，b 值，在 $-90°<\theta<90°$ 的范围内，实际出现哪些级数的光谱？

解 （1）由光栅方程，取 $k=2$ 有

$$(a+b)\sin\theta_2=2\lambda$$

因此

$$a+b=6\ 000\ \text{nm}$$

（2）同理，由光栅方程，取 $k=4$ 有

$$(a+b)\sin\theta_4=4\lambda$$

于是

$$\sin\theta_4=0.4$$

由于第二级和第三级明条纹存在，而第四级缺级，因而由缺级条件又有（注意：因为第一级不可能缺级，而第二级和第三级明条纹均存在，所以本题中的第四级缺级是第一个缺级）

$$a\sin\theta_4=k'\lambda，其中\ k'=1$$

由此得到

$$a=\frac{\lambda}{\sin\theta_4}=1\ 500\ \text{nm},\ b=6\ 000\ \text{nm}-a=4\ 500\ \text{nm}$$

（3）在本问题中，光谱级数的最大值（$\sin\theta=1$）是

$$k_{\max}=\frac{a+b}{\lambda}=10$$

但由 $a+b=4a$ 可知，$k=4k'(k'=\pm1,\pm2,\cdots)$ 的明条纹缺级，即 $k=\pm4,\pm8$ 的明条纹缺级，因此实际可以看到的明条纹的级数为 0，1，2，3，5，6，7，9，10（在具体的实验中，看不到第 10 级明条纹）。

*13.8 晶体的 X 射线衍射

伦琴在 1895 年发现了一种波长很短的 X 射线，这种射线又称伦琴（Rönggen）射线。由于 X 射线的波长非常短，在 0.1 ~ 1 nm 的范围。用普通光栅观察不到明显的 X 射线衍射效应。需要使用光栅常量与 X 射线波长量级差不多的特殊光栅，才能观察到明显的衍射但在当时很难用人工方法制作这样的光栅。

物理学家简介：伦琴

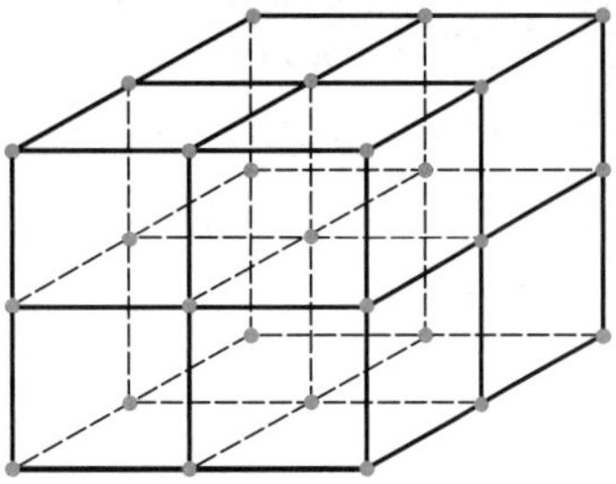

图 13-39 简单的立方晶格

1912 年，德国物理学家劳厄（M. von Laue）利用晶体的周期性结构特点，将其作为观察 X 射线衍射的光栅，成功进行了 X 射线衍射实验。因为晶体的晶格结构可视为光栅常量很小（数量级约为 0.1 nm）的三维光栅，理想的立方晶体结构如图 13-39 所示。

劳厄的实验装置示意图如图 13-40 所示。一束穿过铅板上小孔的 X 射线照射在晶体 C 上，在胶片 E 上形成对称分布的若干衍射斑点，称为劳厄斑点。劳厄斑点分布的定量研究涉及三维光栅的衍射理论，比较复杂，我们不作讨论。

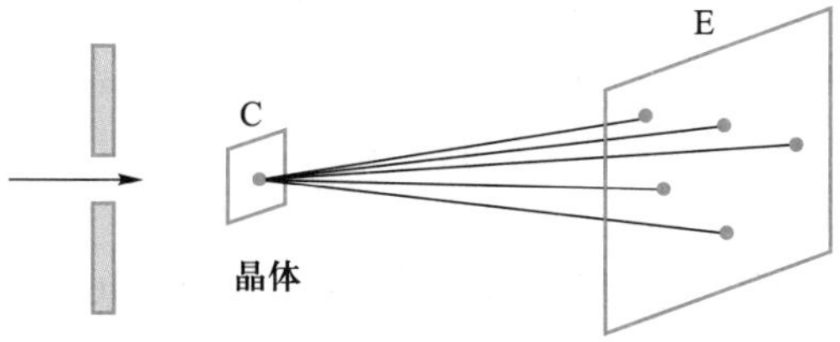

图 13-40 劳厄实验装置示意图

物理学家简介：
W. H. 布拉格

物理学家简介：
W. L. 布拉格

20 世纪初，英国布拉格父子（W. H. Bragg 和 W. L. Bragg）对伦琴射线通过晶体产生的衍射现象提出了另一种研究方法。如图 13-41 所示，他们把晶体点阵视为由一系列平行的原子层（称为晶面）所构成的。当 X 射线照射晶体时，晶体中每一个原子视为一个子波波源，向各方向发出衍射射线，又称为散射。此时不仅有表面的散射，还有晶体内层的散射。考虑衍射射线的叠加效应时，可分别从两方面来考虑：一是同一晶面上各子波波源所发出子波的叠加，二是各个不同晶面上所发出子波的叠加。布拉格父子研究发现：对于单个晶面，在以晶面为镜面的反射方向上具有最强的衍射；对于相互平行的晶面，在镜面反射且满足反射定律的方向上，具有最强衍射。

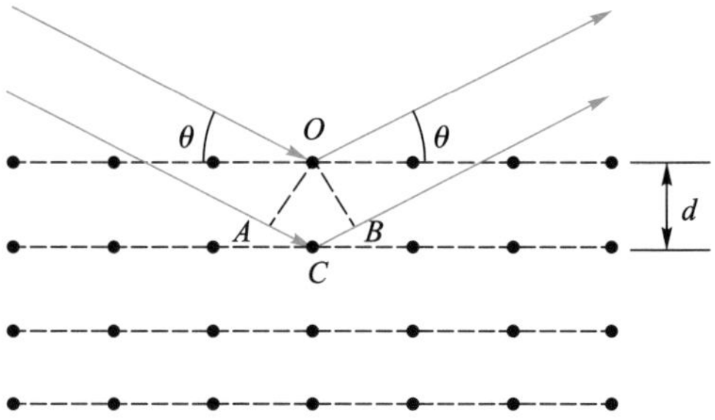

图 13-41 布拉格方法

设各原子层（或晶面）之间的距离为 d，称为晶格常量（或晶面间距）。当一束平行相干的 X 射线以 θ 角掠射到晶体表面时，一部分将被表面层原子所散射，另一部分将被内部各晶面所散射。但是,我们知道在任一原子层所散射的射线中,只有按反射定律反射的射线的强度最大。而考虑各晶面上的散射所决定的叠加效应时,相邻的上下两晶面所发出的反射线的光程差为

$$|AC| + |CB| = 2d\sin\theta$$

显然,符合下述条件

$$2d\sin\theta = k\lambda \quad (k=1,2,3,\cdots) \tag{13-49}$$

时,各层晶面的反射线都将相互加强,形成亮点。上式就是著名的布拉格公式。

与 X 射线的衍射实验相类似,在显示实物粒子(如电子、中子等)射线束的波动性的实验中,也采用布拉格方法来论证有关的现象。

X 射线的衍射现已广泛地用来解决下列两个方面的重要问题:(1) 用来测定 X 射线的波长。需要已知作为衍射光栅的晶体的结构,亦即晶体的晶格常量。(2) 用来测定晶体的晶格常量。这一应用发展为 X 射线的晶体结构分析。分子物理中很多重要结论都是以此为基础而得到的。X 射线的晶体结构分析在工程技术上也有很大的应用价值。

13.9 光的偏振

在本节我们将讨论光波的另一种特性,即偏振性。光的偏振现象普遍存在于自然界中,光的反射、折射及在晶体中的双折射都与光的偏振相关。光的偏振现象证实了光是横波。我们将简要介绍一些典型的偏振现象以及获得和检验光的偏振性的方法。

13.9.1 自然光和偏振光

1. 光的偏振性

机械波可以分为横波和纵波。对于纵波来说,纵波的振动方向和传播方向在一条直线上,通过波的传播方向所作的所有平面内的运动情况都相同,没有一个平面显示出比其他任何平面特殊,这称为波的振动相对传播方向具有对称性。而对于横波来说,通过波的传播方向且包含振动矢量的那个平面显然和其他不包含振动矢量的任何平面有区别。于是把振动方向相对传播方向的不对称性称为**偏振性**。它是横波区别于纵波的最明显的标

志之一。

光波是电磁波，而按麦克斯韦电磁理论，电磁波是横波，即光矢量 $\boldsymbol{E}$ 恒与光的传播方向 $\boldsymbol{v}$ 垂直。光振动矢量（下简称光矢量）$\boldsymbol{E}$ 和光线方向 S 所组成的平面称为振动面，光的振动态是指在垂直于光线传播方向的二维平面上，光振动矢量的运动状态，称为偏振态。按照光振动状态不同，可以将光分为自然光、线偏振光、部分偏振光、椭圆偏振光和圆偏振光五类。

2. 自然光

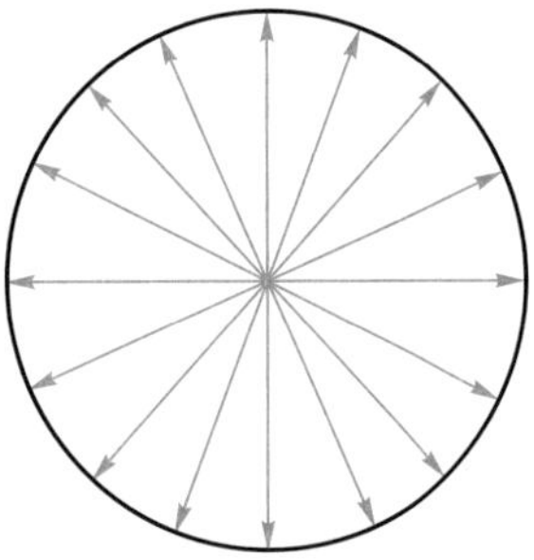

图 13-42 自然光的光矢量

普通光源中的每个原子在某一瞬时所发出的一列光波是线偏振光，但在任一瞬时有大量的原子发光，各个原子发出的光的光矢量具有不同的振动方向及相位，光矢量 $\boldsymbol{E}$ 分布在与传播方向 $\boldsymbol{v}$ 垂直的所有可能的方向上，平均来说，各个方向上的振幅相等，但振动相位不同，将这种光称为自然光。如图 13-42 所示，自然光在垂直于光的传播方向 $\boldsymbol{v}$ 的平面内，光矢量是均匀分布的。

自然光各方向的光振动均可以视为两个相互垂直的振动（同频率、同相位）的合成，如图 13-43（a）所示。任一方向的光矢量 $\boldsymbol{E}$ 也都可分解为两个相互垂直的分矢量，将自然光中的每一个光矢量均沿两个相互垂直的方向分解，成为两组独立的光振动，如图 13-43（b）所示。

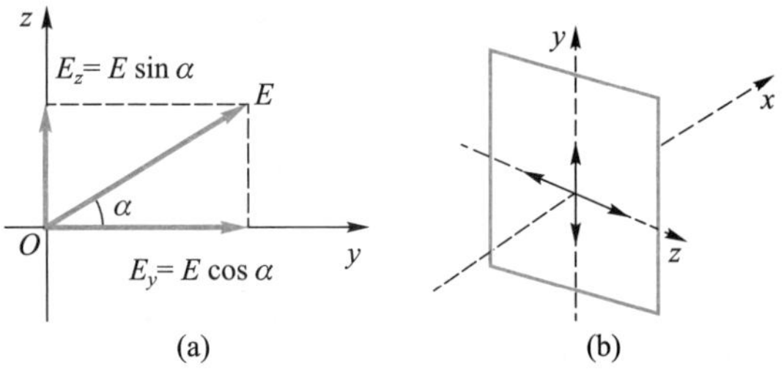

图 13-43 光矢量的分解及垂直分量表示

根据自然光的光矢量分布及它可分解成两个相互垂直的分量的性质，因此用如图 13-44 所示的方法作为自然光的表示法，用黑点表示垂直于纸面的光振动方向、用短线表示纸面内的光振动方向，黑点和短线画成均等分布，每一组光振动占自然光总能量的一半。

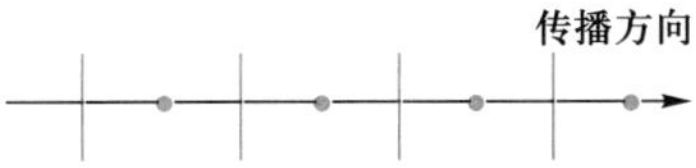

图 13-44 自然光的表示

3. 线偏振光

在光的传播过程中，若光矢量 $\boldsymbol{E}$ 始终保持在一个确定的平面内，这样的光称为平面振动光，也称偏振光，如图 13-45 所示。由于光波的光矢量方向始终不变，只沿一个固定方向振动，所以又称为线偏振光或完全偏振光。线偏振光的符号用点或短线表示。如图 13-45(a)所示是光振动方向在纸面内的线偏振光,如图 13-45(b)所示是光振动方向垂直于纸面的线偏振光。

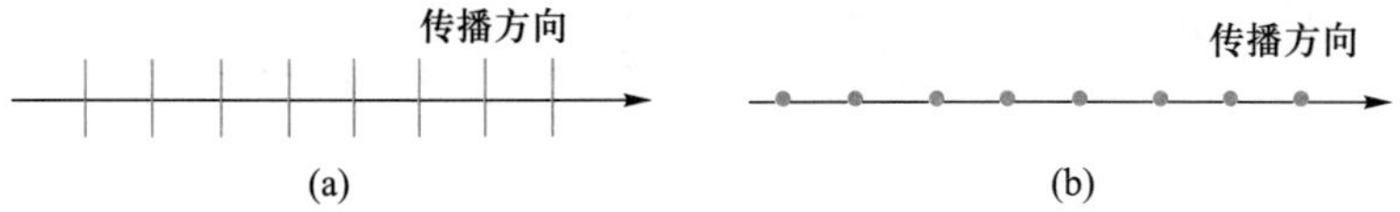

图 13-45 线偏振光

4. 部分偏振光

除了上述讨论的自然光和线偏振光之外,还有一种介于两者之间的偏振光,这种光在垂直于光传播方向的平面内,各方向的光振动都有,但各方向的光矢量的振幅不相等,这种光可以由偏振光与自然光混合组成,称为部分偏振光。部分偏振光的符号用数量不等的点和短线表示。如图 13-46(a)所示为纸面内的光振动较强的部分偏振光,如图 13-46(b)所示为垂直于纸面的光振动较强的部分偏振光。

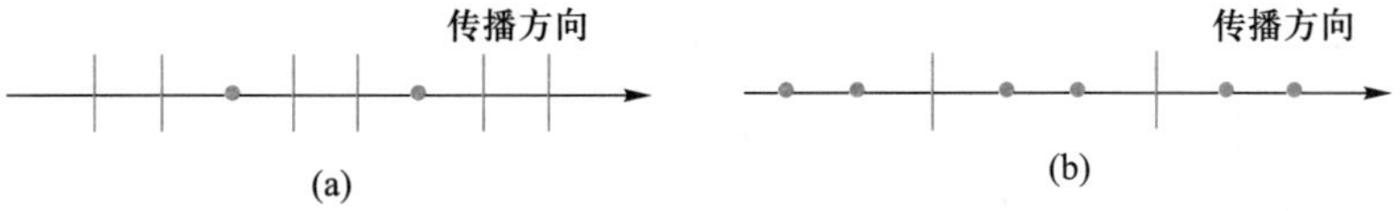

图 13-46 部分偏振光

5. 椭圆偏振光和圆偏振光

迎着光线(z 轴),在 Oxy 平面内,在光向前的传播中,如果光矢量不断地旋转(左旋或右旋),且光矢量端点的轨迹是一个圆,则这种光称为圆偏振光;如果光矢量端点的轨迹是一个椭圆,则这种光称为椭圆偏振光,如图 13-47 所示。根据振动学可知,光的振动可以视为两个同频率、振动方向相互垂直的振动的合成。椭圆偏振光和圆偏振光都可以视为两个振动方向相互垂直、有一定相位差的线偏振光的合成,其中圆偏振光是椭圆偏振光的一个特例。

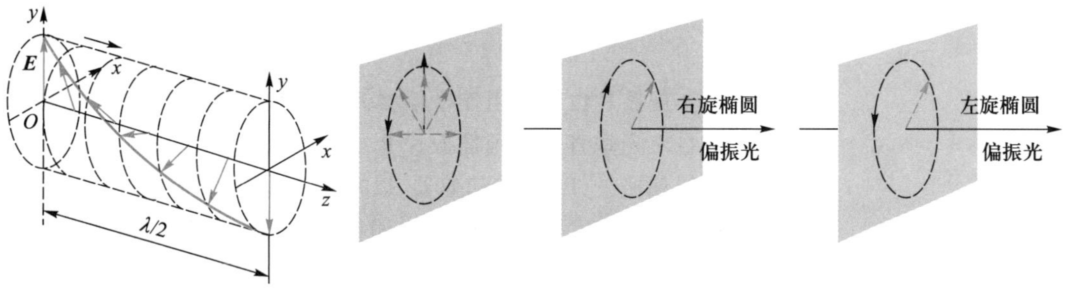

图 13-47 椭圆偏振光

13.9.2 偏振片 马吕斯定律

普通光源发出的光都是自然光。人们可以通过多种途径,从自然光中获得偏振光。从自然光获得线偏振光的方法归纳起来有以下四种:(1) 利用二向色性获得线偏振光;(2) 利用反射和折射获得线偏振光;(3) 利用晶体的双折射获得线偏振光;(4) 利用散射获得线偏振光。我们主要讨论前两种方法。

1. 偏振片的起偏和检偏

二向色性是指某些各向异性晶体对不同方向的光振动具有不同吸收本领的性质。某些天然或人造材料(如电气石晶体和特殊加工的聚氯乙烯薄膜)就具有二向色性。现在广泛使用的人造偏振片就是利用二向色性获得线偏振光的。人造偏振片的制作方法是:把聚乙烯醇薄膜在碘溶液中浸泡后,在较高温度下拉伸,使碘-聚乙烯醇分子沿拉伸方向规则地排列起来,形成一条条导电的长链。当入射光照射在人造偏振片上时,电场沿导电长链的分量做功,光被强烈吸收;垂直于长链方向的电场分量不对电子做功,能够透过薄膜。这样透射光就成了线偏振光。

偏振片允许透过光矢量的方向称为偏振化方向,也称为它的透光轴,常用符号“↕”表示,如图 13-48 所示。理想的偏振片对与偏振化方向一致的光振动全部透射,而对与偏振化方向垂直的光完全吸收。我们将用自然光获得偏振光的过程称为起偏,相应的光学元件称为起偏器,其中透过的线偏振光光强只有入射自然光的一半。

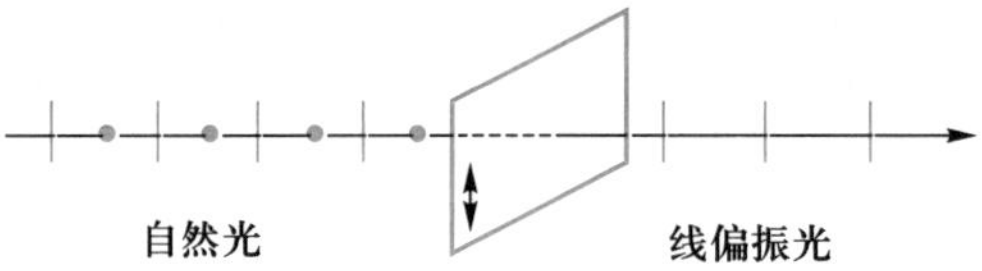

图 13-48 偏振片

偏振片也可以当作检偏器使用。如图 13-49 所示,光强为 I_0 的自然光垂直入射到偏振片 P_1 后,形成与 P_1 的偏振化方向平行的线偏振光,P_2 成为起偏器,以入射光线为轴转动 P_2,当 P_2 的偏振化方向与 P_1 相同时,该线偏振光全部继续透过偏振片 P_2,在 P_2 后可观察到光,如图 13-49(a)所示。如果把偏振片 P_2 转动到与 P_1 垂直的方向上,线偏振光将全部被 P_2 吸收,在 P_2 的后面就观察不到光，出现消光现象，如图 13-49(b)所示；如果继续转动偏振片 P_2 一周，透过 P_2 的光线光强不断改变，会经历两次光强最大和两次光强为零的过程。若垂直入射到偏振片的光为部分偏振光，在以光线为轴转动偏振片的过程中，透射光仍为线偏振光，其光强也发生变化，但不存在光强为零的消光现象。

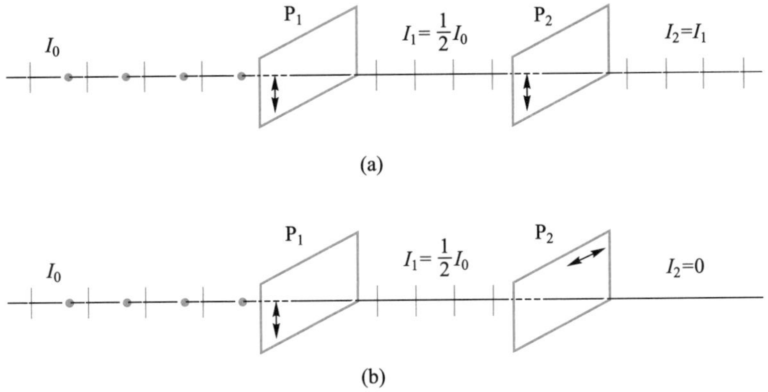

图 13-49 偏振片的起偏和检偏

综上所述，我们可通过旋转偏振片，根据透射光的光强变化来判断入射光的偏振态。这个过程称为检偏。此时偏振片称为检偏器。

2. 马吕斯定律

人们经由大量的实验发现，透射光的强度与两偏振片的偏振化方向之间的夹角有关。线偏振光透过偏振片后的光强变化是遵从马吕斯定律的。

如图 13-50 所示，设入射到检偏器 P_2 表面的光的振幅为 E_A，方向沿起偏器的偏振化方向 OA。将 E_A 分解为两个相互垂直的分量 E_B 和 $E_\perp$，其中 E_B 沿检偏器的偏振化方向 OB，$E_\perp$ 与此方向垂直。由于 $E_\perp$ 被检偏器 P_2 吸收，仅 E_B 能通过检偏器 P_2，因此透过检偏器 P_2 的光振动的振幅为

$$E_B = E_A\cos\alpha$$

其光强为

$$I_2 = kE_B^2 = kE_A^2\cos^2\alpha = I_1\cos^2\alpha$$

$$I_2 = I_1\cos^2\alpha \tag{13-50}$$

式(13-50)称为马吕斯定律，其中的 α 是线偏振光的光振动方向与检偏器的偏振化方向之间的夹角。根据马吕斯定律，当 $\alpha=0$ 时，$I_2=I_1$；当 $\alpha=\pi/2$ 时，$I_2=0$；当 $\alpha=\pi/3$ 时，$I_2=I_1/4$，当 α 为其他值时，I_2 介于 0 和 I_1 之间。

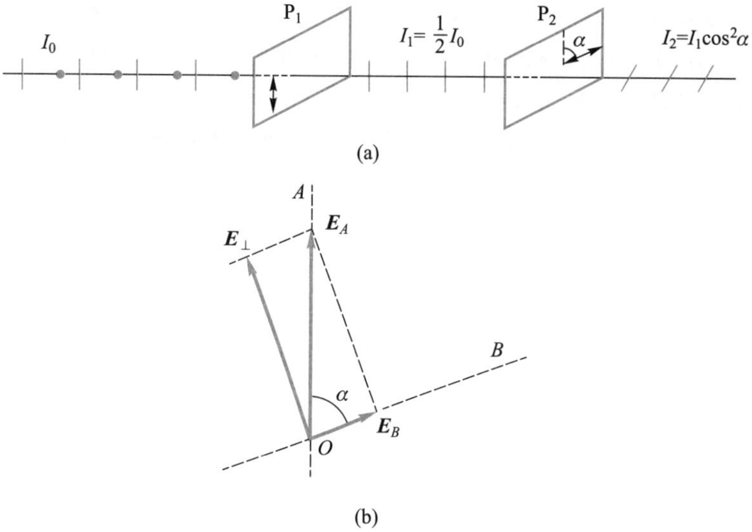

图 13-50 马吕斯定律

例 13.15

在起偏器 M 和检偏器 N 中间平行地插入另一偏振片 C，M 和 N 的偏振化方向相互垂直，C 的偏振化方向与 M，N 的偏振化方向均不相同。今以强度为 I_0 的单色自然光垂直入射于 M。

（1）求透过 N 后的透射光强度；

（2）若偏振片 C 以入射光线为轴转动一周，试定性地画出透射光强随转角变化的关系曲线。

解 （1）由于入射的自然光的强度为 I_0，因此通过起偏器 M 后的光强为 $I_1=I_0/2$，根据马吕斯定律的计算过程如图 13-51(a) 所示，通过 C 后的光强为

$$I_2=I_1\cos^2\alpha=\frac{1}{2}I_0\cos^2\alpha$$

通过 N 后的光强为

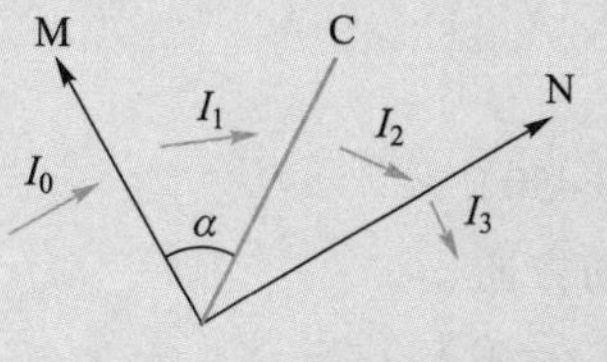

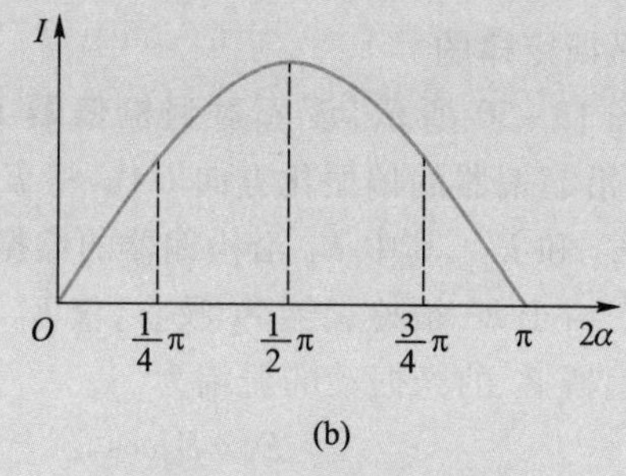

图 13-51 例 13.15 图

$$I_3=I_2\cos^2\left(\frac{1}{2}\pi-\alpha\right)$$

$$=\frac{1}{2}I_0\cos^2\alpha\cos^2\left(\frac{1}{2}\pi-\alpha\right)=\frac{1}{8}I_0\sin^2 2\alpha$$

（2）根据马吕斯定律计算出的结果的曲线如图 13-51(b) 所示。

13.9.3 反射和折射时的偏振现象

1808 年马吕斯偶然发现反射光中存在光的偏振现象。自然光在两种各向同性介质的分界面上发生反射和折射时，反射光和折射光一般都是部分偏振光，在特殊的入射角下，反射光可能成为线偏振光，这些结论均可由电磁波在介质分界面上的反射、折射理论导出。

微课视频：
反射光和折射光的偏振

如图 13-52(a)所示，自然光（分解为两个振动方向相互垂直的光矢量）从空气中入射到玻璃表面后，发生反射、折射，反射光与折射光都是部分偏振光，其中在反射光中垂直于入射面的振动占优势，而在折射光中，平行于入射面的振动占优势。

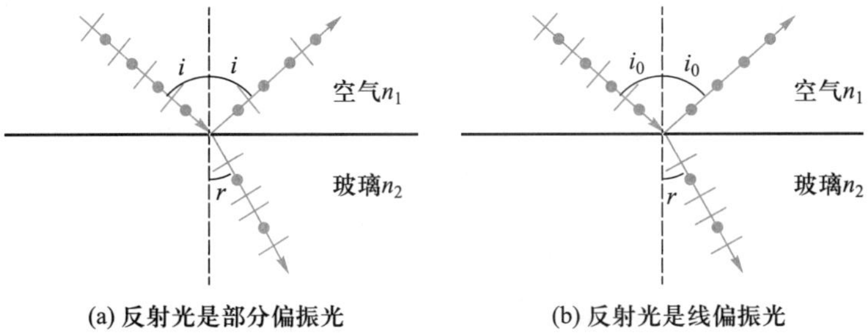

图 13-52 反射和折射时光的偏振

早在 1811 年，布儒斯特就从实验中现象中归纳出一个规律：当光以某一特定入射角 i_0 从折射率为 n_1 的介质射向折射率为 n_2 的介质时，反射光是光振动垂直入射面的线偏振光，并且反射光线和折射光线相互垂直。这个特定的入射角称为布儒斯特角。当自然光以布儒斯特角 i_0 入射时

$$\tan i_0 = \frac{n_2}{n_1}$$

反射光成为线偏振光，且振动面与入射面垂直，如图 13-52(b)所示。布儒斯特角的计算式为

$$i_0 = \arctan\left(\frac{n_2}{n_1}\right) \tag{13-51}$$

例如 $n_1 = 1.0$，$n_2 = 1.5$ 时，$i_0 = 56°$；$n_1 = 1.5$，$n_2 = 1.46$ 时，$i_0 = 43°6'$。我们注意到，当入射角 $i = i_0$ 时，折射光依然是部分偏振光。

推论 1：当 $i = i_0$ 时，反射光线与折射光线垂直，$i_0 + r = 90°$（请读者自行证明）。

推论 2：如果有多块玻璃板叠放、构成平行玻璃片堆，则当入射光以布儒斯特角 i_0 入射到平行玻璃片堆的第一个表面时，透射光在其他任一块玻璃表面上的入射角都是布儒斯特角（此结论也请读者自行证明）。因此，当入射角为 i_0 时，自然光经平行玻璃片堆后，反射光为偏振光且强度远大于经过单块玻璃时的强度。所以玻璃片堆也可以作为起偏器。

13.10　光的双折射

13.10.1　光的双折射现象

在我们的生活经验中，一束光线在各向同性介质的分界面上折射时，折射光只有一束，且遵守通常的折射定律，方向由折射定律 $n_1\sin\ i=n_2\sin r$ 决定。但当一束光线射入各向异性的介质（例如方解石晶体）时，将产生特殊的折射现象，一般可以产生两束折射光，这种现象称为**双折射**。

1669 年，巴托里奴斯发现：通过方解石（或冰洲石，即碳酸钙 $CaCO_3$）观察物体时，物体的像是双重的。这一现象是由于光线进入方解石晶体后，分裂成为两束光线，沿不同方向折射。除立方系晶体（例如岩盐）外，光线进入晶体时，一般都将产生双折射现象。如图 13-53 所示的是光线在方解石晶体内的双折射现象。如果入射光束足够细，同时晶体足够厚，则透射出来的两束光线可以完全分开。

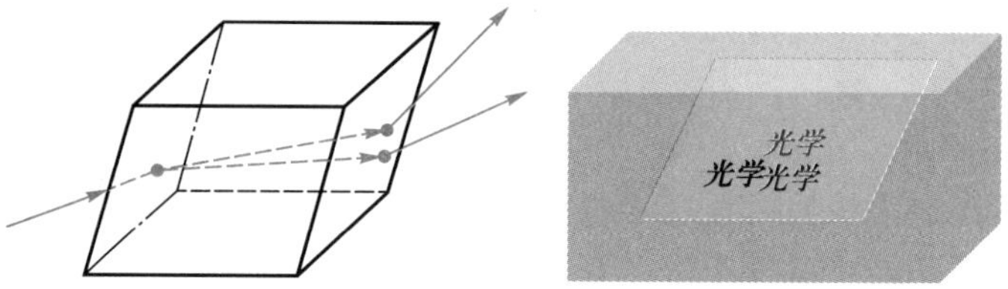

图 13-53　方解石晶体内的双折射

实验研究结果表明：当改变入射角 i 时，两束光线之一恒遵守通常的折射定律，这束光线称为寻常（ordinary）光，通常用 o 表示，简称 o 光。另一束光线不遵守通常的折射定律，它还不一定在入射面内，而且入射角 i 改变时，$\sin i/\sin r$ 的量值也不是一个常数,这束光线通常称为非寻常(extraordinary)光,通常用 e 表示,简称 e 光,如图 13-54(a)所示。甚至在入射角 $i=0$ 时,寻常光沿原方向前进,而非寻常光一般不沿原方向前进,如图 13-54(b)所示;这时,如果使方解石晶体以入射光线为轴旋转,将发现 o 光不动,而 e 光却随之绕轴旋转。

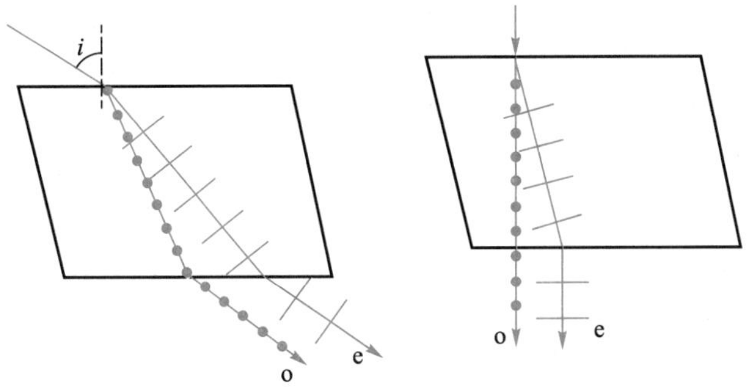

图 13-54 寻常光和非寻常光

13.10.2 用惠更斯原理解释双折射现象

从本质上说,双折射现象是光与物质相互作用的结果。应用光的电磁理论可以对光在晶体中的双折射现象作出严格的理论解释,但理论计算比较复杂,超出了本课程的范围。本课程也不详细陈述惠更斯的双折射理论,下面只是对其要点和有关实验研究结果作一扼要介绍。

应当指出,早在光的电磁理论诞生之前,惠更斯就对晶体的双折射现象作出了一种与电磁理论结果和实验结果相符的唯象理论解释。

按照惠更斯理论,产生双折射现象的原因是寻常光和非寻常光在晶体中具有不同的传播速度,寻常光在晶体中各方向上的传播速度相同,而非寻常光在晶体中的传播速度却随着方向而改变。实验上已发现,在晶体内部有一个特殊的方向,沿这一方向,寻常光和非寻常光的传播速度相等,这一方向称为**晶体的光轴**(光轴只是表示晶体内的一个特殊方向,因此在晶体内任何一条与此特殊方向平行的直线都是光轴)。

只有一个光轴方向的晶体,称为**单轴晶体**(例如方解石、石英等),如图 13-55 所示。有些晶体具有两个光轴方向,称为**双轴**

晶体(例如云母、硫黄等)。光通过双轴晶体时,我们可以观察到更为复杂的现象。

在单轴晶体内部,由光轴和晶体表面法线组成的面称为晶体的主截面。由 o 光和光轴组成的面称为 o 主平面;由 e 光和光轴组成的面称为 e 主平面。一般情况下,o 主平面和 e 主平面是不重合的。但是,实验和理论都指出,若入射面(入射光线和晶体表面法线组成的面)与晶体的主截面重合,则 o 光和 e 光都在这个平面内,即 o 主平面、e 主平面和主截面三者重合。

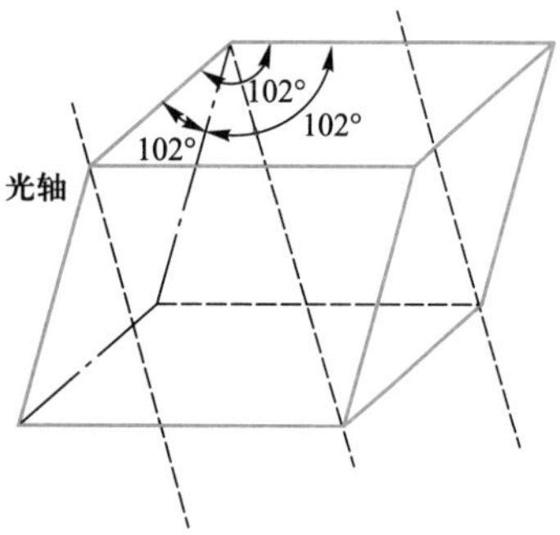

图 13-55 方解石晶体(冰洲石)的光轴

惠更斯认为晶体中任意一点发出的次波应该有两个,有相应的两个波面;o 光遵守通常的折射定律,沿各个方向的传播速率应该相同,因而 o 光的次波面是球面;而 e 光的次波面是旋转的椭球面,两个波面在光轴方向相切。用 v_o 表示 o 光的传播速度,v_e 表示 e 光沿垂直于光轴方向的传播速度。根据折射率定义,$n=\frac{c}{v_o}$表示 o 光的主折射率,它与传播方向无关;通常把真空中的光速与 e 光沿垂直光轴方向的传播速度 v_e 之比$\frac{c}{v_e}$,称为 e 光的主折射率。应用惠更斯作图法,我们可以确定晶体中 o 光和 e 光的传播方向,进而解释晶体双折射现象。

13.10.3 偏振棱镜

1. 尼科耳(Nicol)棱镜

利用双折射现象我们可以制成各种偏振棱镜。本节中将介绍比较常见的尼科耳棱镜、格兰棱镜。

尼科耳棱镜是利用双折射现象制成的、用于获得线偏振光的仪器。利用双折射现象我们可以将一束自然光分成寻常光和非寻常光,如果再利用全反射原理把寻常光反射到棱镜侧壁上,只让非寻常光通过棱镜,那么就能获得一束振动方向固定的线偏振光。

如图 13-56 所示,取一块长度约为宽度三倍的优质方解石晶体,将其两端的天然晶面加以适当研磨,然后把晶体沿 *AN* 面剖开,把切开的面磨成光学平面,再用加拿大树胶胶合起来,并将周围涂黑,就成了尼科耳棱镜。

如图 13-57 所示,在尼科耳棱镜中,光轴与端面 *AC*(或 *MN*)成 68°角。使用时,光线沿棱镜的长度方向由端面 *AC* 射入,进入晶体后,在 *AMNC* 面内传播,因此图中所示的主截面 *AMNC* 就是寻常光和非寻常光的共同主平面。

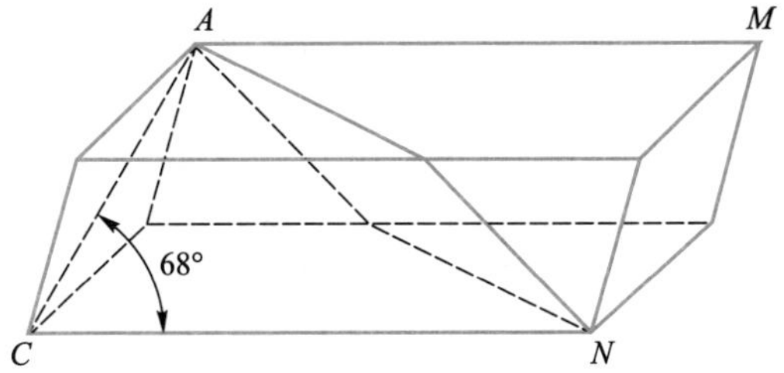

图 13-56 尼科耳棱镜

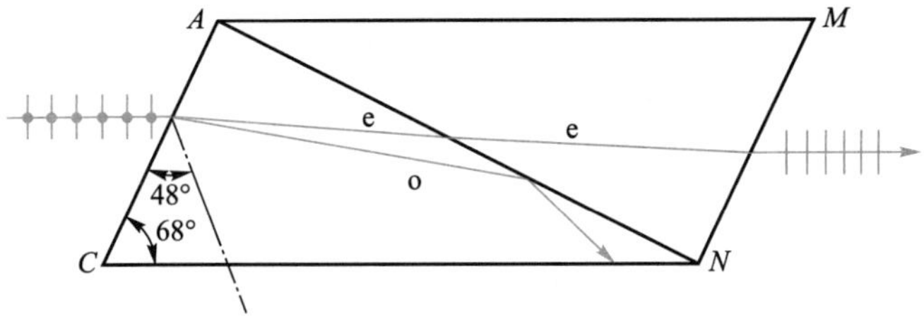

图 13-57 尼科耳棱镜的主截面

自然光射入第一块棱镜的端面后，分成寻常光 o 和非寻常光 e。寻常光 o 约以 76°的入射角射向加拿大树胶层。加拿大树胶的折射率 $n_{加}=1.550$，比方解石晶体对寻常光线的折射率 $n_o=1.658$ 小。入射角 $i=76°$已超过临界角（约为 69°15′），寻常光线将受到全反射而不能穿过树胶层。全反射的光线被棱镜涂黑的侧面所吸收。至于非寻常光，在这一方向上不发生全反射，能穿过第二块棱镜而出射。出射的线偏振光的振动方向在尼科耳棱镜的主截面内。

2. 格兰棱镜

尼科耳棱镜的出射光束与入射光束不在一条直线上。为了改进尼科耳棱镜的缺点，人们设计出了格兰棱镜。如图 13-58 所示为格兰棱镜截面图，它也由方解石制成，不同之处是端面和底面垂直，光轴既平行于端面又平行于斜面，与图面垂直。当光垂直于端面入射时，o 光和 e 光均不发生偏折。选择合适的入射角，使得对于 o 光来说入射角大于临界角，发生全反射而被棱镜壁的涂层吸收，对于 e 光来说，入射角小于临界角，能够透过，从而射出一束线偏振光。

组成格兰棱镜的两块直角棱镜之间可以用加拿大树胶胶合，但是加拿大树胶有两个缺点：一是加拿大树胶对紫外线吸收强烈；二是胶合层易被大功率的激光束所破坏。在这两种情形下人们往往用空气层来代替胶合层。

3. 二向色性与偏振片

单轴晶体对寻常光和非寻常光的吸收性能一般是相同的。

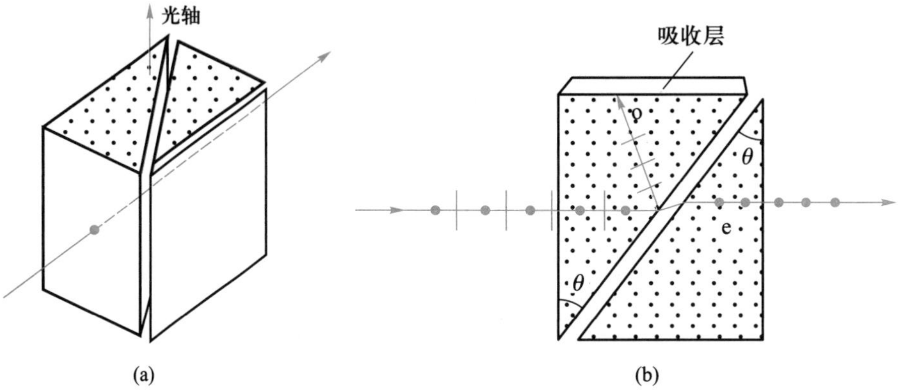

图 13-58 格兰棱镜

但是,也有一些晶体,例如电气石晶体,吸收寻常光的性能显得特别强,在 1 mm 厚的电气石晶体内,寻常光几乎全部被吸收,如图 13-59 所示。

晶体对相互垂直的两个分振动具有选择吸收性,这种性质称为二向色性。电气石的二向色性可以用来产生线偏振光。

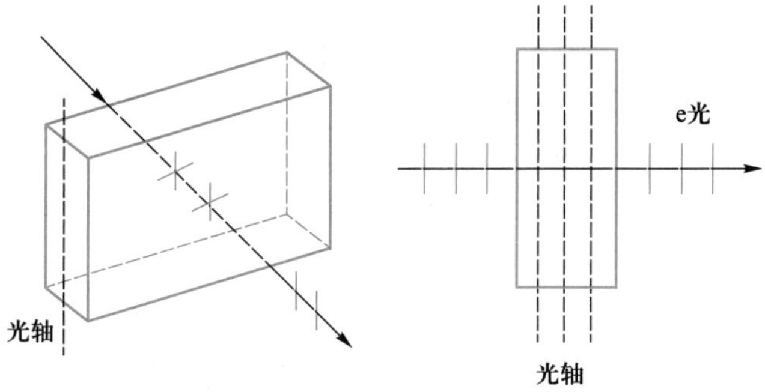

图 13-59 电气石的二向色性

除电气石外,有些有机化合物的晶体,如碘化硫酸奎宁也有二向色性。

目前广泛使用的获得偏振光的器件是人造偏振片,称为 H 偏振片,它就是利用二向色性来获得偏振光的。其制作方法是:把聚乙烯醇膜在碘溶液中浸泡后,在较高的温度下拉伸 3 ~4 倍,再烘干制成。浸泡过的聚乙烯醇膜经过拉伸后,碘-聚乙烯醇分子沿着拉伸方向规则地排列,形成一条条导电的长链。碘中具有导电能力的电子沿着长链方向运动,入射光波中沿着长链方向的电场强度矢量(或分量)推动电子运动而做功,因而被强烈地吸收;而垂直于链方向的电场强度矢量(或分量)不对电子做功,能够通过。这样,透射光就成为线偏振光。H 偏振片的偏振化方向(即透光轴)垂直于拉伸方向。人造偏振片的主要优点在于它是薄片，面积可以做得很大，既轻便又廉价，因此使用很广泛。在一般使用偏振光的检测实验中，常以偏振片作为起偏器和检偏器。在实用上，为避免强光刺眼，我们可使用偏振片制成的眼镜。在布置陈列展品的橱窗时，我们可以使用偏振片避免一些不必要的光线。我们还可以使用偏振光观察某些物品以显示在普通光线下观察不到的效果。

*13.11 偏振光的干涉

与普通光的干涉现象一样，偏振光也会产生干涉，并在实际中有许多重要的应用。比如目前在矿物学、冶金学和生物学方面比较广泛使用的偏振光显微镜，其基本原理就是偏振光的干涉；光测弹性方法属于人为双折射现象的应用，也涉及偏振光的干涉。本节讨论偏振光的干涉。

13.11.1 偏振光的干涉

两个振动方向互相垂直的线偏振光叠加时，即便它们具有相同的频率、固定的相位差，也不能产生干涉，这是我们所熟知的。但是，如果让两束光再通过一个偏振片，则它们在偏振片的透光轴方向上的振动分量就在同一方向上，两束光便可产生干涉。如图 13-60 所示是说明实现偏振光干涉方法的装置。图中 M 和 N 通常是作为起偏器和检偏器的两个偏振片（或两个尼科耳棱镜），当这两个偏振片互相正交时（即它们的偏振化方向相互垂直），就不会有光线透过检偏器。在 M 和 N 两者之间插一块双折射晶片 C（光轴与晶片表面平行），这样，由起偏器 M 透出的线偏振光 1 垂直入射于 C 的表面，由于线偏振光 1 的振动方向与光轴之间有一定的夹角，在晶片中它将分成振动面互相垂直的寻常光和非常光。注意，这两光束在晶片中虽沿同一方向传播，但具有不同的速度。因此，透过晶片之后这两束光之间具有一定的相位差。设 n_o 和 n_e 为该晶片对这两束光的折射率，并以 d 表示晶片的厚度、以 λ 表示入射单色光的波长，那么该相位差的量值为

$$\Delta\varphi' = \frac{2\pi}{\lambda} d(n_o - n_e) \qquad (13-52)$$

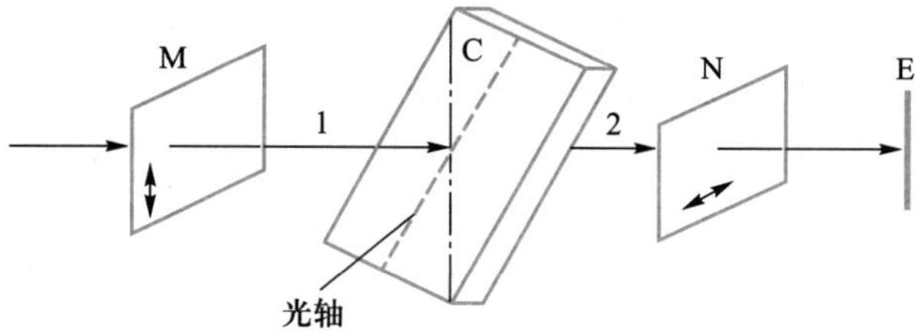

图 13-60 线偏振光的干涉

如上所述，经晶片 C 后射向检偏器 N 的入射光 2 中，包含从同一束光中分出来的两束光线，它们是相互垂直且有恒定相位差 $\Delta\varphi'$ 的两束线偏振光。于是，这两束光线再经检偏器 N 后，将得到振动方向与 N 的偏振化方向平行的两束透射光，它们显然是满足相干条件的，亦即在屏幕 E 处可看到两者干涉的结果。由于两束透射光的光振动方向相反，所以除与晶片厚度有关的相位差 $\frac{2\pi d}{\lambda}(n_o-n_e)$ 外，还有一附加的相位差 π。因此总相位差为

$$\Delta\varphi=\frac{2\pi d}{\lambda}(n_o-n_e)+\pi$$

相应地，干涉的强弱条件如下：

（1）当 $\Delta\varphi=2k\pi$ 或 $(n_o-n_e)d=(2k-1)\frac{\lambda}{2}$ 时，干涉最强，视场最明亮，其中 $k=1,2,3,\cdots$；

（2）当 $\Delta\varphi=(2k+1)\pi$ 或 $(n_o-n_e)d=k\lambda$ 时，干涉最弱，视场最暗，其中 $k=1,2,3,\cdots$。

如果晶片是楔形的，从晶片不同厚度部分通过的光将产生不同相位差，在视场中我们将看到明暗相间的条纹，也具备等厚干涉的特征。

偏振光干涉不仅可以由单色光产生，也可以由白光光源产生，对不同波长的光来讲，干涉最强和干涉最弱的条件也各不相同。当两正交偏振片之间的晶片厚度为一定值时，视场中将出现一定的彩色干涉图样，这种现象称为色偏振。

13.11.2 人为双折射现象

一些非晶体在受应力时，呈现各向异性，会出现双折射现象，称为人为双折射现象。

1. 光弹效应——应力双折射

本来各向同性的介质在机械应力作用下变形而产生的人为

双折射现象,称为光弹效应。晶体的双折射与晶体的各向异性密切相关。非晶体(如玻璃、硝酸纤维素塑料等)在机械应力的作用下发生变形时,使非晶体失去各向同性的特征而具有各向异性的性质,也能呈现双折射现象,可由图 13-61 所示的装置来观测。图中 E 是非晶体,放在两正交偏振片之间。当 E 受到沿 OO'方向的单向机械应力、压缩或拉长时,E 的光学性质就和以 OO'为光轴的单轴晶体相仿。这时,垂直入射的线偏振光在 E 内分解为寻常光和非寻常光。两光线的传播方向一致,但速度不等,即折射率不等。实验证明,n_o 与 n_e 之间的关系为

$$n_o - n_e = kp \tag{13-53}$$

其中 k 是比例系数,取决于非晶体的性质,p 是压强。不仅如此,这两条光线穿过偏振片 N 之后,将产生干涉,出现彩色的干涉条纹。在工业上人们可以制造各种零件的透明模型,然后在外力作用下观测和分析这些干涉条纹的形状和颜色,从而判断模型内部受力的情况。这称为光弹方法。

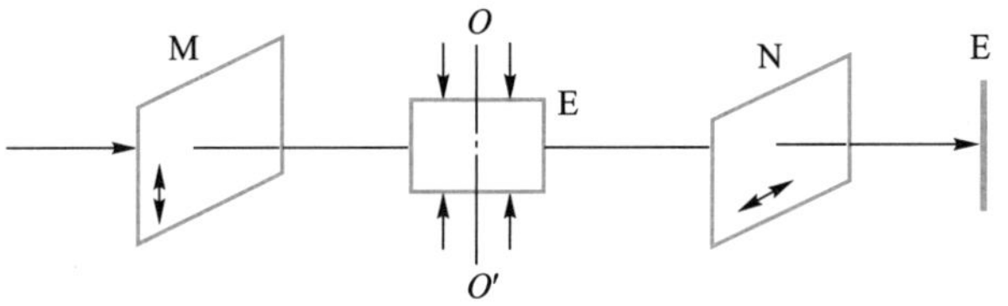

图 13-61 由机械形变而产生的人为双折射现象

2. 克尔效应——电致双折射

这种人为的双折射现象是非晶体或液体在很大电场的作用下产生的。电场使分子作定向排列,因此获得各向异性的特征。这一效应是克尔(J. Kerr)发现的,称为克尔效应。如图 13-62 所示,B 是储有非晶体或液体(例如硝基苯)的容器,放在两正交偏振片之间,C 与 C′是电容器的两极板。电源未接通时,视场是暗的。接通电源后,视场由暗转明,这说明在电场作用下,非晶体发生双折射现象。实验证明,电场 $\boldsymbol{E}$ 的方向相当于光轴,单色光(波长 λ)的 n_o 与 n_e 之间的关系是

$$n_o - n_e = kE^2\lambda \tag{13-54}$$

式(13-54)中的 k 是克尔常量,视液体的种类而定。利用上述装置人们可以制成光的断续器。这种断续器的优点在于几乎没有惯性,即效应的消失与建立需时极短(约 10^{-9} s),因而可使光强的变化非常迅速。这种断续器现已广泛用于有声电影、电视等装置中。

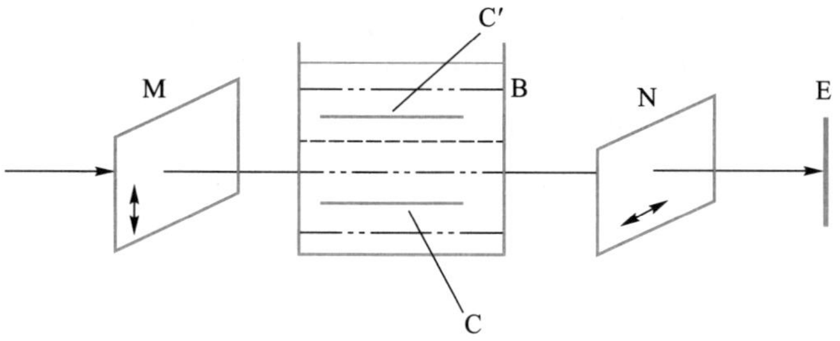

图 13-62　由电场作用而产生的人为双折射现象

除克尔效应外，人们还发现有些晶体，特别是压电晶体，在加了电场之后也能改变其各向异性。这种电光效应的主要特点是线性，即晶体折射率的变化与所加电场的电场强度成线性关系。这是泡克尔斯首先发现的，称为泡克尔斯效应。如磷酸二氢铵（$NH_4H_2PO_4$，简称 ADP）、磷酸二氢钾（KH_2PO_4，简称 KDP）等都有这类效应。

*13.12　旋光现象

旋光现象是阿拉戈（D. F. J. Arago）在 1811 年首先在石英晶片中观察到的。他发现当线偏振光沿石英晶片的光轴方向通过晶片时，线偏振光的振动面将旋转一定的角度，且出射光仍为线偏振光，这种现象称为振动面的旋转，也称旋光现象，能使振动面旋转的物质称为旋光物质。石英等晶体以及糖、酒石酸等溶液都是旋光性较强的物质。实验证明，振动面旋转的角度取决于旋光物质的性质、厚度、浓度以及入射光的波长等。

我们用如图 13-63 所示的装置来研究物质的旋光性，图中的 M，N 是一对正交偏振片，F 是滤光器，C 是一块表面与光轴垂直的石英晶片。当在 M，N 之间未插入石英晶片时，入射光不能通过该系统，但当把石英晶片 C 放入 M，N 之间时，我们可以在视场中看到光。这表明，从石英晶片出射的线偏振光的振动方向旋转了一个角度。将偏振片 N 旋转某一角度后，视场会由明亮变为黑暗。此时，N 旋转的角度等于石英晶片旋转光的角度。实验结果指出：

（1）不同的旋光物质可以使线偏振光的振动面向不同的方向旋转。如果面对光源观测，使振动面向右（顺时针方向）旋转的物质称为右旋物质；使振动面向左（反时针方向）旋转的物质称为左旋物质。对于石英晶体，由于结晶形态的不同，具有右旋和左旋两种类型。

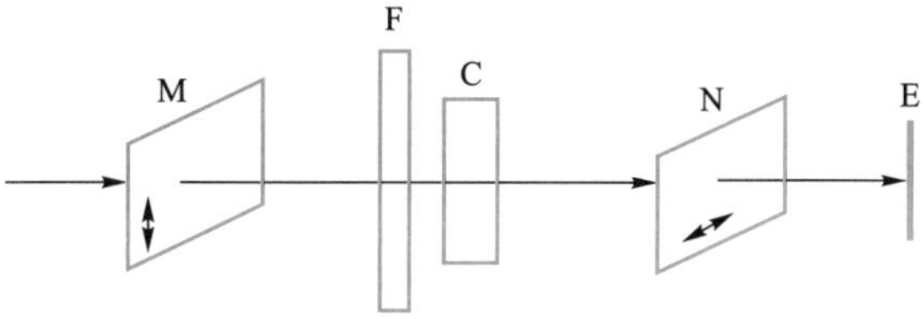

图 13-63　观测偏振光振动面的旋转的实验简图

阅读材料：
中国天眼

（2）振动面的旋转角与波长有关，而在给定波长的情况下，与旋光物质的厚度 d 有关。旋转角 φ 的大小可用下式表示：

$$\varphi = ad \tag{13-55}$$

式（13-55）中 d 用 mm 计，a 称为旋光常量，与物质的性质、入射光的波长等有关。例如，1 mm 厚的石英片所能产生的旋转角对红光、黄色钠光、紫光分别为 15°、21.7°、51°。

（3）偏振光通过糖溶液、松节油等液体时，振动面的旋转角还与溶液的浓度 c 成正比。可用下式表示：

$$\varphi = acd \tag{13-56}$$

式（13-56）中 c 是旋光物质的浓度。在制糖工业中，测定糖溶液浓度 c 的糖量计，就是根据糖溶液的旋光性而设计的一种仪器。另外，许多有机物也具有旋光性，它们的浓度和成分也可以利用该种方法分析。

习题

13.1　关于相干光，下列说法不正确的是（　　）。

A. 能产生相干叠加的两束光称为相干光

B. 两束光如果满足振动频率相同、方向相同的条件，一定能产生光的干涉现象

C. 对于普通光源，只有从同一光源的同一部分发出的光，通过某些装置进行分束后，才能获得符合相干条件的相干光

D. 杨氏双缝实验是采用分波阵面法获得相干光的

13.2　如图 13-64 所示，在杨氏双缝实验中，若单色光源 S 到两缝的距离相等，则观察屏上中央明条纹中心位于图中 O 处，现将光源 S 向下移动，则（　　）。

A. 中央明条纹向下移动，且条纹间距不变

B. 中央明条纹向上移动，且条纹间距增大

C. 中央明条纹向下移动，且条纹间距增大

D. 中央明条纹向上移动，且条纹间距不变

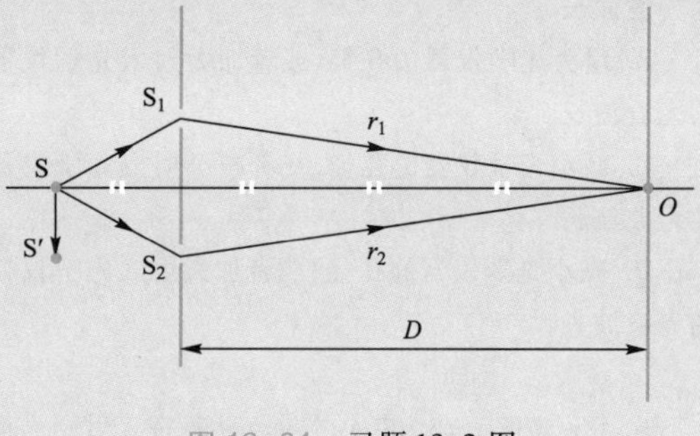

图 13-64　习题 13.2 图

13.3　在迈克耳孙干涉仪的一条光路中，放入一折射率为 n、厚度为 d 的透明薄片，放入后，这条光路的光程改变了（　　）。

A. $2(n-1)d$　　B. $2nd$

C. $2(n-1)d+\lambda/2$　　D. nd

13.4 用单色光垂直照射牛顿环装置，设其平凸透镜可以在垂直的方向上移动，在透镜离开平板玻璃的过程中，我们可以观察到这些环状干涉条纹（ ）。

A. 向右平移　　B. 向左平移

C. 向外扩张　　D. 向中心收缩

13.5 在单缝夫琅禾费衍射实验中，对于给定的入射单色光，当缝宽变小时，除中央明条纹的中心位置不变外，各级衍射条纹（ ）。

A. 对应的衍射角变小

B. 对应的衍射角变大

C. 对应的衍射角也不变

D. 光强也不变

13.6 在单缝夫琅禾费衍射实验中波长为 λ 的单色光垂直入射到单缝上。在衍射角为 30°的方向上，若单缝处波面可分成 3 个半波带，则缝宽 a 等于（ ）。

A. λ　　B. 1.5λ

C. 2λ　　D. 3λ

13.7 下列关于提高光学仪器的分辨本领的做法，正确的是（ ）。

A. 增大光学仪器的孔径，或者减小射入光学仪器的光波波长

B. 增大光学仪器的孔径，或者加大射入光学仪器的光波波长

C. 减小光学仪器的孔径，或者减小射入光学仪器的光波波长

D. 减小光学仪器的孔径，或者加大射入光学仪器的光波波长

13.8 波长 $\lambda=5\,500$ Å 的单色光垂直入射到光栅常量 $d=2\times10^{-4}$ cm 的平面衍射光栅上，可能观察到的光谱线的最大级次为（ ）。

A. 2　　B. 3

C. 4　　D. 5

13.9 自然光投射到叠在一起的两偏振片上，透射光强是入射光强的 3/8，则两偏振片偏振化方向之间的夹角为（ ）。

A. $\pi/2$　　B. $\pi/3$

C. $\pi/4$　　D. $\pi/6$

13.10 两偏振片的偏振化方向之间的夹角为 $\pi/6$，如入射自然光的强度为 I，则透过两偏振片的光强为（ ）。

A. $I/4$　　B. $3I/4$

C. $3I/8$　　D. $I/8$

13.11 光的直线传播、反射和折射反映了光的________；光的干涉、衍射反映了光的________。

13.12 惠更斯引入________的概念提出了惠更斯原理，菲涅耳再用________的思想补充了惠更斯原理，发展出惠更斯-菲涅耳原理。

13.13 平行单色光垂直照射到单缝上，观察夫琅禾费衍射。若屏上 P 点处为第二级暗条纹，则单缝处波面相应地可划分为________个半波带。若将单缝宽度缩小一半，P 点将是第________级________条纹。

13.14 波长为 λ 的平行单色光垂直照射到如图 13-65 所示的透明薄膜上，膜厚为 e，折射率为 n，将透明薄膜放在折射率为 n_1 的介质中，$n_1<n$，则上下两表面反射的两束反射光在相遇处的相位差 $\Delta\varphi=$________。

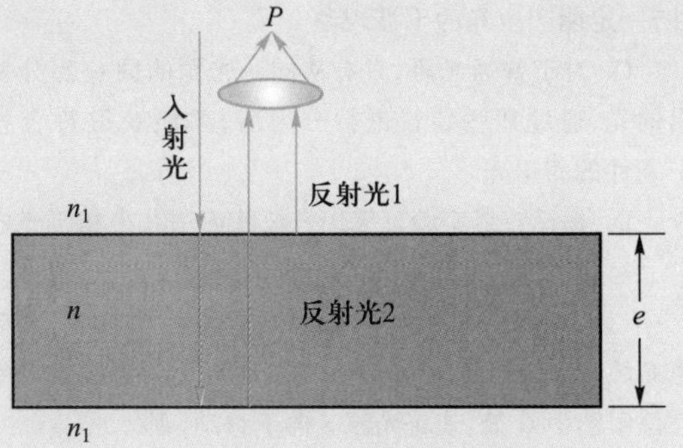

图 13-65 习题 13.14 图

13.15 一双缝干涉装置，在空气中观察时干涉条纹间距为 1.00 mm. 若将整个装置放在水中，干涉条纹

的间距将为＿＿＿＿＿＿ mm(设水的折射率为4/3)。

13.16 若在迈克耳孙干涉仪的可动反射镜 M 移动0.532 mm的过程中,观察到干涉条纹移动了2 000条,则所用光波的波长为＿＿＿＿＿＿nm。

13.17 波长为 λ 的单色光垂直照射在缝宽 $a=4\lambda$ 的单缝上。对应于衍射角 $\varphi=30°$,单缝处的波面可以分成＿＿＿＿＿＿个半波带。

13.18 以单色光照射到相距0.2 mm的双缝上,双缝与屏幕的垂直距离为0.8 m。

(1) 已知从第一级明条纹到同侧第四级明条纹间的距离为7.5 mm,求单色光的波长;

(2) 若入射光的波长为600 nm,求相邻两明条纹间的距离。

13.19 在双缝装置中,用一很薄的云母片($n=1.58$)覆盖其中的一条缝,结果使屏幕上的第七级明条纹恰好移到屏幕中央原零级明条纹的位置。若入射光的波长为550 nm,求此云母片的厚度。

13.20 在折射率 $n_1=1.52$ 的镜头表面涂有一层折射率 $n_2=1.38$ 的 MgF_2 增透膜,如果此膜适用于波长 $\lambda=550$ nm的光,问膜的厚度应取何值?

13.21 波长 $\lambda=650$ nm的红光垂直照射到劈形液膜上,膜的折射率 $n=1.33$,液面两侧是同一种介质。观察反射光的干涉条纹。

(1) 离开劈形膜棱边的第一条明条纹中心所对应的膜厚度是多少?

(2) 若相邻的明条纹间距 $l=6$ mm,上述第一条明条纹中心到劈形膜棱边的距离 x 是多少?

13.22 如图13-66所示,利用空气劈尖测细丝直径,已知波长为589.3 nm的光照射到底板长度为0.03 m的玻璃片上,测得30条条纹的总宽度为5.80 mm,求细丝直径 d。

13.23 折射率为1.5的两块标准平板玻璃之间形成一个劈形膜(劈尖夹角很小)。用波长为600 nm的单色光垂直照射,产生等厚干涉条纹。假如在劈形膜内充满 $n=1.40$ 的液体时的相邻明条纹间距比劈形膜内是空气时的条纹间距小0.5 mm,那么劈尖夹角应该是多少?

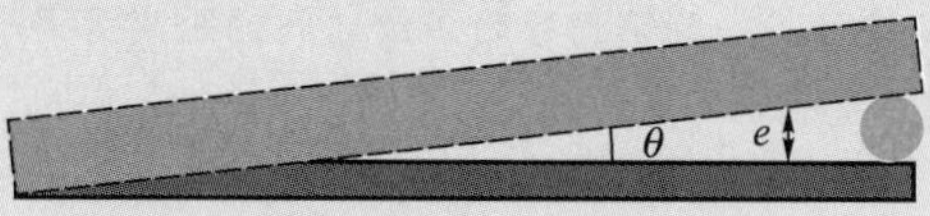

图13-66 习题13.22图

13.24 当在牛顿环装置中的透镜与玻璃之间的空间充以液体时,第十个亮环的直径由 $d_1=1.40\times10^{-2}$ m变为 $d_2=1.27\times10^{-2}$ m,求液体的折射率。

13.25 利用迈克耳孙干涉仪可以测量光的波长。在一次实验中,我们观察到干涉条纹,当推进可动反射镜时,可看到条纹在视场中移动。当可动反射镜被推进0.187 mm时,在视场中某定点共通过了635条暗条纹。试求所用入射光的波长。

13.26 用橙黄色的平行光垂直照射一宽为 $a=0.60$ mm的单缝,缝后凸透镜的焦距 $f=40.0$ cm,观察屏幕上形成的衍射条纹。若屏上离中央明条纹中心1.40 mm处的 P 点为一明条纹。

(1) 求入射光的波长;

(2) 求 P 点处条纹的级数;

(3) 从 P 点看,对该光波而言,狭缝处的波面可分成几个半波带?

13.27 在通常的环境中,人眼的瞳孔直径为3 mm。设人眼最敏感的光波波长为 $\lambda=550$ nm,人眼最小分辨角为多大?如果窗纱上两根细丝之间的距离为2.0 mm,人在多远处恰能分辨?

13.28 已知天空中两颗星相对于望远镜的角宽度为 4.84×10^{-6} rad,它们发出的光波波长 $\lambda=550$ nm。望远镜物镜的口径至少要多大,才能分辨出这两颗星?

13.29 $\lambda=590$ nm的钠黄光垂直照射到每毫米有500条刻痕的光栅上,问最多能看到第几级明条纹?

13.30 波长 $\lambda=500\ \mathrm{nm}(1\ \mathrm{nm}=10^{9}\ \mathrm{m})$ 的单色光垂直照射到宽度 $a=0.25\ \mathrm{mm}$ 的单缝上，单缝后面放置一凸透镜，在凸透镜的焦平面上放置一屏幕，用于观测衍射条纹。今测得屏幕上中央明条纹一侧第三级暗条纹和另一侧第三级暗条纹之间的距离为 $d=12\ \mathrm{mm}$，求凸透镜的焦距 f。

13.31 在单缝夫琅禾费衍射实验中，垂直入射的光有两种波长，$\lambda_1=400\ \mathrm{nm}$，$\lambda_2=760\ \mathrm{nm}$。已知单缝宽度 $a=1.0\times10^{-2}\ \mathrm{cm}$，透镜焦距 $f=50\ \mathrm{cm}$。求两种光第一级衍射明条纹中心之间的距离。

13.32 波长为 $\lambda=600\ \mathrm{nm}$ 的单色光垂直照射到一光栅上，测得第二级主极大的衍射角为 30°，且第三级是缺级。

(1) 光栅常量 $a+b$ 等于多少？

(2) 透光缝可能的最小宽度 a 等于多少？

13.33 投射到起偏器的自然光强度为 I_0，开始时，起偏器和检偏器的透光轴方向平行。然后使检偏器绕入射光的传播方向转过 30°，45°，60°，试分别求出在上述三种情况下，透过检偏器后光的强度是 I_0 的几倍。

13.34 从某湖水表面反射而来的日光正好是完全偏振光，已知湖水的折射率为 1.33。推算太阳在地平线上的仰角，并说明反射光中光矢量的振动方向。

13.35 设一部分偏振光由一自然光和一线偏振光混合而成。现通过偏振片观察到这个部分偏振光在偏振片由对应最大透射光强位置转过 60°时，透射光强减为一半，试求部分偏振光中自然光和线偏振光两光强各占的比例。

13.36 使自然光通过两个偏振化方向夹角为 60°的偏振片时，透射光强为 I_1，今在这两个偏振片之间再插入一偏振片，它的偏振化方向与前两个偏振片均成 30°，问此时透射光强 I 与 I_1 之比为多少？

13.37 光由空气射入折射率为 n 的玻璃。请在如图 13-67 所示的各种情况中，用黑点和短线把反射光和折射光的振动方向表示出来，并标明是线偏振光还是部分偏振光。图中 $i\neq i_0$，$i_0=\arctan n$.

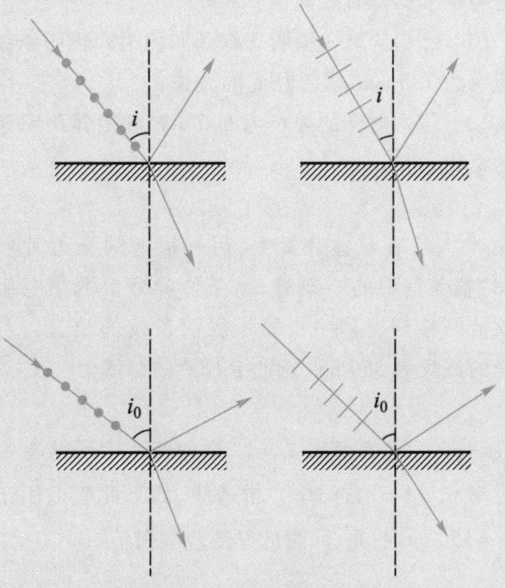

图 13-67 习题 13.37 图

本章习题答案

第六篇　近代物理基础

在20世纪伊始，经典物理学的上空悬浮着两朵“乌云”。第一朵“乌云”涉及“以太”，当时人们认为电磁场的传播依托于一种固态介质，即“以太”。但人们无法测量“以太”。第二朵“乌云”涉及黑体辐射实验，人们无法用经典物理学理论解释黑体辐射。最终驱散这两朵“乌云”的过程，也就是奠定近代物理学理论基础的过程，其中最重要的一是爱因斯坦的相对论，二是普朗克所奠定的量子力学。相对论理论和量子理论是物理学发展的两大里程碑，也是20世纪科技发展的两大科学支柱。相对论理论使我们更深刻地认识了时间、空间以及高速运动的宏观世界，而量子理论则不仅巧妙地描述了微观世界，还对人类认识世界的方式产生了巨大的影响。以量子理论为基础的量子物理学推动了半导体、集成电路、激光器等技术的发展，从而开创了以计算机和互联网为代表的信息技术时代。

第十四章　量子物理基础

本章主要介绍量子理论发展的时代背景及主要结论，即量子理论的实验基础和非相对论量子力学的入门知识。最后介绍作为新技术物理的基础内容，即激光和固态能带结构。

阅读材料：
量子信息简介

14.1　黑体辐射与普朗克能量子假设

14.1.1　热辐射

任何物体在任何温度下都会发射特定的电磁波，这种由于物体具有温度而辐射电磁波的现象称为热辐射。例如，加热一个铁块时，起初会感觉到它在发热，此时可测量到红外光谱，当温度上升到 500 ℃以上时，它就变成红色，开始辐射出可见光；随着温度继续上升，颜色由红变成橙色，再变成白色。

对于这种辐射，我们将如何表征它呢？实验表明，物体在加热时所发出的并不是单一频率的电磁波，而是一个包含一定频率范围的电磁波连续谱。

为了定量描述物体热辐射的能力，我们把一定温度 T 下，单位时间内从物体表面单位面积上在所有频率（或波长）范围内所辐射的电磁波能量总和称为辐出度，记为 $M(T)$；还可以进一步把单位时间内从物体表面单位面积上在频率 ν 附近的单位频率范围内所辐射的电磁波能量称为单色辐出度，记为 $M(\nu,T)$，从而更细致地描述热辐射现象。显然，辐出度与单色辐出度之间有如下关系：

$$M(T)=\int_0^{\infty} M(\nu,T)\,\mathrm{d}\nu \tag{14-1}$$

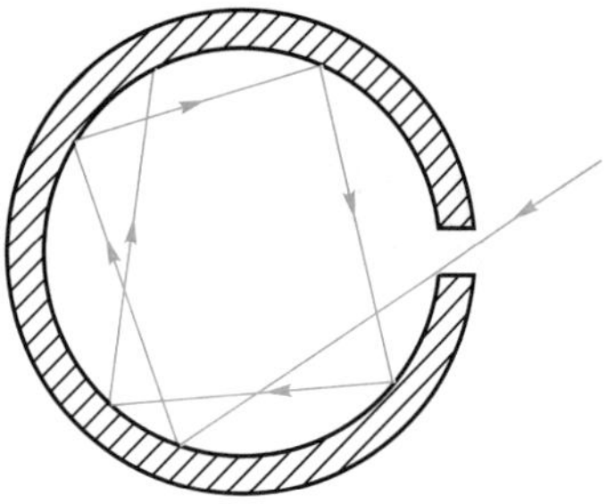

图 14-1 空腔辐射

物体不仅能够发射电磁波,也可以吸收和反射电磁波。实验表明,同一温度下,物体吸收电磁波的能力与其发射能力成正比。物体在某个频率范围内发射电磁波的能力越大,则它吸收该频率范围内电磁波的能力也越大。我们把能够全部吸收外来一切电磁辐射的物体称为绝对黑体,简称黑体(black body)。黑体只是一种理想的模型,一个开小孔的不透光空腔几乎可以全部吸收外来的电磁波,可作为黑体来进行观测和实验,如图 14-1 所示。黑体发射出来的电磁辐射称为黑体辐射,黑体的辐出度记为 $M_B(T)$,对应的单色辐出度记为 $M_B(\nu,T)$。

14.1.2 黑体辐射的实验定律

根据实验,在不同温度下黑体辐射能量按频率的分布曲线如图 14-2 所示。

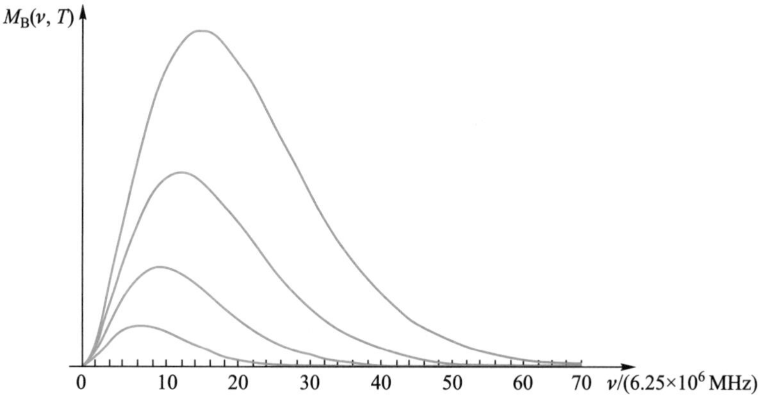

图 14-2 黑体辐射能量按频率的分布

图 14-2 中频率 ν 的单位为 6.25×10^6 MHz,由下到上的 4 条曲线对应的温度分别是 900 K,1 200 K,1 500 K 和 1 800 K。通过对实验数据进行分析,我们可以得到下面两个经验公式。

1. 斯特藩-玻耳兹曼定律(Stefan-Boltzmann law)

黑体的辐出度 $M_B(T)$(即图 14-2 中曲线与横坐标轴所围的面积)与黑体的热力学温度 T 的四次方成正比,即

$$M_B(T)=\sigma T^4 \tag{14-2}$$

式(14-2)中比例系数 $\sigma=5.67\times10^{-8}\ \mathrm{W\cdot m^{-2}\cdot K^{-4}}$,称为斯特藩-玻耳兹曼常量。

2. 维恩位移定律(Wien displacement law)

当黑体的温度升高时,与单色辐出度 $M_B(\nu,T)$ 的最大值相对应的频率 ν_m 向高频方向移动,且 $\nu_m \propto T$,若以波长形式表示,则为

$$\lambda_m = b/T \tag{14-3}$$

其中 λ_m 为辐射最强的波长,比例系数 $b=2.898\times10^{-3}\ \mathrm{m\cdot K}$ 称为维恩位移定律常量。

实验测得太阳辐射最强处的波长为 4.65×10^{-7} m,假定太阳可以近似看成黑体,根据维恩位移定律,$\lambda_m=b/T$,由 $\lambda_m=4.65\times10^{-7}$ m,可得太阳表面的温度大约为

$$T=\frac{b}{\lambda_m}=\frac{2.898\times10^{-3}}{4.65\times10^{-7}}\ \mathrm{K}=6.232\times10^{3}\ \mathrm{K}$$

例 14.1

对于在室温(20 ℃)环境中的物体,其辐射能量的过程中,辐射强度的峰值所对应的波长是多少?单位时间内物体表面单位面积所辐射的总能量是多少?

解 (1) 室温时,物体的热力学温度为 $T=293$ K,由维恩位移定律可得

$$\lambda_m=\frac{b}{T}=\frac{2.898\times10^{-3}}{293}\ \mathrm{m}=9.891\times10^{-6}\ \mathrm{m}=9\ 891\ \mathrm{nm}$$

此波长的光属于红外线,远超出可见光的范围,是人眼看不见的光。

(2) 单位时间内物体表面单位面积所辐射的总能量即为物体的总辐出度,由斯特藩-玻耳兹曼定律可得

$$E=M_B(T)=\sigma T^4=5.67\times10^{-8}\times293^4\ \mathrm{W/m^2}$$
$$=4.18\times10^{2}\ \mathrm{W/m^2}$$

例 14.2

通过实验可以测得太阳辐射波谱中辐射强度的峰值所对应波长 $\lambda_m=490$ nm,若把太阳视为黑体,试计算太阳每单位面积所发射的功率。

解 由维恩位移定律可得

$$T=\frac{b}{\lambda_m}=\frac{2.898\times10^{-3}}{490\times10^{-9}}\ \mathrm{K}=5.9\times10^{3}\ \mathrm{K}$$

再利用斯特藩-玻耳兹曼定律计算太阳辐出度

$$M_B(T)=\sigma T^4=5.67\times10^{-8}\times(5.9\times10^{3})^4\ \mathrm{W/m^2}$$
$$=6.87\times10^{7}\ \mathrm{W/m^2}$$

由于辐出度为单位时间内物体表面单位面积所辐射的总能量,所以单位面积发射功率为

$$P=M_B(T)=6.87\times10^{7}\ \mathrm{W/m^2}$$

14.1.3 黑体辐射的经典解释及其困难

我们能否从理论上说明上述实验结果呢？为回答这个问题，物理学家们进行了不懈的努力。根据热力学，在热平衡的条件下，小孔的单色辐出度 $M_B(\nu,T)$ 应该与空腔内的能量密度 $u(\nu,T)$ 成正比。基于这一思想，人们通过理论研究，得到了下述黑体辐射理论公式。

1. 黑体辐射的维恩公式

物理学家简介：维恩

1896 年，德国物理学家维恩根据一些特殊的假设提出了一个黑体辐射能量密度按频率分布的半理论半经验公式

$$u(\nu,T)=A\nu^3\mathrm{e}^{-B\nu/T} \tag{14-4}$$

上式称为维恩公式(Wien formula)，式中的常量 A 和 B 由实验确定。

2. 黑体辐射的瑞利-金斯公式

1900 年，英国物理学家瑞利利用电磁波振动模型导出了一个新的辐射公式，后经金斯改进，合称瑞利-金斯公式(Rayleigh-Jeans formula)

$$u(\nu,T)=\frac{8\pi\nu^2}{c^3}kT \tag{14-5}$$

公式中 c 为光速，k 为玻耳兹曼常量。

上述两个理论公式与实验数据的对比如图 14-3 所示，图中粗线对应于维恩公式，细线对应于瑞利-金斯公式，而虚线为实验结果。理论依据不足的维恩公式在高频(短波)部分与实验结果符合情况较好，但在低频(长波)部分与实验结果有较大的误差；与之相反，瑞利-金斯公式在低频(长波)部分符合得较好，但在高频(短波)部分与实验明显不相符，特别是当频率趋于无穷大时，辐出度也趋于无穷大，这在物理上是完全不能接受的。

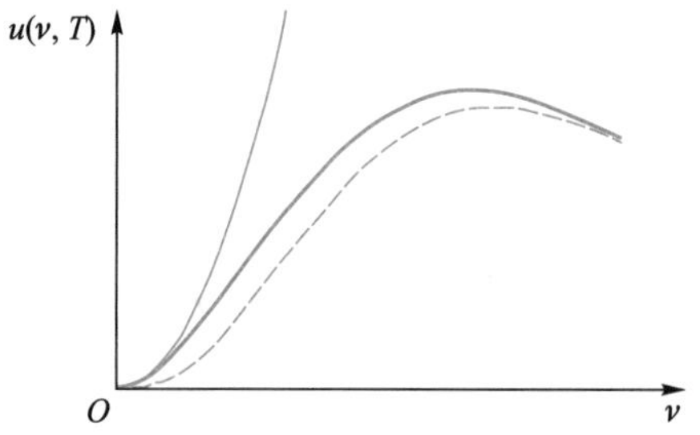

图 14-3 黑体辐射能量密度与频率的关系

瑞利-金斯公式是严格由经典电磁场理论和经典统计物理理论导出的，它在高频（短波）部分与实验的矛盾不可调和，给物理学界带来很大困惑，在当时被称为“紫外灾难”，它动摇了经典物理的基础。

14.1.4 普朗克公式与能量子假设

理论与实验出现矛盾后，我们往往需要修正理论模型，德国物理学家普朗克坚持实践第一的观点，认为理论仅仅在符合实际时才是正确的。起初，普朗克在维恩公式在高频条件下成立和瑞利-金斯公式在低频条件下成立的基础上“凑”出了如下公式：

物理学家简介：普朗克

$$u(\nu,T)=\frac{8\pi\nu^2 kT}{c^3}f=\frac{8\pi\nu^2}{c^3}\frac{h\nu}{e^{h\nu/kT}-1} \tag{14-6}$$

式(14-6)称为普朗克公式(Planck formula)，式中 $h=6.626\times10^{-34}\ \mathrm{J\cdot s}$ 称为普朗克常量(Planck constant)。

为了解释上面的公式，普朗克提出了能量量子化。假设在电磁辐射平衡时空腔腔壁中吸收或发射的电磁辐射能量必须为一能量基本单元的整数倍，且这个能量的基本单元与振子的频率成正比，即 $\Delta\varepsilon=h\nu$，称为能量子(quantum of energy)。由此，空腔壁上带电谐振子所吸收或发射的能量必须是能量子 $h\nu$ 的整数倍，即

$$E=n\Delta\varepsilon=nh\nu \quad (n=1,2,3,\cdots) \tag{14-7}$$

该模型表明腔壁与腔内电磁场交换的能量是以不连续的量子方式进行的。

14.2 光电效应 爱因斯坦光量子理论

14.2.1 光电效应

对于某种金属，在一些特定光的照射下，电子会从金属表面逸出，这种现象称为光电效应(photoelectric effect)。下面我们试分析这一过程是怎么实现的。一般来讲，金属里的自由电子因受到束缚，需要一定的能量才能从金属表面逸出。我们把这个过程

微课视频：光电效应

中电子所做的最小功称为逸出功，记为 W，其大小与金属的性质有关。

如图 14-4 所示是研究光电效应的实验装置。光具有一定的能量，当它通过石英窗照射真空玻璃泡 S 内的金属 K 时，金属 K 里的自由电子就会吸收光从而得到能量 E，当 E 大于逸出功 W 时，电子就可能摆脱束缚从金属表面逸出，逸出后的最大动能为

$$E_k = E - W \tag{14-8}$$

逸出后具有初动能的光电子，然后经加速电场的作用向阳极 A 运动，形成电流，使电流计 G 偏转。

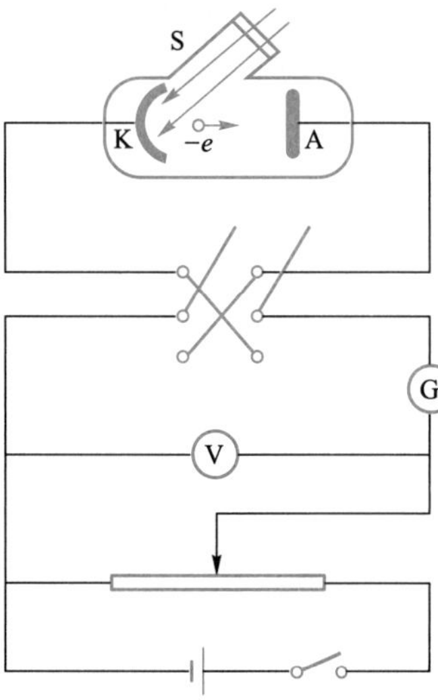

图 14-4 光电效应实验

按照经典理论，光是一种电磁波，其强度 I 由电磁振动的振幅决定，与光的频率 ν 完全无关。在光的照射下，t 时间内电子所获得的能量为

$$E = It$$

只要光的振幅足够大或经过足够长的时间，电子就会吸收很大的能量，从而摆脱金属的束缚，形成光电流。然而，光电效应的实验研究发现：

（1）存在一个截止频率 ν_0，$W = h\nu_0$。只有当入射光频率 $\nu > \nu_0$ 时，电子才能逸出金属表面；当入射光频率 $\nu < \nu_0$ 时，无论光强多大、光照时间多长，也无光电流出现。

（2）逸出的光电子具有动能上限。

（3）在满足上述条件时，只要光一照射，就立即出现光电流，几乎不需要时间。

光电效应实验所表现出的这些特点，是经典理论所无法解释的。

14.2.2 光量子假设

为了合理地说明光电效应，爱因斯坦在普朗克能量子假设的启发下，通过对光电效应实验结果的分析，提出了光量子假设（后来人们将光量子称为光子）。他认为电磁场的能量是一份一份的，每一份的能量为 $h\nu$。在光电效应中，电子或者吸收一整份能量，或者完全不吸收，在光电效应中光的行为就像一个粒子。

按爱因斯坦的光量子假设，在光电效应中，金属中的电子吸收了光子的能量，一部分消耗在电子逸出功 W 上，另一部分变为光电子的动能，即有爱因斯坦光电效应公式

$$h\nu = E_k + W \tag{14-9}$$

当入射光频率 $\nu < \nu_0$ 时，电子吸收的能量小于逸出功，无法逸

出金属表面；当入射光频率 $\nu>\nu_0$ 时，电子吸收的能量大于逸出功，可以逸出金属表面，而且电子逸出金属表面时动能的最大值等于 E_k。电子吸收光子的时间很短，只要光子频率大于截止频率，电子就能立即逸出金属表面，无须积累能量的时间，与光强无关。

美国物理学家密立根花了十年时间完成了光电效应实验，他在 1915 年证实了爱因斯坦的光电效应公式，这又一次证明了“量子”假设的正确性。

1923 年，美国物理学家康普顿在研究 X 射线通过实物物质发生散射的实验时，发现散射光中除了有原波长 λ_0 的 X 射线外，还产生了波长 $\lambda>\lambda_0$ 的 X 射线，这种现象称为康普顿效应（Compton effect）（感兴趣的读者可参考相关文献）。该现象仍然无法用经典电磁理论来解释，康普顿在借助于爱因斯坦的光子理论后，从光子与电子碰撞的角度对此实验现象进行了圆满的解释，从而再次说明光的“粒子性”的一面。我国物理学家吴有训也曾对康普顿散射实验作出了杰出的贡献。

物理学家简介：康普顿

14.2.3 光的波粒二象性

我们知道干涉和衍射表明光是一种波动——电磁波，现在光电效应又表明光是粒子——光子（photon），综合起来，光既有波动性，又有粒子性，即它具有波粒二象性（wave-particle dualism）。光在传播过程中表现出波动性，发生干涉、衍射、偏振等现象，而在与物质发生作用时表现出粒子性。光的本质在于波动性和粒子性的对立统一。

波动性用波长 λ 和频率 ν 描述，粒子性用能量 E 和动量 p 描述，按照光量子假设，光子的能量为

$$E=h\nu \tag{14-10}$$

光子的动量为

$$p=mc=\frac{h\nu}{c}=\frac{h}{\lambda} \tag{14-11}$$

以上两式是描述光性质的基本关系式，等式左边描述光的粒子性，右边描述光的波动性，普朗克常量 h 将光的粒子性与波动性联系起来。

例如，利用基本关系式（14-10）和式（14-11）可求得波长为 20 nm 的紫外线光子的能量为

$$E=h\nu=hc/\lambda=\frac{6.626\times10^{-34}\times3\times10^{8}}{20\times10^{-9}}\ \text{J}=9.95\times10^{-18}\ \text{J}$$

动量为

$$p=\frac{h}{\lambda}=\frac{6.626\times10^{-34}}{20\times10^{-9}}\ \text{kg}\cdot\text{m/s}=3.3\times10^{-26}\ \text{kg}\cdot\text{m/s}$$

例 14.3

已知钾的截止频率为 4.62×10^{14} Hz,用波长为 435.8 nm 的光照射。

(1) 求光子的能量、质量和动量;

(2) 请问能否产生光电效应?如果能产生光电效应,试求出光电子的速度和相应的遏止电压。

解 (1) 根据爱因斯坦的光子理论,由式(14-10)可得光子的能量为

$$E=h\nu=\frac{hc}{\lambda}=\frac{6.626\times10^{-34}\times3\times10^{8}}{435.8\times10^{-9}}\ \text{J}=4.56\times10^{-19}\ \text{J}$$

根据相对论的质能关系 $E=mc^2$,得到光子的质量为

$$m=\frac{E}{c^2}=\frac{4.56\times10^{-19}}{(3\times10^{8})^2}\ \text{kg}=5.07\times10^{-36}\ \text{kg}$$

由式(14-11)可得光子的动量为

$$p=\frac{h}{\lambda}=\frac{6.626\times10^{-34}}{435.8\times10^{-9}}\ \text{kg}\cdot\text{m/s}$$

$$=1.52\times10^{-27}\ \text{kg}\cdot\text{m/s}$$

(2) 由 $W=h\nu_0$ 可得逸出功为

$$W=h\nu_0=6.626\times10^{-34}\times4.62\times10^{14}\ \text{J}=3.06\times10^{-19}\ \text{J}$$

因为此光子的能量大于逸出功,所以能够产生光电效应。

由爱因斯坦光电效应方程式(14-9)可得

$$E_k=E-W=\frac{1}{2}mv^2$$

由电子的质量为 $m=9.11\times10^{-31}$ kg,则有

$$v=\sqrt{\frac{2(E-W)}{m}}$$

$$=\sqrt{\frac{2(4.56\times10^{-19}-3.06\times10^{-19})}{9.11\times10^{-31}}}\ \text{m/s}$$

$$=5.74\times10^{5}\ \text{m/s}$$

根据初动能与遏止电压之间的关系

$$eU=E_k=\frac{1}{2}mv^2$$

遏止电压为

$$U=\frac{E_k}{e}=\frac{E-W}{e}=\frac{4.56\times10^{-19}-3.06\times10^{-19}}{1.6\times10^{-19}}\ \text{V}$$

$$=0.938\ \text{V}$$

14.3 氢原子光谱 玻尔的氢原子理论

19 世纪末 20 世纪初,电子、X 射线和放射性元素的相继发现,表明原子具有比较复杂的结构。那么原子是由什么组成的?

又是怎样组成的？原子内部运动又遵循什么规律呢？

研究原子内部结构通常采用如下两个途径：一是通过在外界激发下原子的发射光谱来分析原子的内部结构；二是利用其他粒子与原子碰撞，根据碰撞的结果来研究原子内部的组成和结构。

14.3.1 氢原子光谱的规律性 玻尔理论

众所周知，炽热的物体会发光，热辐射中包括各种频率（或波长）的电磁波，形成一个连续的光谱。然而在气体放电的过程中，原子还会发出某些特定频率（或波长）的电磁波，在底片上形成彼此分立的亮线。这些光谱线能够反映物质原子的特性及其内部组成结构，称为该物质原子的特征谱线。

氢原子光谱中谱线频率的经验公式是

$$\nu = R_{\infty} c\left(\frac{1}{m^2} - \frac{1}{n^2}\right) \quad (m=1,2,3,\cdots,n=2,3,4,\cdots,n>m) \tag{14-12}$$

式(14-12)称为巴耳末(Balmer)公式，式中 R_{∞}（下标∞表示氢原子的原子核不动）是氢的里德伯常量(Rydberg constant)。

经典物理无法通过氢原子的结构来解释氢原子光谱的这些规律性。首先根据经典理论，电子会因环绕原子核运动不断辐射能量，而最终落到原子核上，因而不能解释原子的稳定性。其次，电子环绕原子核时的加速，使之产生的辐射频率是连续分布的，无法解释分立的谱线。

玻尔在前人的基础上，在 1913 年对原子光谱线系的巴耳末公式进行了理论解释。在原子行星模型的基础上，玻尔提出 3 个假设：(1) 定态假设，电子在原子中只能沿一些特殊的轨道运动，且不辐射电磁波；(2) 跃迁假设，只有当电子从一个定态跃迁到另一个定态时，才吸收或辐射能量，且辐射频率与初末定态的能量有关，可表示为

物理学家简介：玻尔

$$\nu = \frac{|E_n - E_m|}{h} \tag{14-13}$$

(3) 为了说明哪些轨道是可以存在的“定态”，玻尔提出了第 3 个假设，即轨道量子化条件：在量子理论中，角动量必须是 h 的整数倍。

玻尔的理论中只考虑了电子圆形轨道的情况，只能描述一些

特定的原子轨道，索末菲等人将量子化条件推广为

$$\oint p\mathrm{d}q=\left(n+\frac{1}{2}\right)h \tag{14-14}$$

其中 q 是电子的一个广义坐标，p 是对应的广义动量，回路积分为沿着运动轨道积分一周，n 是 0 或正整数，称为量子数。

玻尔和索末菲的理论虽然取得了一些成就，但也存在着很大的困难。这个理论仅能较好地解释氢原子谱线的位置，对谱线强度则无法解释，对其他原子甚至无法准确给出谱线位置。究其原因，主要是它把微观粒子视为经典粒子，并以质点模型加以描述。直到 1924 年德布罗意提出物质波假设，能够较完整地描述微观粒子运动规律的量子力学建立后，这些问题才得以解决。

14.3.2 原子能级的实验验证——弗兰克-赫兹实验

1914 年，弗兰克和赫兹采用慢电子与稀薄气体原子碰撞的方法来检验原子中是否可能存在着分立的能级，实验装置如图 14-5 所示。实验中使用了一个充有低压水银蒸气的玻璃管，电子由一个热阴极 K 发射，在阴极与中间的栅极 G 之间加正向电压 U，使电子加速；在栅极 G 与阳极 P 之间加一个较小的反向电压 U_{PG}，形成反向电场。当电子通过 KG 空间到达栅极 G 时，如果其动能 $E_G>eU_{PG}$，就能够冲过反向电场而到达阳极，形成阳极电流 I_P，动能 E_G 越大，阳极电流也越大。

如果玻璃管是真空的，电子在 KG 空间中可以获得能量 eU，设电子的初动能为 E_i，则到达栅极 G 时电子动能为 $E_G=E_i+eU$，因此阳极电流是电压 U 的单调增函数。

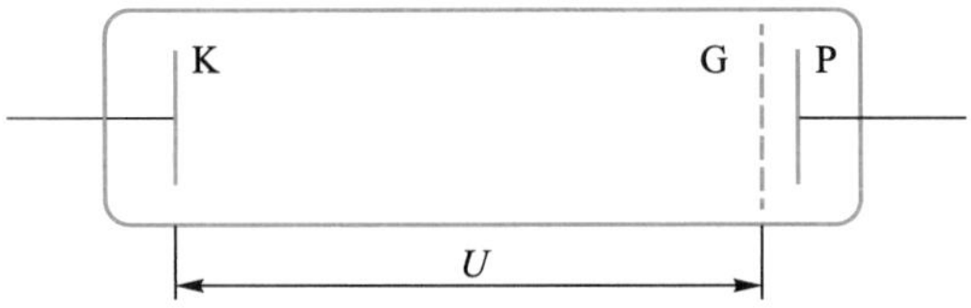

图 14-5 弗兰克-赫兹实验装置

当玻璃管内充有水银蒸气后，电子可能与汞原子发生碰撞，从而损失能量。如果是弹性碰撞，则由于汞原子的质量远远大于电子质量，电子动能的损失很小，可以忽略不计；如果是非弹性碰

撞,则电子动能的损失将等于汞原子内部所获得的能量。假设汞原子的内部能量是不连续的,其激发能(第一激发态与基态的能量差)为 ΔE,则当电子的动能小于 ΔE 时就不能使汞原子吸收能量而激发,从而电子自己也不会损失能量,这样就与不发生碰撞的情况相同,阳极电流随着电压 U 单调增加;而当电子的动能大于 ΔE 时就可以使汞原子吸收能量而激发,电子一下子损失能量 ΔE,到达栅极 G 时的动能 $E_G=E_i+eU-\Delta E$ 就可能小于 eU_{PG},电子从而不能冲过反向电场而到达阳极,致使阳极电流 I_P 减小。因此在电压 U 增加的过程中,是否存在电流下降的情况,成为判断汞原子的内部能量是否连续或是否存在分立能级的关键。

在实验中,弗兰克和赫兹将反向电压取为 0.5 V,用来抑制在 $U=0$ 时由电子初动能所产生的电流,结果得到阳极电流 I_P 与正向电压 U 之间的关系如图 14-6 所示。

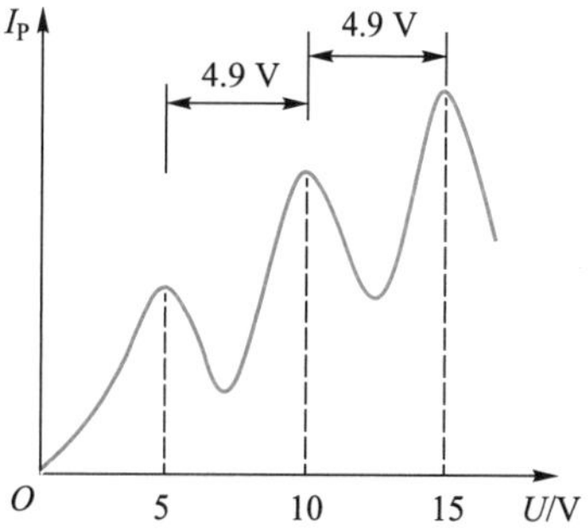

图 14-6 阳极电流与正向电压的关系

实验表明,随着正向电压从 0 开始增加,阳极电流 I_P 也随之增大,但是当正向电压增加到接近 4.9 V 的时候,阳极电流 I_P 反而减小,然后再慢慢增大,这就说明了汞原子中确实存在能级,这有力地支持了玻尔的定态假设。以后正向电压每增加 4.9 V 时,阳极电流都出现下降现象,使电流曲线周期性地出现峰值,这表明电子与汞原子相继发生多次非弹性碰撞,以致动能 E_G 发生周期性减小。

弗兰克-赫兹实验直接验证了原子能级的存在,还测量出了汞原子第一激发态与基态能量之差(4.9 eV)。

14.4 物质波与波粒二象性

14.4.1 德布罗意假设

20 世纪之前,人们认为自然界中物质的基本组成形式有两种:粒子和波。粒子具有颗粒性和不可入性,其状态用能量 E 和动量 p 描述,如质子和电子等;波具有弥散性和可叠加性,其状态用波长 λ 和频率 ν 描述,如电磁波(光)。进入 20 世纪后,人们开始认识到,光在一定条件下也具有某些粒子的属性,对应的能量 E 和动量 p 分别为

物理学家简介:
德布罗意

$$E = mc^2 = h\nu, p = mv = h/\lambda \qquad (14-15)$$

那么，原来被认为是粒子的电子有没有波动性呢？在光的波粒二象性的启发下，1923 年，法国青年物理学家德布罗意(L. de. Broglie，1892—1987)在他的博士论文中大胆地提出：实物粒子也同样具有波动性。

德布罗意认为一切微观粒子(包括无静止质量的光子和有静止质量的实物粒子)都同时具有波动性和粒子性，其本质在于两者的统一，即波粒二象性是物质的基本属性。微观粒子在传播过程中会发生干涉和衍射现象，表现出波动性；在碰撞过程中遵循能量守恒定律和动量守恒定律，表现出粒子性。一个能量为 E、动量大小为 p 的实物粒子对应的波称为德布罗意波，也称物质波，它的频率 ν 和波长 λ 分别为

$$\nu = \frac{E}{h}, \quad \lambda = \frac{h}{p} \qquad (14-16)$$

上式给出了物体波粒二象性的两个不同方面之间的联系，称为德布罗意公式(de-Broglie formula)。

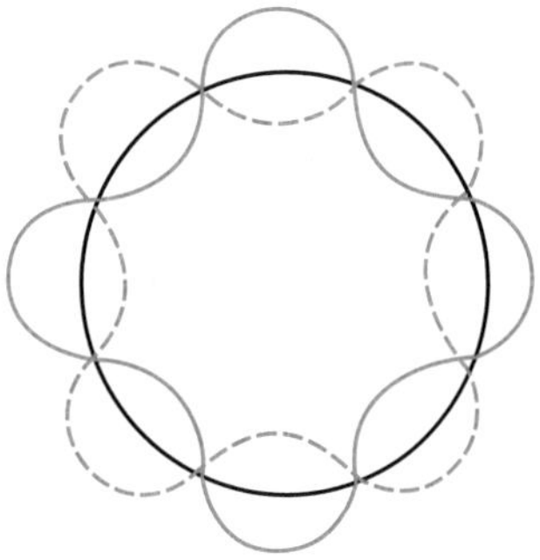

图 14-7 氢原子中的电子驻波

应用波粒二象性，可以直接导出玻尔的角动量量子化条件。由于波存在可叠加性，在叠加中会出现干涉，因此波在一个有限空间中只能以驻波的形式稳定存在。于是，与氢原子定态电子轨道对应的波应该是驻波，而形成驻波的条件是轨道周长为波长的整数倍，如图 14-7 所示，即

$$2\pi r = n\lambda$$

利用德布罗意公式，立即得到角动量量子化条件

$$L = rp = n\hbar \qquad (14-17)$$

例 14.4

求静止电子分别经 1 V，100 V 和 10 000 V 电压加速后的德布罗意波长。

解 设加速电压为 U(单位：V)，静止电子经加速后的动能为 $E = eU$。对题中所给电压，所得动能远远小于电子的静能 $mc^2 = 5.11\times10^5$ eV，因而可以使用非相对论公式

$$p = \sqrt{2mE} = \sqrt{2meU}$$

将上式代入德布罗意公式后，得到

$$\lambda = \frac{h}{p} = \frac{h}{\sqrt{2meU}} = \frac{6.626\times10^{-34}}{\sqrt{2\times9.1\times10^{-31}\times1.6\times10^{-19}}\sqrt{U}}$$

$$= \frac{1.228\times10^{-9}}{\sqrt{U}} \text{ (m)}$$

将 U=1 V，100 V，10 000 V 分别代入上式，得到波长 λ 分别等于 1.228×10^{-9} m，1.228×10^{-10} m 和 1.228×10^{-11} m。这些数值都比可见光的波长要小得多。如果加速的是质子，由于其质量远大于电子质量，因此对应的德布罗意波长将更小。

例 14.5

试求一个质量为 0.02 kg、速率为 250 m/s 的子弹的德布罗意波长。

解 根据式(14-16),子弹的德布罗意波长为

$$\lambda=\frac{h}{p}=\frac{h}{mv}=\frac{6.626\times10^{-34}}{0.02\times250}\ \text{m}=1.325\times10^{-34}\ \text{m}$$

其德布罗意波长非常小,这是由于宏观质点的 $p=mv\gg h$,因此很难显示出波动性,仅表现出粒子性。

14.4.2 德布罗意波的实验证明

如何检验德布罗意波的存在?由于波的主要特征是能够在一定条件下出现干涉或衍射现象,为了证明"实物粒子具有波动性"这一设想,必须在实验中观测到波动性。根据波动光学的知识,只有当波长与缝间距离或光栅常量大小相近的时候,才能产生比较明显的干涉或衍射条纹。前面的计算已经表明电子的德布罗意波长非常小,人工无法制造这样尺寸的电子光栅。

为了克服这一困难,德布罗意考虑到 X 射线的波长与电子的波长相近,由此建议用晶格衍射来检验电子是否具有波动性。1927 年,戴维孙和革末通过电子在晶体表面的衍射实验证实了电子具有波动性,不久,G. P. 汤姆孙与戴维孙通过电子对晶体薄膜的透射实验同样证实了电子具有波动性。此后,人们相继证实了原子、分子、中子等都具有波动性。德布罗意的设想最终得到了完全的证实。

如图 14-8 所示是电子束对晶体薄膜透射时产生的衍射图形,它与 X 射线产生的衍射图形非常相似,明条纹的位置与德布罗意公式的理论结果也一致,充分证明了德布罗意设想的正确性。

电子束对晶体薄膜透射时产生的衍射图形的事实,不仅证明了物质波的存在,同时也促成了材料科学研究中的重要检测设备——电子显微镜的发明。已知光学仪器的分辨率与仪器的孔径成正比,与所用的光的波长成反比,即

$$d=\frac{D}{1.22\lambda} \tag{14-18}$$

在仪器的孔径一定时,所用的光的波长越短,分辨率就越高。通常的电子显微镜用电子源替代光源,用聚焦磁场替代凸透镜,在底片上成像,其分辨率可以比光学显微镜提高 1 000 倍。第一台

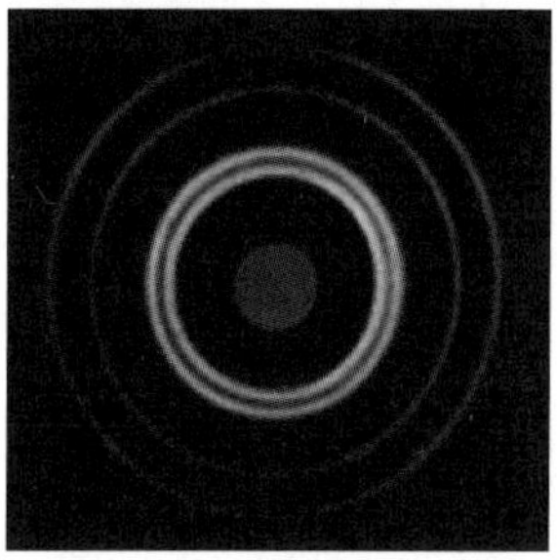

图 14-8 电子衍射图形

电子显微镜是由德国鲁斯卡(E. Ruska)研制成功的,他因此荣获1986年诺贝尔物理学奖。

14.4.3 不确定关系

在经典力学中,质点(宏观物质或质点)在任何时刻的运动状态可以用其位置、动量、能量和角动量等来描述。但是对于微观粒子,由于波粒二象性,任一时刻粒子不具有确定的位置,粒子的动量在各时刻也具有不确定性。粒子的位置和动量这对物理量不可能同时具有确定的量值,其中一个物理量的不确定度越小,另一个物理量的不确定度就越大。如果一个粒子的位置坐标具有不确定量 Δx,那么,同时刻在 x 方向上的动量也有一个不确定量 Δp_x,Δx 和 Δp_x 的乘积满足关系

$$\Delta x\Delta p \geqslant \frac{\hbar}{2} \tag{14-19}$$

式(14-19)是著名的海森伯坐标与动量的不确定关系。下面以电子的单缝衍射为例进行说明。

如图14-9所示,设单缝的宽度为 Δx,一束动量为 $\boldsymbol{p}$ 的电子束垂直射向狭缝,在狭缝后放置照相底片,由于电子具有波动性,底片上记录到电子到达的位置具有与光的衍射相同的图样。

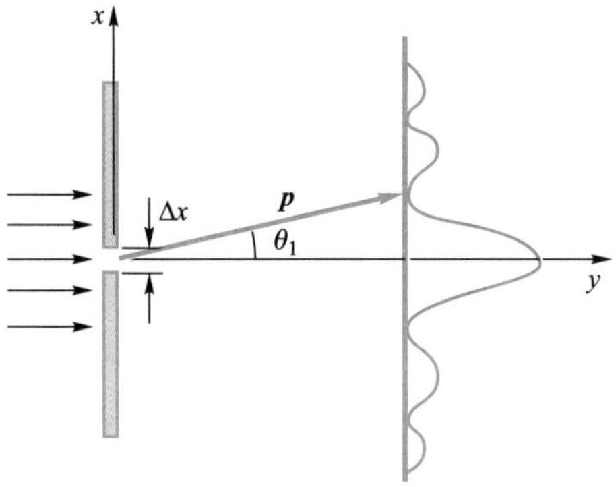

图14-9 电子单缝衍射实验

电子在通过狭缝时我们不能确定它一定从哪一点通过,其在 x 轴方向位置的不确定量为狭缝的宽度 Δx;通过狭缝后,如果 x 轴方向动量 $p_x=0$,则照相底片上只能观察到与狭缝宽度相同的明条纹。由于电子的衍射使其运动方向发生了偏离而产生衍射角 θ,从而 x 轴方向动量 p_x 不再为零,其不确定量为

$$\Delta p_x = p\sin\theta \tag{14-20}$$

由单缝衍射公式(13-35)可得到一级暗条纹的衍射角为

$$\sin\theta_1=\frac{\lambda}{\Delta x} \tag{14-21}$$

将式(14-21)和德布罗意公式(14-16)代入式(14-20)可得到

$$\Delta x\Delta p_x=\hbar$$

如果考虑次级衍射条纹,则

$$\Delta x\Delta p_x\geqslant\hbar \tag{14-22}$$

不确定关系通常用于数量级的估计,因此我们可以认为式(14-22)就是海森伯坐标与动量的不确定关系。

14.5 波函数与薛定谔方程

14.5.1 波函数

为了进一步深入地定量研究,我们需要对物质波进行数学描述。为了得到物质波的波函数,我们先考虑一个最简单的情况——与自由粒子相联系的物质波。自由粒子的能量与动量都取确定值,按照德布罗意关系,对应的频率 ν 和波长 λ 也完全确定,因此其对应的物质波是单色平面波。

一个沿 x 正向传播的单色平面波的波函数为

$$u=A\cos 2\pi(\nu t-x/\lambda) \tag{14-23}$$

对应的波强为

$$w\propto A^2$$

为了便于推广,将式(14-23)改用复数形式来描述,

$$\psi=A\mathrm{e}^{\mathrm{i}2\pi(\nu t-x/\lambda)} \tag{14-24}$$

与复数形式对应的波强应该改写为

$$w\propto\overline{\psi}\cdot\psi \tag{14-25}$$

其中 $\overline{\psi}$ 表示 ψ 的共轭复数。由德布罗意关系,我们得到

$$\nu=\frac{E}{h}=\frac{E}{2\pi\hbar},\lambda=\frac{h}{p}=\frac{2\pi\hbar}{p}$$

将上式代入式(14-25),得到与确定能量 E 和动量 p 对应的自由粒子的物质波的波函数为

$$\psi(x,t)=A\mathrm{e}^{\mathrm{i}(Et-px)/\hbar} \tag{14-26}$$

将上式推广到三维空间,有

$$\psi(\boldsymbol{r},t)=A\mathrm{e}^{\mathrm{i}(Et-\boldsymbol{p}\cdot\boldsymbol{r})/\hbar} \tag{14-27}$$

波函数所描述的物质波意味着什么？这个问题在历史上曾经经历过一场激烈的争论，涉及物质波包、“鬼场”等。然而，人们对波包的认识其实并不正确。一方面，自由空间中的波包可以视为单色平面波的叠加，随着时间的推移，波包会逐渐扩散，电子也将越来越大，最终会达到宏观尺度，这是与实验完全矛盾的；另一方面，在电子衍射过程中，电子波射到晶体表面后会沿不同方向衍射，在空间不同方向观测到的将是一个电子，而实验上测得的是全体电子的集体行为。

与之相反，另一些人认为波动性不是单个电子本身的性质，而是大量电子的集体性质，电子波是由大量电子形成的疏密波，就像空气中因为分子分布的疏密不同而形成的声波。这种看法同样不正确。在电子衍射实验中，我们可以使入射电子流极其微弱，让电子一个一个地通过仪器，只要时间足够长，底片上同样会出现干涉花纹，这说明波动性并不是微观粒子的集体行为，单个电子本身就具有波动性。

14.5.2 波函数的统计解释

那么，物质波究竟意味着什么？经过全面、深入的分析，1926年玻恩提出：物质波是一种概率波，其波强描述了微观粒子出现的概率密度。具体地说，在给定时刻 t，在空间某点 $\boldsymbol{r}$ 处微观粒子的波函数的模的平方 $|\psi(\boldsymbol{r},t)|^2$ 正比于该点附近发现该粒子的概率密度 $\rho(\boldsymbol{r},t)$，即单位体积内的概率，而该点邻近体积元 $\mathrm{d}V$ 内发现该粒子的概率 $\mathrm{d}P$ 为

$$\mathrm{d}P=\rho(\boldsymbol{r},t)\,\mathrm{d}V\propto|\psi(\boldsymbol{r},t)|^2\mathrm{d}V \tag{14-28}$$

换句话说，物质波强度大的地方，粒子出现的可能性大；强度小的地方，粒子出现的可能性小。然而只要出现，总是整个的粒子，而不是粒子的一部分。因为粒子是客观存在的，我们总可以在某个地方发现它，即粒子某时刻在整个空间内出现的概率为 1。一般来说，我们可以调整波函数中的比例系数，使其满足归一化条件，这样的比例系数称为归一化系数，即

$$\int_V|\psi(\boldsymbol{r},t)|^2\mathrm{d}V=1 \tag{14-29}$$

上式称为波函数的归一化条件，满足这个条件的波函数称为归一化波函数。

在一维运动的情况下，波函数的归一化条件可以简化为

$$\int_{-\infty}^{\infty} |\psi(x,t)|^2 \mathrm{d}x = 1 \tag{14-30}$$

例 14.6

已知电子某时刻的波函数为 $\psi(x,t)=A\mathrm{e}^{-\alpha^2x^2/2-\mathrm{i}\omega t}$，求归一化系数 A 和电子在原点出现的概率密度。

解　将波函数代入归一化条件，我们得到

$$\int_{-\infty}^{\infty} |\psi(x,t)|^2 \mathrm{d}x = A^2\int_{-\infty}^{\infty} \mathrm{e}^{\alpha^2x^2}\mathrm{d}x = \frac{A^2\sqrt{\pi}}{\alpha} = 1$$

解出归一化系数为

$$A=\sqrt{\frac{\alpha}{\pi^{1/2}}}$$

电子在原点出现的概率密度为

$$\rho(0,t) = |\psi(0,t)|^2 = A^2 = \frac{\alpha}{\sqrt{\pi}}$$

它是一个不随时间变化的常量。

14.5.3 薛定谔方程

一个具有确定能量 E 和动量 $\boldsymbol{p}$ 的自由粒子的波函数为

$$\psi(\boldsymbol{r},t) = A\mathrm{e}^{\mathrm{i}(\boldsymbol{p}\cdot\boldsymbol{r}-Et)/\hbar} \tag{14-31}$$

粒子的能量或动量变化时，其波函数也相应地变化。为了找出自由粒子波函数所满足的一般规律，我们注意到

物理学家简介：薛定谔

$$\mathrm{i}\hbar\frac{\partial}{\partial t}\psi(\boldsymbol{r},t) = E\psi(\boldsymbol{r},t) \tag{14-32}$$

$$-\mathrm{i}\hbar\ \nabla\psi(\boldsymbol{r},t) = \boldsymbol{p}\psi(\boldsymbol{r},t) \tag{14-33}$$

其中 $\nabla=\boldsymbol{i}\frac{\partial}{\partial x}+\boldsymbol{j}\frac{\partial}{\partial y}+\boldsymbol{k}\frac{\partial}{\partial z}$ 为梯度算符。由于新的理论要以牛顿力学为某种极限，两者之间必然有密切的对应关系，而对于非相对论性自由粒子，其能量 E 与动量 p 满足关系

$$E=\frac{p^2}{2m} \tag{14-34}$$

其中 m 为粒子的质量。由此得到

$$\mathrm{i}\hbar\frac{\partial}{\partial t}\psi(\boldsymbol{r},t) = -\frac{\hbar^2}{2m}\nabla^2\psi(\boldsymbol{r},t) \tag{14-35}$$

其中 $\nabla^2=\frac{\partial^2}{\partial x^2}+\frac{\partial^2}{\partial y^2}+\frac{\partial^2}{\partial z^2}$。上式对任何非相对论性自由粒子的物质波都正确，称为自由粒子的薛定谔方程。

在非自由粒子的情况下，由牛顿力学可知

$$E=\frac{p^2}{2m}+V \tag{14-36}$$

其中 V 为粒子的势能，自由粒子是上式在 $V=0$ 时的特例。按照对应关系，一般情况下式(14-35)的推广形式应该为

$$i\hbar\frac{\partial}{\partial t}\psi(\boldsymbol{r},t)=-\frac{\hbar^2}{2m}\nabla^2\psi(\boldsymbol{r},t)+V\psi(\boldsymbol{r},t) \tag{14-37}$$

这就是非相对论性粒子的物质波所遵循的一般规律，称为薛定谔方程。大量的实验已经表明，对于非相对论性粒子，薛定谔方程可以正确地解释实验结果。

对于一维情况，薛定谔方程简化为

$$i\hbar\frac{\partial}{\partial t}\psi(x,t)=-\frac{\hbar^2}{2m}\nabla^2\psi(x,t)+V\psi(x,t) \tag{14-38}$$

在量子力学中，薛定谔方程占有极其重要的地位，它是描述微观粒子运动状态的基本定律，与经典力学中的牛顿运动定律相似。利用薛定谔方程和初始条件可以求出描述粒子的波函数，从而得到粒子的概率密度以及相关的物理量。容易看到，该方程并不满足相对论协变性，这是由于在推导的过程中利用了非相对论的能量公式，所以薛定谔方程仅在粒子运动速率远小于光速的条件下适用。

14.5.4 定态薛定谔方程

常见的势场大多数是稳定的，即势能函数 V 只是空间坐标的函数，与时间 t 无关，可以表示为 $V=V(\boldsymbol{r})$。在这种情况下，我们可以用分离变量法把波函数 $\psi(\boldsymbol{r},t)$ 分解为一个空间坐标的函数 $\varphi(\boldsymbol{r})$ 和一个时间函数 $f(t)$ 的乘积，即

$$\psi(\boldsymbol{r},t)=\varphi(\boldsymbol{r})f(t) \tag{14-39}$$

在一维情况下，上式可简化为

$$\psi(x,t)=\varphi(x)f(t) \tag{14-40}$$

将式(14-40)代入式(14-38)，得到

$$i\hbar\varphi(x)\frac{\mathrm{d}f(t)}{\mathrm{d}t}=\left[-\frac{\hbar^2}{2m}\frac{\mathrm{d}^2\varphi(x)}{\mathrm{d}x^2}+V\varphi(x)\right]f(t)$$

等式两边同时除以 $\varphi(x)f(t)$，则有

$$\frac{i\hbar}{f(t)}\frac{\mathrm{d}f(t)}{\mathrm{d}t}=\frac{1}{\varphi(x)}\left[-\frac{\hbar^2}{2m}\frac{\mathrm{d}^2\varphi(x)}{\mathrm{d}x^2}+V\varphi(x)\right] \tag{14-41}$$

式(14-41)等号左边只是时间 t 的函数，等号右边只是空间坐标 x 的函数，要使等式成立，两边必须同时等于一个与坐标和时间都无关的常量，令这个常量为 E，则有

$$\frac{\mathrm{i}\hbar}{f}\frac{\mathrm{d}f}{\mathrm{d}t}=E$$

这个方程的解是

$$f(t)=\mathrm{e}^{-\mathrm{i}Et/\hbar}$$

由于它的模 $|f(t)|^2=1$,仅仅影响波函数的幅角(相位)而不影响波函数的模,所以我们习惯上称其为相因子。将上式代回式(14-40),得

$$\psi(x,t)=\varphi(x)\mathrm{e}^{-\mathrm{i}Et/\hbar} \tag{14-42}$$

波函数 $\psi(x,t)$ 对应的概率密度为

$$\rho=|\psi(x,t)|^2=|\varphi(x)|^2$$

可以看出该状态下测到粒子的概率密度不随时间变化,这样的状态称为定态,对应的波函数式(14-42)称为定态波函数(time-independent wave function)。

利用式(14-41)可求解 $\varphi(x)$ 的具体形式。易知式(14-37)等号右边也等于同一常量 E,于是就有

$$-\frac{\hbar^2}{2m}\frac{\mathrm{d}^2}{\mathrm{d}x^2}\varphi+V\varphi=E\varphi \tag{14-43}$$

该方程中不含时间 t,称为定态薛定谔方程(time-independent Schrödinger equation),它的解 $\varphi(x)$ 给出了定态波函数的空间部分,将这个空间部分添上一个相因子就得到了定态波函数。由此可见,求解薛定谔方程的关键是求解对应的定态薛定谔方程。

波函数的物理解释要求它应当是满足有限、单值和连续三个基本条件的非零函数,这些条件又被称为是波函数的标准条件。由式(14-42)可知,波函数满足标准条件等价于它的空间部分,即定态薛定谔方程的解 $\varphi(x)$ 满足这些条件。由于解要满足波函数的标准条件,定态薛定谔方程式(14-43)中的能量 E 就不能任意取值,而只能取一些特殊值 E_n,这些特殊值称为能量本征值(eigen value),对应的解 $\varphi_n(x)$ 称为能量本征函数(eigen function),这就从理论上很好地解释了能量量子化的原因。能量本征函数是定态波函数的主要部分,在不引起混乱的情况下,也常常被称为定态波函数或波函数。

为了便于应用,在可能的情况下,我们还要求能量本征函数 $\varphi(x)$ 归一化,即满足归一化条件

$$\int_{-\infty}^{\infty}|\varphi(x)|^2\mathrm{d}x=1 \tag{14-44}$$

这时,模方 $|\varphi(x)|^2$ 恰好等于概率密度。

14.5.5 波函数的叠加原理

定态波函数由能量本征函数和相因子组成,当粒子处于某个定态时,能量的结果是一个唯一的确定值——对应于能量本征值。然而,薛定谔方程是一个线性方程,它的解满足叠加原理:若波函数 $\psi_1(x,t)$ 和 $\psi_2(x,t)$ 是薛定谔方程的两个解,则它们的线性组合 $\psi(x,t)=C_1\psi_1(x,t)+C_2\psi_2(x,t)$ 也是同一个方程的解,$\psi(x,t)$ 称为 $\psi_1(x,t)$ 和 $\psi_2(x,t)$ 的叠加态。

如果 $\psi_1(x,t)$ 和 $\psi_2(x,t)$ 是粒子的两个定态波函数,但对应的能量本征值分别为 E_1 和 E_2,当粒子处于叠加态 $\psi(x,t)=C_1\psi_1(x,t)+C_2\psi_2(x,t)$ 时,测量能量的结果并不确定,但只能是 E_1 或是 E_2。如果 $\psi_1(x,t)$,$\psi_2(x,t)$ 和 $\psi(x,t)$ 都已经归一化,那么在叠加态 $\psi(x,t)$ 下测量能量的结果是 E_1 的概率为 $|C_1|^2$,结果 E_2 的概率为 $|C_2|^2$,结果是其他值的概率为零,经多次测量可获得能量的平均值为

$$\overline{E}=|C_1|^2E_1+|C_2|^2E_2$$

对于一般情况,当粒子处于某一归一化的叠加态,可表示为

$$\psi(x,t)=\sum_{k=1}^{n}C_k\psi_k(x,t) \tag{14-45}$$

式(14-45)中 $\psi_k(x,t)$ 是粒子的第 k 个归一化定态波函数,对应的能量本征值为 E_k。若测量能量,获得结果是 E_k 的概率为 $|C_k|^2$,多次测量能量后的统计平均值为

$$E=\sum_{k=1}^{n}|C_k|^2E_k \tag{14-46}$$

14.6 激光

1917 年,爱因斯坦提出受激辐射的概念,奠定了激光的理论基础。激光的英文为 LASER,是 light amplification by stimulated emission of radiation 的缩写,意思是“受激发射的辐射光放大”。1964 年按照我国著名科学家钱学森建议,将“光受激发射”改称为激光。

14.6.1 激光的基本原理

1. 自发辐射 受激辐射

1917年爱因斯坦在辐射理论中预言了受激辐射的存在。光与物质原子相互作用时，可能引发受激辐射、自发辐射和受激吸收三种跃迁过程。

自发辐射。设原子的两个能级分别为 E_1 和 E_2，且 $E_2>E_1$，如图 14-10(a)所示。处于激发态 E_2 的原子是不稳定的。一般只能停留 10^{-18} s。在没有外界干扰的情况下，这些处于激发态高能级 E_2 的电子会自动跃迁到低能级 E_1 状态，称为自发跃迁。在自发跃迁过程中同时向外辐射出一个光子，称为自发辐射。辐射出的光子的能量为

$$h\nu=E_2-E_1 \tag{14-47}$$

自发辐射是随机过程。各原子的辐射是自发的、随机的、独立的，辐射出的光子振动相位、振动方向、发射方向等都没有确定的关系。所以自发辐射所发出的光为非相干光。普通光源发光都是基于自发辐射。

受激吸收。当原子处于低能级 E_1 状态时，若受到能量为 $h\nu=E_2-E_1$ 光子照射，原子会吸收外来光子的能量，并自低能级 E_1 跃迁到高能级 E_2，这个过程称为受激吸收，也称为光激发，如图14-10(b)所示。

受激辐射。原子中处于高能级 E_2 的电子，在自发辐射前，若受到能量满足 $h\nu=E_2-E_1$ 的外来光子的刺激，将向低能级 E_1 跃迁，并辐射出一个与诱导光子特征相同的光子，这个过程称为受激辐射，如图 14-10(c)所示。

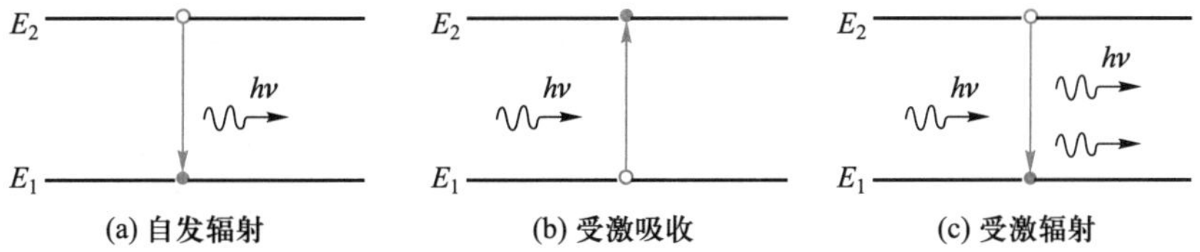

图 14-10　三种跃迁过程

光放大。在受激辐射过程中辐射出的光子和诱导光子在振动频率、相位、偏振态和传播方向等具有完全相同的特征。若这两个光子继续诱发其他处于高能级的原子产生受激辐射，就增加

到四个特征相同的光子，如果继续诱发受激辐射，就会产生更多特征完全相同的光子，这就是光放大，如图 14-11 所示。

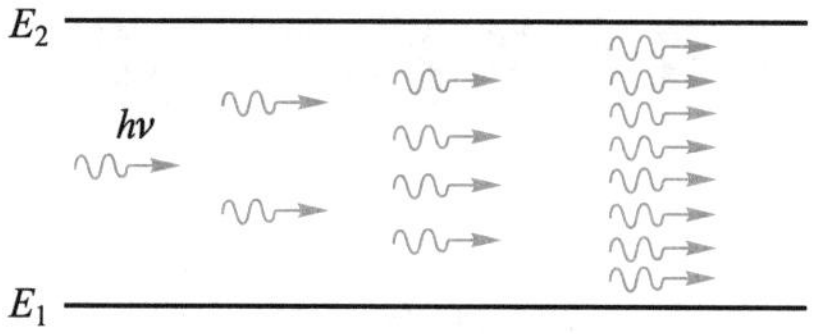

图 14-11 受激辐射的光放大

2. 粒子数布居反转

粒子数的正常分布。根据玻耳兹曼分布，处于热平衡状态的工作物质，其处于低能级 E_1 状态的原子数远远大于处于高能级 E_2 状态的原子数。这种分布状态称为粒子数的正常分布，如图 14-12 所示。在这种正常分布下，光通过物质时，受激辐射远小于受激吸收，不可能实现光放大而获得激光。

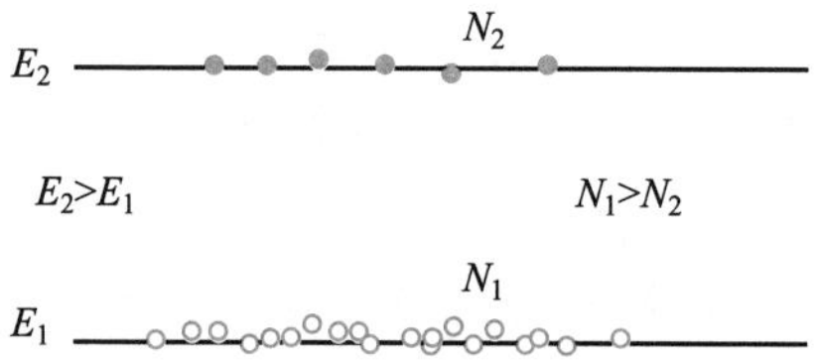

图 14-12 粒子数的正常分布

粒子数布居反转。为了使受激辐射占主导地位而实现光放大，就必须从外界输入能量使尽可能多的粒子吸收能量跃迁到高能级，这种使高能级状态的原子数大于低能级状态的原子数，与正常能级上粒子数分布相反，称为粒子数布居反转，也称为粒子数反转，如图 14-13 所示。

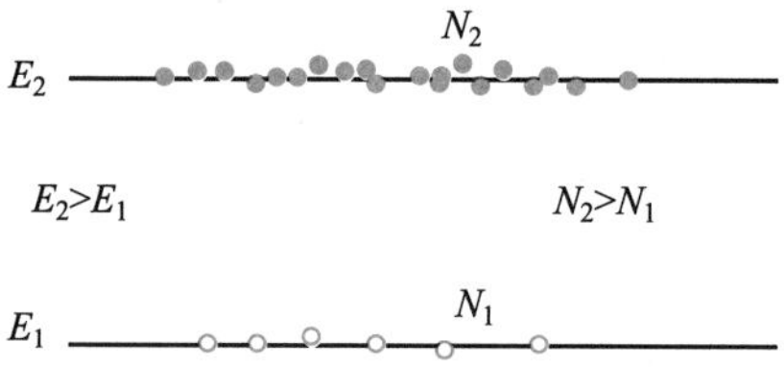

图 14-13 粒子数布居反转

粒子数反转的实现。能够实现粒子数反转的介质称为激活介质，也是激光产生的工作物质。工作物质需要有适当的能级结构，往往存在比激发态稳定得多的状态，其稳定寿命可达到 10^{-3} ~ 1 s，这种受激态称为亚稳态。为了实现粒子数反转，还必须输入能量，使工作物质中更多的原子吸收能量跃迁到高能级亚稳态上，这个过程称为激励或泵浦。通常的激励方式有光激励、气体放电激励、化学激励和核能激励等。

3. 光学谐振腔

如图 14-14 所示，光学谐振腔主要由两面相互平行并且与工作物质轴线垂直的反射镜构成，其中一面是全反射镜 M_1，另一面是部分反射镜 M_2。谐振腔的作用主要是产生和维持稳定的光振荡。光子在谐振腔内运动时，偏离轴线方向的光子从侧面逸出谐振腔；沿着轴向运动的光子在两端的反射镜之间被来回反射形成光振荡。这种往复反射诱导实现粒子数反转的工作物质不断产生受激辐射，辐射更多同频率、同相位、同偏振态、同方向的光子，实现光放大。当谐振腔内光放大与反射面及介质中的光损耗达到动态平衡时，即形成稳定的光振荡，从部分反射镜 M_2 透射出的很强的光就是激光。

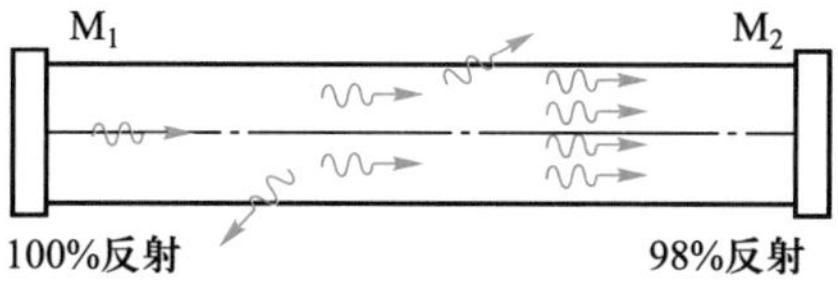

图 14-14 光学谐振腔

14.6.2 激光器

能够产生激光的器件或装置称为激光器。激光器的基本结构由工作物质、光学谐振腔和激励能源三个部分组成，如图 14-15 所示。工作物质是具有适当的能级结构、能够实现粒子数反转的激活介质；光学谐振腔主要实现光放大，具有良好的方向和频率选择性；激励能源（泵浦）主要使原子激发，维持粒子数布居反转。因此，激光器形成激光的基本条件是：(1) 工作物质在激励能源的激励下能实现粒子数布居反转；(2) 光学谐振腔产生受激辐射，不断实现光放大；(3) 满足光放大的增益大于谐振腔内光损耗的阈值条件。

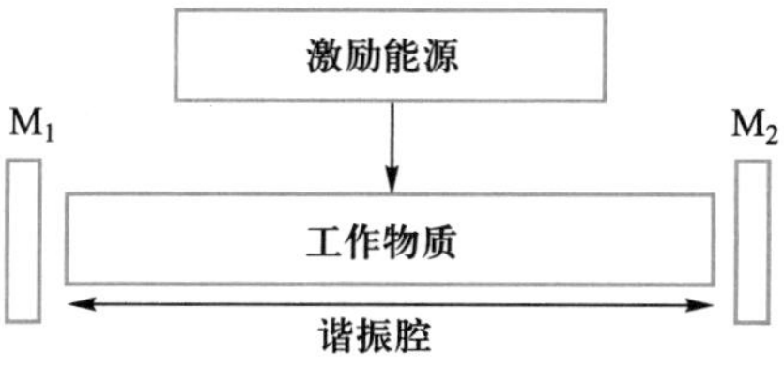

图 14-15 激光器结构示意图

激光器按照它们的工作物质来分，可分为气体激光器、液体激光器、半导体激光器、固体激光器。按光输出方式来分，可分为连续输出激光器、脉冲输出激光器。目前激光器的波长已从X射线区一直扩展到远红外区，最大连续输出功率达104 W，最大脉冲输出功率达1 014 W。

14.6.3 激光的特性及应用

1. 激光的特性

(1) 方向性强。光的方向性用光束的发散角来描述。激光几乎是一束定向发射的平行光，其发散角可以小于10^{-5} rad，比普通探照灯的发散角小得多。

(2) 单色性好。光的单色性通常是用光谱的线宽$\Delta\nu$来描述。激光几乎是单一频率的光，例如氦氖激光器输出的是中心波长为632.8 nm的红光，其谱线的波长宽度为$\Delta\lambda=10^{-8}$ nm，频宽为$\Delta\nu=10^{-1}$ Hz。该激光的频宽比普通光源中单色性最好的氪灯高一万倍。

(3) 由于方向性强，使能量高度集中，利用激光脉冲或锁模调Q等技术，可以使能量压缩到极短的时间内发射，以得到非常大的光强，例如经过会聚的激光强度可达10^{17} W/m^2。

(4) 相干性好。激光是受激辐射发出的光，振动频率、相位、偏振态相同，是很好的相干光。干涉图样有良好的可见度，可以观察到较高级次的条纹，便于精密准确地测量。

2. 激光的应用

激光的优异特性使它在各种领域得到了广泛的应用。

(1) 三维激光扫描技术在地形测绘中的应用。

三维激光扫描仪可以高效地对真实世界进行三维建模和虚拟现实重现，广泛应用于文物保护、土木工程、工业测量、自然灾害调查、数字城市可视化、城乡规划等等领域。在测绘工程中它主要用于大坝和电站基础地形测量，公路、铁路、河道测绘，矿山体积测算，边坡三维形状的获取，边坡灾害对策及安全检测等，具有独到的方便性及先进性。

(2) 激光雷达技术在大气环境监测中的应用。

激光雷达技术是一种重要的大气环境探测手段，由于其具有时空分辨率高、探测灵敏度高和抗干扰能力强等优点，因此可利用激光雷达对大气进行监测，通过收集、分析数据，建立大气环境预测理论模型，为研究气候变化和寻求治理环境的新途径提供科学的依据。

(3) 激光光谱技术在检测方面的应用。

由于激光技术的精确性,人们生活中的一些检测越来越多地用到激光检测,既方便又安全精确。如激光散斑技术可应用于农产品检测。随着人们生活水平的提高,农产品质量检测技术越来越受到人们的重视,激光散斑技术灵敏度高,操作简单,作为一种新颖的无损快速检测技术已经受到越来越多的关注。

(4) 激光技术在制造业的应用。

随着激光制造技术的快速发展,激光技术已经在工业领域得到广泛的应用,可用于激光切割、激光焊接、激光表面处理等。

金属材料激光焊接有许多优越性:方便快捷,焊缝小,焊接影响区域小,对原材料性质和形态的改变小。激光能量集中、作用时间短,可以焊接薄板、金属丝等传统焊接工艺难以加工的材料以及精密、微小、排列密集、受热敏感的材料等。

(5) 激光技术在医学上的应用。

多年来,激光技术已成为临床治疗的有效手段,以激光作为能量载体,进行激光治疗,是利用激光对组织的生物学效应进行治疗,包括弱激光治疗、高强度激光手术、激光动力学疗法(光化学疗法)、激光诊断等。

14.7 固体的能带

固体是指具有确定形状和体积的物体,一般分为晶体和非晶体。晶体中的分子、原子或离子在空间的规则且周期性排列称为晶格。格点间的距离就是晶格常量,用 d 来表示。为了解能带,我们先了解电子的共有化。

14.7.1 电子共有化

为了简化问题,我们讨论只有一个价电子的情况,即讨论由一个电子和一个正离子组成的原子。电子在正离子的电场中运动,单个原子的势能曲线如图 14-16(a)所示。当两个原子靠得很近时,每个价电子均同时受到两个离子电场的作用,这时的势能曲线如图 14-16(b)中实线所示,是两个原子势能叠加后的势能曲线。当大量原子形成晶体时,各个原子势能曲线叠加,在晶体内形成周期性势场,如图 14-16(c)所示。

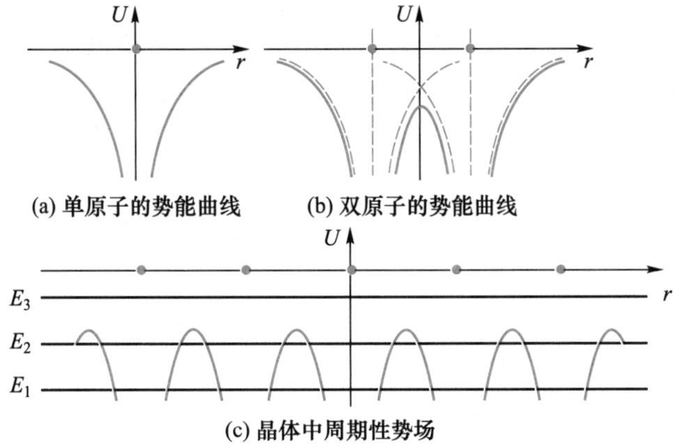

图 14-16 原子和晶体的势场

图 14-16(c)中势能曲线代表势垒,对于原子的内层电子,由于处于 E_1 能级,能量较小,因此穿透势垒的概率很小,可以视为束缚电子,在各自原子核周围运动。对于能量较大(处于 E_2)的电子,接近于势垒的高度,将有一定的概率穿透势垒,进入另一个原子。对处于 E_3 能级的电子,其能量超出了势垒的高度,所以可以不受特定原子的束缚,在晶体内自由运动。这样就出现了一批属于整个晶体原子所共有的自由电子。电子的这种因晶体中原子规则排列而产生的特性称为电子共有化。

14.7.2 能带的形成

1. 能带的形成

对于相同的各个孤立原子,它们具有完全相同的能级分布。当有两个原子逐渐靠近时,它们的电子的波函数将逐渐重叠。这时,作为一个系统,按照泡利不相容原理不允许在一个量子态上有两个电子存在。于是原来孤立状态下的每个能级分裂为 2 个。这种能级分裂的宽度取决于两个原子原来的能级和两个原子中心的距离。如图 14-17(a)表示两个钠原子的价电子所在的 3s 能级分裂为两个相距很近的子能级。如图 14-17(b)表示 4 个彼此靠得很近的原子,它们原来孤立原子时的 1 个能级分裂成 4 个相距很近的子能级。当 N 个原子集聚,结合形成晶体时发生电子共有化,由于原子之间的相互影响,原孤立原子的 1 个能级将分裂成 N 个子能级。在实际晶体中原子数是非常大的,约 10^{23}。所以一个能级分裂成 N 个子能级的间距非常小,以至可以认为

这 N 个能级形成一个能量连续的区域，这样的一个能量区域就称为一个能带。图 14-17(c)表示钠晶体的 3 s 能级分裂。

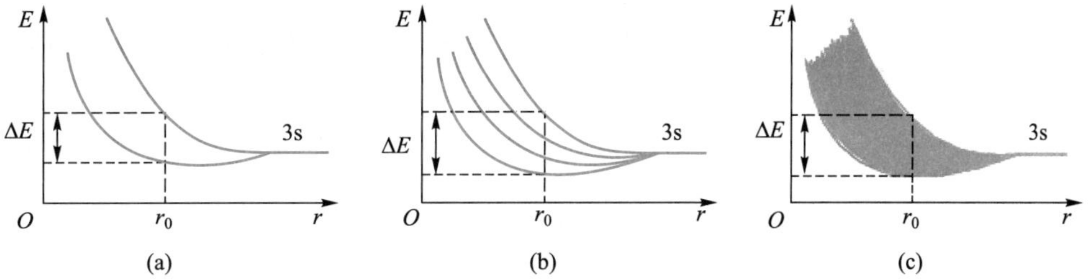

图 14-17　钠原子中 3 s 能级分裂

2. 禁带

由于原子每个能级在晶体中要分裂成相应的能带，在两个相邻的能带之间，可能有一个不存在电子稳定能态的能量区域，这个能量区域称为禁带，如图 14-18 所示。若相邻的两个能带相互重叠，则禁带消失。

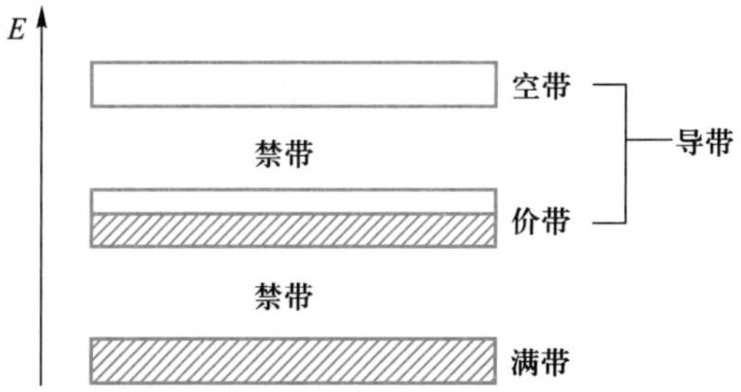

图 14-18　晶体的能带结构图

3. 满带和空带

能带中的能级数取决于组成晶体的原子数 N，电子在能带中填充方式由泡利不相容原理确定。每个能级有 $2(2l+1)$ 个量子态，每个量子态上只能容纳一个电子，所以每个能级能容纳 $2(2l+1)$ 个电子。按照能量最低原理，电子自最低能级开始填充，依次到达较高能级。如果一个能带中的各能级均被电子填满，这样的能带称为满带。当晶体外加电场时，满带中的电子不能参与导电过程。因为满带中的电子由它原来占据的能级向同一能带中的其他能级转移时，根据泡利不相容原理，必有电子沿反向转移。所以满带中虽有不同能级间的电子交换，但总体不产生定向电流，不能参与导电。

由价电子能级分裂后所形成的能带称为价带。若能带中只有一部分能级填入电子，或者说能级没有被电子全部填满，则称为不满带。根据能量最小原理，不满带中的电子填充在能带下部的部分能级，在外电场的作用下，不满带中的电子可以进入未被填满的高能级，并且没有反向的电子转移，因而形成电流。所以不满带的电子参与导电。

若一个能带中所有的能级均没有电子填充，这样的能带称为空带，如图 14-18 所示。当有激励时，价带中的电子可能进入空带，在外电场的作用下，这些电子在空带中向较高的能级跃迁转移，而没有电子的反向转移，则形成定向电流，表现出导电性。不满带和空带都称为导带。

14.7.3 导体 半导体和绝缘体

1. 导体

电阻率在 $10^{-8}\ \Omega\cdot m$ 以下的物体，称为导体。导体的能带结构一般可以分为三类。像一价碱金属锂(Li)的能带，其中有未被填满的导带(价带)，如图 14-19(a)所示；像二价碱金属如铍(Be)、镁(Mg)、钙(Ca)等的能带，价带为满带，但满带与空带紧密相接或部分重叠，如图 14-19(b)所示；其他的一些金属，如钠(Na)、钾(K)、铜(Cu)、铝(Al)、银(Ag)等的能带，其价带为不满带并且与相邻另一空带重叠，如图 14-19(c)所示。

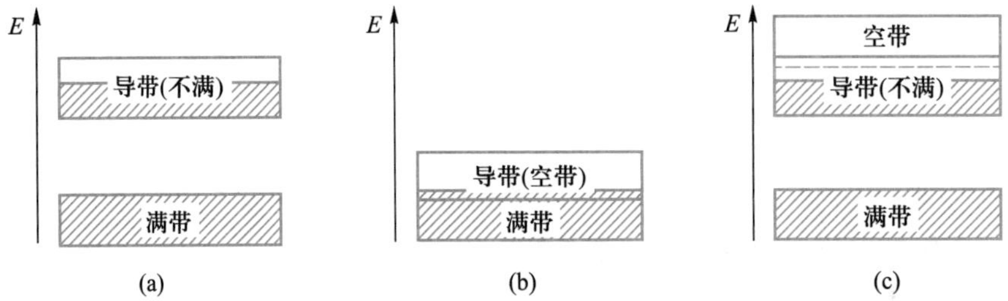

图 14-19 导体的能带结构简图

2. 绝缘体

电阻率在 $10^{8}\ \Omega\cdot m$ 以上的物体，称为绝缘体。绝缘体具有填满电子的满带和隔离满带与空带的禁带。绝缘体的禁带较宽，一般宽度大于 3 eV，如图 14-20(a)所示。一般的外加电场、光照或热激发不足以将满带的电子激发到空带中去，所以，一般没有电子参与导电，电阻率很大。禁带越宽，绝缘性能越好。

3. 半导体

半导体的电阻率介于导体和绝缘体之间。半导体的能带与绝缘体相似，具有填满电子的满带和隔离满带与空带的禁带。半导体的禁带较窄，一般为 0.1 ~ 2 eV，如图 14-20(b)所示。由于热运动或激发，电子容易从满带越过禁带，被激发到导带中，参与导电。因而半导体具有导电特性。

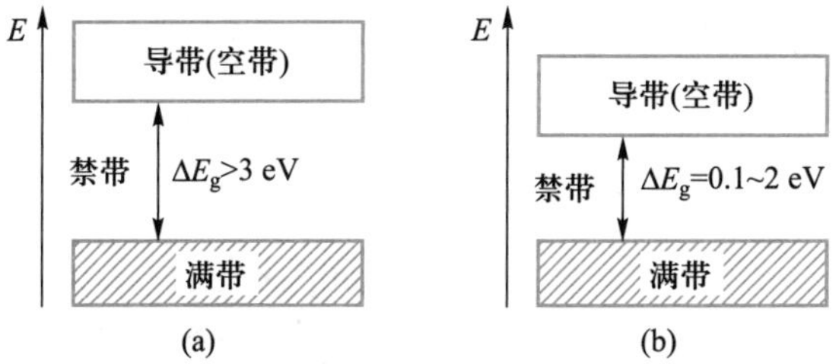

图 14-20 绝缘体和半导体的能带结构简图

习题

14.1 简要回答下列问题：

(1) 光电效应和康普顿效应都包含电子与光子的相互作用过程，它们有何区别？

(2) 微观粒子与经典粒子有什么不同？

(3) 物质波与经典波有什么不同？

(4) 按不确定关系，微观粒子的位置或对应的动量能不能确定？

14.2 用频率为 ν 的单色光照射某种金属时，逸出光电子的最大动能为 E_k；若改用频率为 2ν 的单色光照射此种金属时，则逸出光电子的最大动能为(　　)。

A. $2E_k$　　B. $2h\nu+E_k$

C. $h\nu-E_k$　　D. $h\nu+E_k$

14.3 要使处于基态的氢原子受激发射后能发射赖曼系(由激发态跃迁到基态发射的各谱线组成的谱线系)的最长波长的谱线，至少应该向基态氢原子提供的能量是(　　)。

A. 1.5 eV　　B. 3.4 eV

C. 10.2 eV　　D. 13.6 eV

14.4 假定氢原子原是静止的，则氢原子从 $n=3$ 的激发态直接通过辐射跃迁到基态的反冲速度大约是(　　)。

A. 4 m/s　　B. 10 m/s

C. 100 m/s　　D. 400 m/s

14.5 电子显微镜中的电子从静止开始通过电势差 U 的静电场加速后，其德布罗意波长是 0.04 nm，则 U 约为(　　)。

A. 150 V　　B. 330 V

C. 630 V　　D. 940 V

14.6 如果两个质量不同的粒子，其德布罗意波长相同，则这两种粒子的(　　)。

A. 动量相同　　B. 能量相同

C. 速度相同　　D. 动能相同

14.7 已知粒子归一化的波函数为

$$\psi(x)=\frac{1}{\sqrt{a}}\cos\frac{3\pi x}{2a}\quad(-a\leqslant x\leqslant a)$$

那么粒子在 $x=5a/6$ 处的概率密度为(　　)。

A. $\frac{1}{2a}$　　B. $\frac{1}{a}$

C. $\frac{1}{\sqrt{2a}}$　　D. $\frac{1}{\sqrt{a}}$

14.8 力学量 A 的本征态为 ψ_n，相应的本征值为 $a_n(n=1,2,3,\cdots)$，如果体系处于状态 $\psi=c_1\psi_1+c_2\psi_2$，则测量 A 所得的结果为 a_1 或 a_2，其出现的概率分别为__________和__________。

14.9 按照波函数的统计解释，描述单粒子量子体系的波函数 $\psi(x)$ 常称为概率波，$|\psi(x)|^2$ 表示概率密度，$|\psi(x)|^2\Delta x\Delta y\Delta z$ 表示在 r 处的体元 $\Delta x\Delta y\Delta z$ 中找到粒子的__________，$\int_{-\infty}^{+\infty}|\psi(x)|^2\mathrm{d}x=1$ 称为波函数的__________，其物理意义是在全空间找

到粒子的____________。

14.10 以波长 $\lambda=410\ \text{nm}$ 的单色光照射某一金属，产生的光电子的最大动能为 $E_k=1.4\ \text{eV}$，求能使该金属产生光电效应的单色光的最大波长。

14.11 实验发现基态氢原子可吸收能量为 12.75 eV 的光子。

（1）试问氢原子吸收该光子后将被激发到哪个能级？

（2）受激发的氢原子向低能级跃迁时，可能发出哪几条光谱线？请画出能级图，并将这些跃迁画在能级图上。

14.12 当电子的德布罗意波长与可见光波长（$\lambda=550\ \text{nm}$）相同时，它的动能是多少电子伏？若不考虑相对论效应，则电子的动能是多少电子伏？

本章习题答案

附录 A　方向导数与梯度

如图 A-1 所示，在 Oxy 平面中，一只蚂蚁落在一块铁板中央位置，在坐标原点处有一热源不断地给铁板加热。假设铁板上各点的温度与该点到坐标原点的距离成反比。此蚂蚁如果尽快避开热源到达温度较低的位置，蚂蚁应该沿什么方向爬行？

这是一个温度场中梯度问题。显然蚂蚁应该沿由热变冷变化最剧烈的方向爬行，这个方向即为梯度方向。下面我们介绍方向导数与梯度。

图 A-1　温度场中蚂蚁的方向选择

一、标量场和矢量场

任何物体的运动或者物理过程都可以用一个空间位置和时间的函数来描述，即每一时刻在空间区域中的每一点都有一个确定物理量的值，则在此区域中就确立了该物理量的场。如果这个物理量是矢量，则该物理量所确定的相应场为矢量场，例如力场、速度场、电场等都是矢量场。如果这个物理量仅有数量性质的标量，相应的场即为标量场，例如上述的温度分布形成的温度场为标量场。如果我们所研究的物理量在空间每一点的值不随时间变化，这种场称为稳态场或静态场，否则就是动态场（也称为时变场）。

在标量场中，各点的物理量值是随空间位置变化的标量。因此，一个标量场 u 可以用一个标量函数来表示，在三维直角坐标系中可以表示为

$$u=u(x,y,z) \tag{A-1}$$

二、标量场的等值面

在标量场中，常用等值面来直观、形象地描述空间物理量的分布情况。我们把空间各点标量函数值相等的点，所构成的面称

为标量场的等值面,如图 A-2 所示。

图 A-2 等值面

例如,在温度场中,温度相同的面构成等温面;在电场中,电势相等的点构成等势面。对于标量场函数 $u(x,y,z)$ 有

$$u(x,y,z)=C \tag{A-2}$$

式(A-2)称为标量场等值面方程,其中 C 为任意给定的常量。当常量 C 取一系列不同的值时,则可获得一系列不同的等值面。由于标量场中每一点的函数值是单值的,所以每一点只能在一个等值面上,任意两个等值面不能相交。

三、方向导数

标量函数 $u(x,y,z)$ 及等值面均描述了标量场物理量 u 的分布情况。为了研究标量函数 $u(x,y,z)$ 在场中任意一点 P 附近的领域内沿各个方向的变化规律,我们需要引入标量场的方向导数和梯度的概念。方向导数就是讨论函数 $u(x,y,z)$ 在任意一点 P 沿某一方向的变化率问题。

1. 方向导数的定义

设函数 $u=u(x,y,z)$ 在点 $P_0(x,y,z)$ 的某领域内有定义,自 P_0 点引射线 $\boldsymbol{l}$,点 $P(x+\Delta x,y+\Delta y,z+\Delta z)$ 是射线 $\boldsymbol{l}$ 上的动点,到 P_0 的距离为 Δl,如图 A-3 所示,则有

$$\Delta l=|P_0P|=\sqrt{\Delta x^2+\Delta y^2+\Delta z^2}$$

$$\Delta u=u(x+\Delta x,y+\Delta y,z+\Delta z)-u(x,y,z)$$

Δu 和 Δl 的比值为

$$\frac{\Delta u}{\Delta l}=\frac{u(x+\Delta x,y+\Delta y,z+\Delta z)-u(x,y,z)}{\Delta l}$$

称为函数 $u=u(x,y,z)$ 沿 $\boldsymbol{l}$ 方向的平均变化率。当 P 点沿着射线趋于 P_0 时,比值 $\Delta u/\Delta l$ 的极限值称为标量场函数 $u(x,y,z)$ 在 P_0 点处沿 $\boldsymbol{l}$ 方向的方向导数,即为 $\left.\frac{\partial u}{\partial l}\right|_{P_0}$,即

$$\left.\frac{\partial u}{\partial l}\right|_{P_0}=\lim_{\Delta l\to 0}\frac{u(x+\Delta x,y+\Delta y,z+\Delta z)}{\Delta l} \tag{A-3}$$

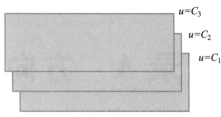

式(A-3)说明,方向导数是标量场函数 $u(x,y,z)$ 在 P_0 点处沿 $\boldsymbol{l}$ 方向对距离的变化率,其值既与 P_0 点有关,也与 $\boldsymbol{l}$ 方向有关。因此,在标量场中 P_0 点处,沿不同的 $\boldsymbol{l}$ 方向,其方向导数一般不等。

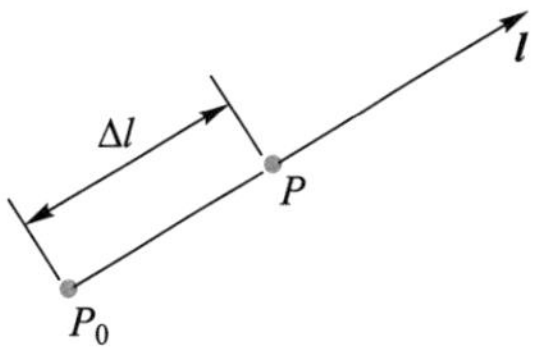

图 A-3 方向导数

2. 方向导数的计算公式

根据复合函数的求导法则,在空间直角坐标系中

$$\frac{\partial u}{\partial l}=\frac{\partial u}{\partial x}\frac{\mathrm{d}x}{\mathrm{d}l}+\frac{\partial u}{\partial y}\frac{\mathrm{d}y}{\mathrm{d}l}+\frac{\partial u}{\partial z}\frac{\mathrm{d}z}{\mathrm{d}l}$$

设 $\boldsymbol{l}$ 方向余弦为

$$\cos\alpha=\frac{\mathrm{d}x}{\mathrm{d}t},\cos\beta=\frac{\mathrm{d}y}{\mathrm{d}t},\cos\gamma=\frac{\mathrm{d}z}{\mathrm{d}t}$$

则在直角坐标系中,方向导数的计算公式为

$$\frac{\partial u}{\partial l}=\frac{\partial u}{\partial x}\cos\alpha+\frac{\partial u}{\partial y}\cos\beta+\frac{\partial u}{\partial z}\cos\gamma \tag{A-4}$$

四、梯度

1. 梯度的定义

在标量场中,从同一点 P_0 出发有无穷多个方向,且沿不同的方向其 u 的变化率不同。那么 u 的变化率在什么方向上最大?最大的变化率是多少?为此,我们用梯度来描述。

标量场物理量 u 在 P_0 点的梯度是一个矢量,其方向沿场物理量 u 变化率最大的方向,大小等于场物理量 u 的最大变化率,记作 **grad** u,即

$$\mathbf{grad}\ u=\boldsymbol{e}_l\left.\frac{\partial u}{\partial l}\right|_{\max} \tag{A-5}$$

式(A-5)中 $\boldsymbol{e}_l$ 是场量 u 变化率最大方向的单位矢量。

2. 梯度的计算公式

在直角坐标系中,梯度矢量为

$$\mathbf{grad}\ u=\frac{\partial u}{\partial x}\boldsymbol{i}+\frac{\partial u}{\partial y}\boldsymbol{j}+\frac{\partial u}{\partial z}\boldsymbol{k} \tag{A-6}$$

由式(A-4)可得到任意一个方向射线 $\boldsymbol{l}$ 的方向导数,若射线 $\boldsymbol{l}$ 方向的单位矢量为

$$\boldsymbol{e}_l=\boldsymbol{i}\cos\alpha+\boldsymbol{j}\cos\beta+\boldsymbol{k}\cos\gamma$$

则其方向导数为

$$\frac{\partial u}{\partial l}=\left(\frac{\partial u}{\partial x}\boldsymbol{i}+\frac{\partial u}{\partial y}\boldsymbol{j}+\frac{\partial u}{\partial z}\boldsymbol{k}\right)\cdot(\boldsymbol{i}\cos\alpha+\boldsymbol{j}\cos\beta+\boldsymbol{k}\cos\gamma)=\mathbf{grad}\ u\cdot\boldsymbol{e}_l$$

即

$$\frac{\partial u}{\partial l}=\mathbf{grad}\ u\cdot \boldsymbol{e}_l=|\mathbf{grad}\ u|\cos\theta,\mathrm{d}u=\mathbf{grad}\ u\cdot \mathrm{d}l\boldsymbol{e}_l=\mathbf{grad}\ u\cdot \mathrm{d}\boldsymbol{l} \tag{A-7}$$

式(A-7)中 θ 是梯度矢量 **grad** u 与 $\mathrm{d}\boldsymbol{l}$ 之间夹角。当射线 $\boldsymbol{l}$ 的方向与梯度矢量 **grad** u 方向一致时,此时方向导数的值最大。在地理学中高度的梯度越大,坡度越陡,沿着梯度方向行走,则下降最快。在温度场中,温度的梯度越大,表示温度的冷热变化越剧烈。

在矢量分析中,经常用到哈密顿算符“∇”(读作“del”),在直角坐标系中哈密顿算符“∇”为

$$\nabla=\frac{\partial}{\partial x}\boldsymbol{i}+\frac{\partial}{\partial y}\boldsymbol{j}+\frac{\partial}{\partial z}\boldsymbol{k} \tag{A-8}$$

那么,标量场 u 的梯度矢量用哈密顿算符 ∇ 表示为

$$\mathbf{grad}\ u=\left(\frac{\partial}{\partial x}\boldsymbol{i}+\frac{\partial}{\partial y}\boldsymbol{j}+\frac{\partial}{\partial z}\boldsymbol{k}\right)u=\nabla u \tag{A-9}$$

五、静电场中的电势梯度

如图 A-4 所示,电场中考虑沿任意的 $\boldsymbol{l}$ 方向,在相距很近的两等势面上有 P_1 和 P_2 两点,从 P_1 到 P_2 的微小位移矢量为 $\mathrm{d}\boldsymbol{l}$,这两点的电势差为

$$U_1-U_2=\boldsymbol{E}\cdot \mathrm{d}\boldsymbol{l}$$

由于 $U_2=U_1+\mathrm{d}U$,其中 $\mathrm{d}U$ 为 U 在 $\boldsymbol{l}$ 方向的增量,所以有

$$U_1-U_2=-\Delta U=\boldsymbol{E}\cdot \mathrm{d}\boldsymbol{l}=E\mathrm{d}l\cos\theta$$

式中 θ 为 $\boldsymbol{E}$ 和 $\boldsymbol{l}$ 之间的夹角。上式可改写为

$$E\cos\theta=E_l=-\frac{\mathrm{d}U}{\mathrm{d}l} \tag{A-10}$$

式(A-10)中 $\mathrm{d}U/\mathrm{d}l$ 为电势函数沿 $\boldsymbol{l}$ 方向的空间长度变化率,即电势 U 沿 $\boldsymbol{l}$ 方向的方向导数。此式说明,在电场中某一点电场强度 $\boldsymbol{E}$ 沿 $\boldsymbol{l}$ 方向的分量等于电势沿此方向的变化率,也等于电势在此方向的方向导数。

由式(A-10)可知,当 $\theta=0$ 时,即当 $\boldsymbol{l}$ 和 $\boldsymbol{E}$ 的方向相同时,电势变化率有最大值,即为最大的方向导数,这时

$$E=-\left.\frac{\mathrm{d}U}{\mathrm{d}l}\right|_{\max} \tag{A-11}$$

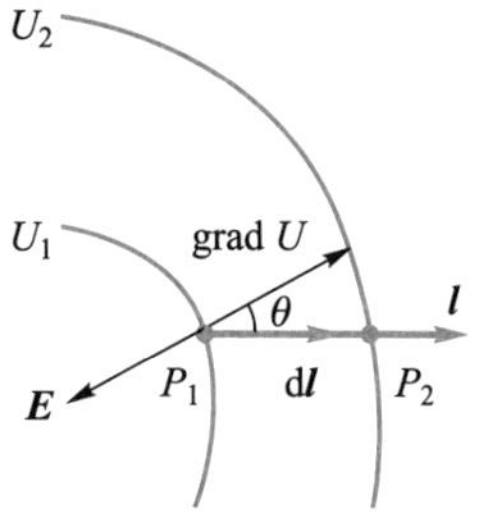

图 A-4　电势方向导数及梯度

过电场中任意一点,沿不同方向其电势变化率一般不等,当沿某一方向其电势变化率最大,此最大值称为该点的电势梯度,电势梯度是矢量,其方向是向着电势升高最快的方向。

式(A-11)说明,电场中任一点的电场强度等于该点处电势

梯度的负值,符号表示电场强度的方向与电势梯度的方向相反。在直角坐标系中电场强度与电势梯度的关系可以用坐标分量表示为

$$\boldsymbol{E}=-\mathbf{grad}\ U=-\left(\frac{\partial U}{\partial x}\boldsymbol{i}+\frac{\partial U}{\partial y}\boldsymbol{j}+\frac{\partial U}{\partial z}\boldsymbol{k}\right)=-\nabla U \qquad (\text{A-12})$$

式(A-12)就是电场强度与电势的微分关系,说明电场强度取决于该点电势变化率,而与该点电势数值本身无关。

附录 B　希腊字母表

希腊字母(正体)		英文注音
大写	小写	
Α	α	alpha
Β	β	beta
Γ	γ	gamma
Δ	δ	delta
Ε	ε	epsilon
Ζ	ζ	zeta
Η	η	eta
Θ	θ	theta
Ι	ι	iota
Κ	κ	kappa
Λ	λ	lambda
Μ	μ	mu
Ν	ν	nu
Ξ	ξ	xi
Ο	ο	omicron
Π	π	pi
Ρ	ρ	rho
Σ	σ	sigma
Τ	τ	tau
Υ	υ	upsilon
Φ	ϕ,φ	phi
Χ	χ	chi
Ψ	ψ	psi
Ω	ω	omega

附录C　常用物理常量

物理量	符号	数值	单位	相对标准不确定度
真空中的光速	c	299 792 458	$m \cdot s^{-1}$	精确
普朗克常量	h	$6.626\ 070\ 15\times10^{-34}$	$J \cdot s$	精确
约化普朗克常量	$h/2\pi$	$1.054\ 571\ 817\cdots\times10^{-34}$	$J \cdot s$	精确
元电荷	e	$1.602\ 176\ 634\times10^{-19}$	C	精确
阿伏伽德罗常量	N_A	$6.022\ 140\ 76\times10^{23}$	mol^{-1}	精确
摩尔气体常量	R	$8.314\ 462\ 618\cdots$	$J \cdot mol^{-1} \cdot K^{-1}$	精确
玻耳兹曼常量	k	$1.380\ 649\times10^{-23}$	$J \cdot K^{-1}$	精确
理想气体的摩尔体积(标准状态下)	V_m	$22.413\ 969\ 54\cdots\times10^{-3}$	$m^3 \cdot mol^{-1}$	精确
斯特藩-玻耳兹曼常量	σ	$5.670\ 374\ 419\cdots\times10^{-8}$	$W \cdot m^{-2} \cdot K^{-4}$	精确
维恩位移定律常量	b	$2.897\ 771\ 955\times10^{-3}$	$m \cdot K$	精确
引力常量	G	$6.674\ 30(15)\times10^{-11}$	$m^3 \cdot kg^{-1} \cdot s^{-2}$	2.2×10^{-5}
真空磁导率	μ_0	$1.256\ 637\ 062\ 12(19)\times10^{-6}$	$N \cdot A^{-2}$	1.5×10^{-10}
真空电容率	ε_0	$8.854\ 187\ 812\ 8(13)\times10^{-12}$	$F \cdot m^{-1}$	1.5×10^{-10}
电子质量	m_e	$9.109\ 383\ 701\ 5(28)\times10^{-31}$	kg	3.0×10^{-10}
电子荷质比	$-e/m_e$	$-1.758\ 820\ 010\ 76(53)\times10^{11}$	$C \cdot kg^{-1}$	3.0×10^{-10}
质子质量	m_p	$1.672\ 621\ 923\ 69(51)\times10^{-27}$	kg	3.1×10^{-10}
中子质量	m_n	$1.674\ 927\ 498\ 04(95)\times10^{-27}$	kg	5.7×10^{-10}
里德伯常量	R_∞	$1.097\ 373\ 156\ 816\ 0(21)\times10^{7}$	m^{-1}	1.9×10^{-12}
精细结构常数	α	$7.297\ 352\ 569\ 3(11)\times10^{-3}$		1.5×10^{-10}
精细结构常数的倒数	α^{-1}	$137.035\ 999\ 084(21)$		1.5×10^{-10}
玻尔磁子	μ_B	$9.274\ 010\ 078\ 3(28)\times10^{-24}$	$J \cdot T^{-1}$	3.0×10^{-10}
核磁子	μ_N	$5.050\ 783\ 746\ 1(15)\times10^{-27}$	$J \cdot T^{-1}$	3.0×10^{-10}
玻尔半径	a_0	$5.291\ 772\ 109\ 03(80)\times10^{-11}$	m	1.5×10^{-10}
康普顿波长	λ_C	$2.426\ 310\ 238\ 67(73)\times10^{-12}$	m	3.0×10^{-10}
原子质量常量	m_u	$1.660\ 539\ 066\ 60(50)\times10^{-27}$	kg	3.0×10^{-10}

注：表中数据为国际科学理事会（ISC）国际数据委员会（CODATA）2018 年的国际推荐值。